CB016966

O NEGÓCIO DE BEBÉS

DEBORA L. SPAR

O NEGÓCIO DE BEBÉS

COMO O DINHEIRO, A CIÊNCIA E A POLÍTICA COMANDAM O COMÉRCIO DA CONCEPÇÃO

ALMEDINA

O NEGÓCIO DE BEBÉS
Como o Dinheiro, a Ciência e a Política Comandam o Comércio da Concepção

AUTORA
DEBORA L. SPAR

TRADUÇÃO
BENEDITA BETTENCOURT

EDITOR
EDIÇÕES ALMEDINA, SA
Avenida Fernão de Magalhães, n.° 584, 5.° Andar
3000-174 Coimbra
Tel.: 239 851 904
Fax: 239 851 901
www.almedina.net
editora@almedina.net

PRÉ-IMPRESSÃO • IMPRESSÃO • ACABAMENTO
G.C. – GRÁFICA DE COIMBRA, LDA.
Palheira – Assafarge
3001-453 Coimbra
producao@graficadecoimbra.pt

Maio, 2007

DEPÓSITO LEGAL
259639/07

Para todos aqueles que não chegaram a existir
E para o Daniel, o Andrew e a Kristina,
que existem

Índice

Prefácio

O NICHO DA NOVA CONCEPÇÃO

IMAGINEMOS UM FUTURO PÁTIO DE ESCOLA numa próspera localidade suburbana. Duas rapariguinhas balouçam lado a lado, entre ondas de cabelo esvoaçante. Um rapaz pendura-se nas barras de ginástica, troçando do irmão que ficou em baixo. E outras crianças trepam pelo escorrega, enquanto os pais se inquietam ligeiramente nos bancos.

Olhemos agora mais de perto para ver quem estas crianças realmente são. As duas meninas? Gémeas, na verdade, mas de um tipo peculiar, pois uma é caucasiana e a outra meia vietnamita. O rapaz suspenso das barras recuperou recentemente de uma doença potencialmente fatal, salvo por um transplante de medula óssea do irmão concebido para lha doar. As crianças no escorrega são da Rússia, da Guatemala e do Vietname, e não têm qualquer relação genética com os pais que as vigiam. Se pudéssemos aproximar ainda mais a nossa visão, vislumbraríamos os triunfos da genética ocultos sob a superfície: a fibrose quística que não chegou a existir; a diabetes curada pela extracção de uma célula estaminal; a réplica biológica de uma criança amada e perdida. Poderíamos ver as crianças que nunca chegaram a ser e as que foram concebidas, desenhadas ou inventadas para as substituir.

Estas crianças do futuro estão já entre nós. Em 2001, quase 41 000 crianças nos Estados Unidos nasceram por fertilização *in vitro* (FIV) – ou seja, foram "bebés-proveta", como inicialmente se dizia. Cerca de 6000 provieram de óvulos doados; quase 600 foram gestadas em ventres hospedeiros ou emprestados. Em 2003, os norte-americanos adoptaram 21 616 crianças de outros países e produziram uma mão-cheia de gémeos autóctones biologicamente desaparentados. Todas estas crianças foram concebidas de uma forma muito diferente da dos seus pais. E todas elas, de uma maneira ou doutra, foram compradas.

É difícil pensar numa criança como um produto comercial. Pois mesmo no início do século XXI – mesmo numa época conduzida por avanços tecnológicos e dominada pelo capitalismo de mercado – nós gostamos de acreditar que continua a haver coisas para além dos mercados e da ciência, coisas que o dinheiro não pode comprar. Em termos económicos, essas coisas – amor, verdade, rins, crianças – são definidas como inalienáveis: as pessoas que "possuem" esses bens não podem lucrar financeiramente com eles. Em termos morais, são coisas que nós, enquanto sociedade, escolhemos não vender, bens ou atributos cujo valor de alguma forma supera qualquer preço que pudessem alcançar. Esta proibição afigura-se particularmente categórica quando se trata de crianças. Quem poderia, afinal, pôr um preço numa criança? Quem poderia conceber a ideia de a vender? Em todo o mundo, a venda de bebés é estritamente proibida, considerada um crime ainda mais abominável, mais impensável, do que a escravatura.

E, no entanto, todos os dias, em quase todos os países, há na verdade crianças e bebés a serem vendidos. Quer um bebé melhor? Pode adquirir um – numa clínica de fertilidade que eliminará quaisquer embriões indesejáveis, ou num serviço de alta tecnologia que lhe permite escolher o sexo do seu filho, ou ainda num cirurgião especialista capaz de corrigir os defeitos da criança enquanto ela ainda está no ventre. Não consegue ter um bebé da maneira tradicional? Também há dúzias de soluções para isso. Pode, por exemplo, escolher sémen em bancos que lhe apresentam catálogos com informação sobre os passatempos e os testes de aptidão académica dos seus dadores. Pode comprar óvulos de uma mulher à sua escolha, pagando entre 2500 a 50 000 dólares pela combinação genética ideal. E pode também contratar uma mãe-hospedeira para a gestação do seu filho, ou então encontrar uma criança já feita num *site* da Internet que apresenta centenas de órfãos disponíveis. Em qualquer um destes casos, pode contar com a escolha das suas características desejadas e com um pagamento em conformidade: milhares de dólares extra por óvulos da Ivy League*, por exemplo, ou por uma mãe-hospedeira dócil, ou pelo mais competente cirurgião pré-natal.

Como se compreende, a maioria destas transacções parece estar acima ou para além do mercado. As crianças órfãs, por exemplo, nunca são "vendidas": são simplesmente "combinadas" com as suas "famílias definitivas". Os óvulos são "doados" e as mães-hospedeiras oferecem os seus serviços para ajudar as inférteis. É claro que a retórica que envolve estas transacções não tem nada a ver com mercados, preços ou lucros. Muito possivelmente, as pessoas que as fazem apenas querem ajudar. Mas nem a retórica nem o motivo podem mudar a actividade em causa. Quando os pais compram óvulos ou esperma; quando contratam mães-substitutas; quando escolhem uma criança para adoptar ou um embrião para implantar, estão a fazer um negócio. Há empresas a fazerem dinheiro, clientes a fazerem escolhas, e crianças – para bem ou para mal – a serem vendidas. Em 2004, o custo global da adopção de um bebé guatemalteco saudável rondava os 25 000 dólares. O preço de contratar uma mãe-hospedeira era de aproximadamente $59 000. E os óvulos de primeira classe atingiam os $50 000.

Enquanto pessoas – enquanto pais – não gostamos de pensar nas crianças como objectos económicos. Elas são produto, insistimos nós, do amor, e não do dinheiro – de uma criação íntima que existe muito para lá do alcance de qualquer impulso do mercado. E no entanto, ao longo destes últimos trinta anos, os avanços na medicina reprodutiva criaram, na verdade, um mercado de bebés, um mercado em que os pais escolhem características, as clínicas angariam clientes e provedores especializados facturam milhões de dólares por ano. Neste mercado, além do mais, o comércio processa-se frequentemente sem grandes regras. Uma vez que ninguém quer definir a criação de bebés como um negócio, e que essa diligência toca profundamente no mais delicado

* NT: A Ivy League é um grupo de oito universidades tradicionais do leste dos Estados Unidos com elevados padrões académicos e um estatuto social correspondente.

dos dilemas morais, muitos governos de todo o mundo optaram ou por ignorar o comércio de crianças ou por, simplesmente, proibi-lo.

Mas, tal como sucede com a maioria das proibições pessoais, as interdições sobre a procriação, seja qual for a sua forma, têm inevitavelmente falhado. A necessidade de filhos é tão profunda, tão intensa, que muitas pessoas farão literalmente tudo para a satisfazer. Em 2002, por exemplo, uma cabeleireira norte-americana chamada Sharon Saarinen deslocou-se a Beirute para uma transferência de citoplasma, uma operação em que os seus óvulos foram rejuvenescidos com material genético de uma outra mulher mais jovem. Em 1996, uma professora de Direito de cinquenta anos foi fecundada com óvulos de duas dadoras diferentes[1], tendo subsequentemente dado à luz dois gémeos, um dos quais meio vietnamita. E, em 2002, um casal britânico lançou mão a todas as suas poupanças e viajou para uma clínica dos Estados Unidos, onde tentou conceber um filho muito específico, uma criança cujas células sanguíneas fossem potencialmente capazes de salvar um pequeno irmão moribundo.[2]

Nestes casos – e em milhares de outros semelhantes – os pais não são movidos por instintos comerciais, e dificilmente se veriam a si próprios como estando a "comprar" a sua progenitura. Mas o facto é que estão intimamente envolvidos numa operação mercantil e numa avaliação política. Saarinen, por exemplo, foi a Beirute porque a transferência de citoplasma tinha sido proibida nos Estados Unidos. Para além das despesas da viagem, ela e o marido terão provavelmente gasto cerca de 10 000 dólares na tentativa de conceber o seu filho de alta tecnologia.[3] Clientes como Jane Cohen, mãe de gémeos de raças diferentes, podem facilmente gastar entre 50 000 e 100 000 dólares por múltiplos ciclos de tratamentos de FIV e várias recargas de óvulos.[4] Mas também só podem contemplar estas hipóteses no pequeno grupo de países – Estados Unidos, Israel, África do Sul – que oferecem sofisticados serviços de fertilização *in vitro* e autorizam sucessivas dações de óvulos. Enquanto isso, o diagnóstico genético pré-implantação – a técnica que permite aos pais seleccionar embriões com características genéticas específicas – está restringido ou indisponível em muitos países. E também é caro, somando cerca de 3500 dólares aos custos da concepção assistida.

Em muitos aspectos, não há nada de especial no estatuto económico destes filhos da nova era. Em todas as épocas e lugares, os pais pobres têm visto os filhos como potenciais fontes de rendimento, contrabalançando o seu potencial contributo económico – nos campos de arroz, nas fábricas ou nas herdades – com o custo de os sustentar durante a infância. Há pais que têm escolhido o sexo dos filhos com base em factores económicos, recorrendo ao infanticídio ou ao abandono para se verem livres de descendentes menos úteis. Têm até, nas circunstâncias mais desesperadas, usado os filhos como recursos directos, vendendo-os como escravos ou aprendizes em regime de servidão. Em todos estes casos históricos, porém, os pais estavam sujeitos ao número e tipo de filhos que a natureza (mais alguma contracepção rudimentar) lhes concedia. Se produziam um "excesso" de crianças, punham-nas frequentemente a viver em casa de outras famílias – se uma família não tinha filhos, pedia de empréstimo, ou adoptava, filhos de outros; e, se acontecia terem crianças deformadas ou indesejadas, ou as abandonavam, ou suportavam o encargo adicional.

Na nova era dos bebés, pelo contrário, a ciência reprodutiva criou formas extraordinárias de controlar tanto a quantidade como a qualidade das crianças. A contracepção e o aborto, por exemplo, reduziram acentuadamente o número de bebés indesejados. Os tratamentos de fertilidade trouxeram milhões de bebés àqueles que os querem; e a engenharia genética e o tratamento pré-natal, juntamente com a dação de óvulos e sémen, prometem moldar o tipo de crianças que nascem. No passado, por conseguinte, o "mercado" de crianças assentava no valor comercial das crianças em si, ou seja, na sua futura capacidade de dirigir uma quinta ou cuidar dos pais idosos. No futuro, pelo contrário, o mercado assentará – como, na verdade, já acontece – na capacidade de certos agentes – sejam eles médicos, clínicas de fertilidade ou agências de adopção – para fornecer e aperfeiçoar *novos* filhos para os pais que desesperadamente os desejam.

À medida que se desenvolvem, estes mercados arrastam na sua esteira um complexo de questões morais e uma luta por soluções políticas. Muitos países com capacidade para se lançarem na produção de bebés de alta tecnologia promulgaram já leis que restringem, ou proíbem até, o uso dessas tecnologias. A Itália, por exemplo, aprovou recentemente legislação que proíbe adultos estéreis, homossexuais ou solteiros de recorrer a óvulos doados ou a mães-substitutas. Na Alemanha, qualquer tipo de transferência de óvulos é ilegal, assim como a maternidade de substituição e os tratamentos que envolvam manipulação de embriões humanos. A União Europeia, em 2004, compeliu a Roménia a suspender todas as adopções internacionais, enquanto os Estados Unidos mantêm uma polémica interdição de financiamento federal para a investigação em células estaminais embrionárias.

Em outras áreas de actividade, é provável que estas restrições asfixiassem de imediato o mercado, ou retardassem, pelo menos, o seu desenvolvimento. Mas, no comércio de bebés, a procura é demasiado grande e o desejo demasiado profundo para que seja possível detê-lo. Se os pais querem filhos e a natureza não colabora, é de esperar que tentem obtê-los por todos os meios ao seu alcance. Atravessarão fronteiras internacionais para se submeterem a tratamentos que não foram ainda testados nem regulamentados. Hipotecarão as suas casas e esgotarão as suas contas bancárias. E violarão leis nacionais, confiando em que ninguém irá nunca detectar o seu crime. Pois quem poderia, afinal, dizer que um bebé nascido em Bremen foi concebido em Istambul? Quem criminalizaria um produto que acaba por ser uma criança?

No negócio de bebés, por conseguinte, a lei e o comércio estão em conflito um com o outro. Existe um mercado de bebés, um mercado impelido por extraordinários progressos científicos. Desde meados dos anos setenta, os avanços na medicina, na biologia e na química tornaram possível produzir crianças através de uma diversidade de técnicas altamente especializadas e interferir na sua constituição genética antes de nascerem. A ciência possibilitou também que entidades comerciais cobrem somas exorbitantes por estas alternativas de procriação, permitindo que alguns pais cheguem a pagar 100 000 dólares para produzir o que outros fazem de graça.

Este mercado, porém, permanece, em grande medida, inconfessado. Ninguém gosta de admitir que manufactura bebés ou que tira lucro disso. Ninguém quer defender que o negócio de bebés *deveria* ser visto como um comércio, ou que os seus praticantes deveriam estar submetidos a algum tipo de normas reguladoras. E assim este negócio está marcado por inconsistências jurídicas e vazios legislativos à escala continental. Na Dinamarca, os dadores de sémen são anónimos; na Suécia, são obrigados a revelar o nome. Na Alemanha, todos os óvulos extraídos de uma mulher têm de ser reimplantados na própria. Já na Rússia, esses mesmos óvulos podem ser retirados, vendidos, permutados e trocados. A Luisiana recusa-se a reconhecer a validade de qualquer contrato de maternidade de substituição, ao passo que a Califórnia desenvolveu uma próspera indústria comercial em torno deste tipo de contratos.

Face a isto, que hão-de então fazer os aspirantes a pais? É fácil: viajam, pesquisando o mundo em busca do seu futuro filho. E profissionais sabidos atraem estes clientes internacionais, montando negócios que vão prosperando à custa das lacunas da lei. Em 2004, por exemplo, um grupo de israelitas abriu uma clínica na República Dominicana, oferecendo serviços inteiramente legais e a baixo custo num cenário "convidativamente tropical e soalheiro". Na Dinamarca, o *Cryos International Sperm Bank* é o maior exportador de sémen do mundo. A Guatemala coloca anualmente perto de três mil bebés e crianças pequenas em famílias estrangeiras, gerando um total de receitas avaliado em 50 milhões de dólares.[5]

Estes negócios não são explicitamente ilegais. Na verdade, a maioria das clínicas de fertilidade são empresas altamente respeitáveis, em plena conformidade com as leis dos seus países, e responsáveis pela produção de milhares de bebés que, de outro modo, nunca teriam possivelmente nascido. A Guatemala tem um sólido sistema normativo que supervisiona a adopção internacional e atende a muitas crianças que, se assim não fora, poderiam ter de viver na rua. Todavia, mesmo que estes empreendimentos não tragam se não benefícios – mesmo que salvem vidas, construam famílias e impulsionem o progresso da ciência – não deixam, ainda assim, de colocar problemas terrivelmente complexos. E isto porque levantam questões que tocam no mais íntimo da humanidade – no que significa reproduzir-se, dar à luz e amar. Exigem pois definições – de vida e de parentalidade – que têm obstinadamente resistido ao consenso e ateado discussões inflamadas entre grupos de ideias diferentes. E, com isso, obrigam-nos a fazer escolhas: deveremos nós, enquanto sociedade, proibir as mulheres de vender os seus óvulos, os seus úteros, os seus embriões, ou os seus filhos? Deveremos permitir que os pais seleccionem as características genéticas dos filhos? E a quem, neste mundo de fronteiras fluidas e comércio invisível, cumpre decidir?

O Negócio de Bebés não tenta resolver estas questões morais. Considera, pelo contrário, que as questões morais que envolvem o nascimento e os bebés não serão nunca resolvidas. Enquanto sociedade, nunca vamos decidir categoricamente quando é que a vida começa. Nunca chegaremos a uma definição consensual do que é uma "boa" família, ou uma criança "defeituosa". Mas, enquanto discordamos, discutimos e planeamos, haverá indivíduos a tomar estas decisões e a agir em conformidade com elas. Haverá casais a contratar mães-substitutas, por exemplo, mesmo que o estatuto legal desses contratos se mantenha vago; a publicar anúncios para óvulos de alta categoria, a deslocar-se a outros países para tratamentos experimentais e a procurar órfãos coreanos em *sites* da Internet. O mercado, por outras palavras, funcionará mesmo que a moral seja nebulosa e as leis incertas. Algumas pessoas continuarão a vender os componentes básicos da produção de bebés e outras a comprá-los. Na verdade, e tal como o desenvolvimento do comércio internacional demonstra, a incerteza revela-se até vantajosa para o negócio de bebés, ao permitir que o comércio floresça por entre as lacunas da legislação.

O argumento central deste livro é, por conseguinte, o de que, não obstante conhecidos protestos em contrário, e apesar dos sentimentos sinceros de pais e provedores, existe um mercado florescente tanto de crianças como dos componentes que lhes dão origem. Vendem-se óvulos; vende-se sémen; vendem-se úteros, genes e órfãos; e há muitos indivíduos a tirar belos lucros em todo o processo. *O Negócio de Bebés* não insiste que este mercado é bom ou mau. Limita-se a afirmar que ele existe.

A segunda proposição decorre naturalmente da primeira. Se existe um mercado de bebés, temos então de o analisar enquanto tal. Temos de entender quem são os produtores de bebés e de forma estruturam o seu comércio. Temos de examinar quem é que faz dinheiro nesta indústria e o que é que define a clientela. Por muito chocante que pareça, temos de encarar a medicina reprodutiva como uma indústria, com todas as perspectivas comerciais e potenciais debilidades que as outras indústrias revelam. E temos também de examinar de perto os preços praticados nesta indústria e as relações entre diferentes segmentos do mercado. Pois o facto é que, num dado ponto, o produto em todos esses segmentos é exactamente o mesmo: os pais querem um filho saudável. Quando compram óvulos, por exemplo, não estão verdadeiramente interessados nos óvulos em si, mas sim na pessoa em que imaginam que eles se irão transformar. Quando contratam uma mãe-portadora, não estão verdadeiramente preocupados com o seu estilo de vida, mas apenas com a forma como este se pode repercutir na saúde do bebé que ela vai carregar. E, quando adoptam, estão quase sempre à procura de uma criança que seja, de algum modo, parecida com eles, de uma criança que seja simplesmente sua.

Teoricamente, pois, todas estas diferentes crianças idealizadas são quase perfeitas substitutas umas das outras. Todos os meios de obtenção de um bebé produzem, no fim de contas, uma criança semelhante, uma criança cuja constituição genética não pode ser nunca plenamente garantida, e cujas perspectivas a longo prazo permanecem uma incógnita. Em termos económicos, portanto, o preço destas crianças deveria ser mais ou menos equivalente, sujeito apenas a variações razoavelmente previsíveis. É lógico supor, por exemplo, que os óvulos serão sempre mais caros do que os espermatozóides porque a extracção de óvulos é consideravelmente mais complicada (e potencialmente perigosa) do que a dação de sémen. E também podemos logicamente supor que a adopção sairá mais barata do que a reprodução assistida, uma vez que as crianças adoptadas já se encontram, num certo sentido, "disponíveis", e muitos pais preferem, à partida, crianças geneticamente relacionadas com eles.

Todavia, este tipo de variação previsível não explica a amplitude de preços praticados no mercado de bebés. Os óvulos, por exemplo, são muito mais caros que o sémen – 4500 contra 300 dólares, em média, e 50 000 contra 2950 dólares para o segmento mais alto do mercado. Por que estarão os pais dispostos a pagar valores tão elevados pelos óvulos? De igual modo, embora algumas formas de adopção sejam, de facto, menos dispendiosas do que os tratamentos de fertilidade, há muitas que não são. Adoptar uma criança de seis anos do sistema de acolhimento norte-americano, por exemplo, é praticamente gratuito. Mas se essa mesma criança de seis anos viesse da Rússia, o custo da adopção já seria cerca de 25 000 dólares. Uma tal variação não pode ser explicada pelas habituais leis da oferta e da procura, dado que o mercado de bebés não funciona como os outros. Há diferenças de preço que não fazem grande sentido; economias de escala que não se traduzem em preços mais baixos; e clientes que pagarão literalmente o máximo que puderem. Neste mercado, além do mais, as regras básicas do comércio estão manifestamente ausentes. Não sabemos, por exemplo, onde residem os direitos de propriedade, nem em que medida os contratos são válidos. Não decidimos se as pessoas são donas do seu próprio material genético, ou se têm algum direito fundamental a "consumir" os prazeres da parentalidade.

Mas, não obstante isso, o mercado mantém-se. Pode estar dissimulado sob uma linguagem diferente, pode estar fragmentado e a patinar à beira da ilegitimidade; mas é, apesar de tudo, um mercado. *O Negócio de Bebés* dá este mercado por adquirido e procura descobrir como é que ele funciona.

Um terceiro tema prende-se com o contexto histórico deste comércio. Por um lado, a ciência da procriação é nova. É um fenómeno moderno, um milagre pós-industrial decorrente das altas tecnologias da bioquímica, da micro-cirurgia e da engenharia genética. É seguramente esta a perspectiva dominante na maioria das abordagens a este tema. Por outro lado, contudo, também é possível ver nos progressos da reprodução apenas o mais recente capítulo de uma história muito antiga. A verdade é que os esforços para controlar a reprodução são quase tão velhos como a própria humanidade. Recorrendo a uma espantosa diversidade de meios – desde excremento de crocodilo a amuletos e lisol* – as pessoas, e particularmente as mulheres, tentaram desde sempre controlar a sua reprodução, ou seja, ter filhos de acordo com os seus planos e não com os da natureza ou de Deus.

Alguns desses esforços foram essencialmente consagrados à contracepção, outros à concepção. Mas, em todos os casos, a questão do controlo da natalidade tem-se mostrado complicada, sujeita não apenas a limitações técnicas mas também, e mais acentuadamente, aos ditames da lei, da moralidade e do poder. Há já muito que as autoridades religiosas lançaram um anátema sobre qualquer intervenção humana no processo reprodutivo, e os estados proibiram frequentemente determinados actos e comportamentos. Durante os séculos XV e XVI, por exemplo, os governos da Europa foram gradualmente reprimindo qualquer forma de contracepção. Na América do século XIX, até a informação sobre o controlo da natalidade era proibida como "obscena". E, mesmo nos nossos dias, os governos da Austrália, Alemanha e muitos outros países proibiram o recurso a mães-substitutas, enquanto o governo dos Estados Unidos restringiu drasticamente muitas formas

* NT: Solução concentrada de ácido fénico e sabão.

de investigação em fetos. Em quase todos estes casos, porém, o mercado sobreviveu à tentativa de proibição pelo governo. O negócio de bebés pode entrar na clandestinidade durante algum tempo. Pode atravessar fronteiras internacionais. Mas o mercado persiste, uma vez e outra, de uma tecnologia para a seguinte.

Estes precedentes históricos demonstram, pois, uma interacção contínua entre negócio e governo, entre mercados e moralidade. Nas indústrias reprodutivas, é de esperar que as preocupações de ordem moral tenham um peso muito maior do que em outras áreas. É de esperar que as vozes religiosas se façam ouvir em todos os avanços respeitantes à concepção ou ao seu controlo; e que os governos reajam, frequente e energicamente, às inquietações com que são confrontados. Em consequência disso, as empresas no negócio de bebés devem preparar-se para enfrentar um ambiente mais restritivo do que aquelas que operam em outras áreas menos íntimas. E, em larga medida, é o que já acontece. As agências de adopção, como referimos anteriormente, operam dentro de um quadro legislativo altamente estruturado. As clínicas de fertilidade fora dos Estados Unidos estão frequentemente proibidas de aceitar pais solteiros. E os cientistas não podem legalmente clonar o filho querido de um cliente.

Ao mesmo tempo, porém, a história sugere que estas restrições não são imutáveis. Quando as pessoas querem controlar a sua reprodução, e quando a tecnologia lhes permite fazê-lo, os mercados, a longo prazo, acabam geralmente por se sobrepor à moral. Neste sentido, o nosso pátio do futuro é capaz de se ir alargando com o tempo. Será que as pessoas protestam quando duas mães lésbicas recorrem a tecnologias de ponta para conceber uma criança biologicamente “sua”? Sim. Será que os moralistas estremecem quando embriões são seleccionados para produzir medula para um irmão à morte, ou quando mulheres no Cambodja trazem ao mundo bebés para advogados nova-iorquinos de meia-idade? Uma vez mais, sim. Mas acabará alguém por pôr termo aos mercados que continuam a desenvolver-se em torno destas tecnologias? Quase de certeza que não.

O entendimento desta interacção conduz-nos ao argumento final d’*O Negócio de Bebés*. Falando sem rodeios, o livro sugere que os governos têm de desempenhar um papel mais activo na regulação do comércio de bebés. O que não significa que os governos devam controlar a indústria ou bani-la. Pelo contrário: os mercados, como observámos anteriormente, vão dominar o negócio de bebés. As empresas privadas vão tirar proveito das tecnologias de procriação, e as interdições absolutas dessas tecnologias estão condenadas ao fracasso. Se há procura de bebés, haverá oferta.

Mas uma relação deste género, baseada no mercado, não impede o tipo de intervenção governamental que existe num vasto leque de outros sectores da indústria: na educação, nos cuidados de saúde, nos medicamentos. Na verdade, os governos são intervenientes activos na maioria das economias capitalistas avançadas, estabelecendo as regras que permitem o funcionamento dessas economias e, pelo menos teoricamente, zelando pelo bem comum. Neste contexto, o comércio de bebés, sobretudo nos Estados Unidos, destaca-se como uma excepção extraordinária: uma das muito poucas indústrias que operam praticamente sem regras.

Seria possível argumentar que o *laissez-faire* faz sentido neste contexto, que é até a escolha moral a fazer numa época de evolução tecnológica e numa esfera marcada por intensos desejos pessoais. Os filhos da alta tecnologia ensaiam os primeiros passos no nosso, cada vez maior, pátio do futuro, enquanto os pais, enlevados, contemplam com satisfação os frutos do labor da ciência. O mercado das crianças está em funcionamento e aqueles que nele trabalham não desejam qualquer intervenção. O problema, contudo, é que nem a ciência nem a moral vão permitir que este mercado se mantenha muito tempo sem limites. À medida que as tecnologias reprodutivas forem alargando o leque de possibilidades, vão criar crianças – e erros – que exigirão indemnizações. Vão esbater as fronteiras entre o que é hoje formalmente interdito – a clonagem, por exemplo, e a investigação em fetos – e o que é permitido. No fim, como é óbvio, o mercado sairá vencedor. Continuaremos a comprar, a vender e a modificar os nossos filhos, gerando com isso lucros substanciais. Mas este mercado não reinará eternamente sem peias. Em vez disso, o jogo de forças da política vai criar – tem de criar – um enquadramento normativo dentro do qual o negócio de bebés possa prosseguir.

As histórias do negócio de bebés são difíceis de ignorar. Quando ouvimos falar de mães-substitutas a pedir as crianças de volta, ou de pais desesperados por produzir um filho cuja medula óssea possa salvar um irmão às portas da morte, tendemos a personalizar os seus tormentos, pintando os avanços na reprodução como salvíficos ou amaldiçoados, como a encarnação de Frankenstein ou como um milagre de amor. *O Negócio de Bebés* afasta-se destes estereótipos maniqueístas, defendendo que temos de compreender a medicina reprodutiva num contexto mais familiar, num contexto comercial em que empresas concorrentes usam simplesmente tecnologia para satisfazer as necessidades dos seus clientes.

É possível que não queiramos pensar nos bebés desta forma. É possível que não queiramos pensar em nós próprios, ou nos nossos médicos, nestes termos. Em última análise, porém, é seguramente melhor reconhecer a existência deste comércio e examiná-lo do que insistir que ele não existe. Estamos a vender crianças. *O Negócio de Bebés* descreve como.

Capítulo 1

A Ânsia de Conceber

Remédios para um mal antigo

"Dá-me filhos", gritou Raquel para Jacob
"Dá-me filhos, senão morro."

– GÉNESIS 30:1

PARA A MAIORIA DAS PESSOAS, a produção de bebés é uma das tarefas mais simples do mundo. Acontece facilmente, muitas vezes por acaso, requerendo apenas, como a politóloga Melissa Williams gosta de observar, "coisas semeadas pela casa". Não há que preocupar com interferências complicadas do mercado, não são precisos requisitos técnicos, nem sequer grande prática. Fazer bebés é, afinal, a mais velha produção da humanidade, um processo programado na fibra biológica do nosso ser, condição da nossa própria sobrevivência.

Acontece porém que, para uma significativa minoria de candidatos a "produtores", esta mecânica de fazer bebés não funciona. Eles querem filhos – anseiam por tê-los – mas não conseguem gerá-los sozinhos. Com o passar do tempo, vão ingressando nas fileiras dos inférteis, um grupo que inclui cerca de 15% das mulheres e 10 a 15% dos homens[1]. De acordo com os dados mais recentes dos Estados Unidos, em 2002, 17% de todas as mulheres casadas sofriam ou de infertilidade ou de fecundidade deficiente.[2]

Do ponto de vista médico, os membros deste grupo podem ter pouco em comum. Alguns ficaram inférteis por doenças manifestamente diferentes. Uma mulher pode ter sido submetida a tratamentos oncológicos, por exemplo, que tenham implicado a ablação dos seus ovários; um homem pode ter estado exposto a substâncias químicas tóxicas. Outros sofrem de problemas genéticos nos seus sistemas reprodutivos ou de doenças acidentalmente contraídas. Alguns homens têm baixas contagens de espermatozóides ou uma mobilidade espermática deficiente. Algumas mulheres são alérgicas ao sémen dos maridos, ou simplesmente demasiado velhas para produzir óvulos viáveis. E há alguns casais inférteis que não têm, aparentemente, nenhum problema médico. O que une, pois, esta comunidade heterogénea é apenas a sua incapacidade comum: querem ter filhos e não conseguem.

Neste início do século XXI, poderíamos ser tentados a ver a infertilidade como um problema relativamente menor. As pessoas inférteis, no fim de contas, não sofrem de nenhuma doença que lhes ponha a vida em risco. Podem enveredar pela adopção, se quiserem, ou entreter-se com a companhia dos filhos de outras pessoas. Não têm de suportar os custos financeiros de criar uma criança, a angústia das idas às Urgências dos hospitais, os ataques de birra ou as crises da adolescência. Não parece assim tão mau, especialmente se notarmos que os índices de fertilidade têm vindo a cair em todo o mundo industrializado, e que mesmo os casais férteis estão cada vez mais a optar por se manterem sem filhos.[3]

Mas, para aqueles que sofrem dela, a infertilidade é uma maldição trágica – uma doença que não é verdadeiramente uma doença, com um resultado que parece desafiar a natureza. Alguns resignam-se ao seu destino. Outros adoptam. Mas muitos são os casais inférteis que ficam totalmente obcecados pelo desejo de conceber, dispostos a fazer seja o que for para conseguirem uma criança sua. Para a maioria destes aspirantes a pais, o valor económico do seu desejo – ou, por outras palavras, o preço de um filho – é literalmente inestimável.

O Comércio da Concepção

No plano individual, a insatisfação desta necessidade é obviamente trágica: milhões de pessoas tentam desesperadamente comprar o que todos à sua volta obtêm, aparentemente, de graça. No plano comercial, porém, é extremamente atractiva. Pois quem não desejaria vender num mercado de milhões, em que cada um dos clientes está ávido por comprar? Em 2004, mais de um milhão de americanos submeteu-se a algum tipo de tratamento da infertilidade, participando no que se tornara já uma indústria de 3000 milhões de dólares (ver quadro 1-1).

Como empreendimento comercial, o negócio da fertilidade continua, no entanto, a ser bastante singular. Por um lado, é inegavelmente um negócio: as clínicas de fertilidade geram lucros, publicitam os seus produtos e competem, ainda que subtilmente, pela qualidade e fiabilidade dos seus serviços. Ostentam quadros de tecnólogos que dilatam as fronteiras da produção e estão no centro de um conglomerado de serviços associados: bancos de esperma, laboratórios de ensaios clínicos, fornecedores de hormonas e outros análogos. Por outro lado, porém, todo o aparelho desta estrutura orientada para o lucro é consagrado à produção de algo manifestamente não comercial: uma criança. E é por isso que os profissionais da fertilidade se esquivam, de uma maneira geral, a admitir os aspectos nucleares da sua actividade. Não revelam muito abertamente os seus lucros; não celebram ostensivamente os cifrões das suas vendas ou esquemas de reembolso. Muitos destes profissionais, aliás, mantêm um equilíbrio difícil entre o mundo da compaixão e o mundo do comércio: estão a fazer dinheiro, sim, mas também a criar vidas. Esta ambivalência, que é a imagem de marca do negócio de bebés em termos gerais, é particularmente evidente no campo da fertilidade, onde a procura da concepção não conhece, basicamente, limites.

QUADRO 1-1

Mercado dos tratamentos de fertilidade nos Estados Unidos, em 2004

Produto ou serviço	Receitas (dólares norte-americanos, milhares)
Fertilização *in vitro*	1.038.528
Medicamentos para a fertilidade	1.331.860
Testes de diagnóstico	374.900
Óvulos doados	37.773
Mães-portadoras	27.400
Esperma doado	74.380
Total	2.884.841

Fonte: Cálculos da autora, com base em dados fornecidos pela American Society for Reproductive Medicine, os Centers for Disease Control, a Business Communications Company, e provedores individuais. Os valores da FIV são relativos ao ano de 2002. Não foram incluídas as receitas provenientes dos diagnósticos genéticos pré-implantação (DGPI).

Na maioria das outras indústrias, a oferta, a procura e o preço estão entrelaçados no seu habitual e previsível abraço. Um elevado nível de procura de qualquer bem ou serviço faz subir o preço e induz outros fornecedores a entrar no negócio. O aumento da oferta fá-lo seguidamente descer, restituindo um certo equilíbrio ao mercado. Enquanto os fornecedores puderem entrar livremente, o mercado funcionará, pois, no sentido de diminuir os preços, impedindo-os, pelo menos na maioria dos casos, de inflacionar demasiadamente. No negócio da fertilidade, pelo contrário, a oferta é limitada pelo grau de especialização envolvido e a procura não funciona como nos outros mercados. Quando as pessoas compram bananas, por exemplo, há um preço para além do qual não estarão, simplesmente, dispostas a ir. Dez cêntimos por banana é razoável, quinze cêntimos ainda é admissível. Mas se o preço das bananas subisse, digamos, para cinco dólares o cacho, a maioria dos consumidores recusar-se-ia, pura e simplesmente, a comprar. De igual modo, se a Nike fixasse o preço, mesmo das suas sapatilhas de basquetebol mais populares, muito acima do que a Adidas ou a Reebok oferecem, os consumidores acabariam por se virar para a concorrência. E, enquanto a Nike estiver consciente desse facto, terá –

à semelhança de quase qualquer outra empresa – o cuidado de não aumentar os preços com demasiada rapidez ou exagero.

O que impulsiona esta pressão descendente é, obviamente, a combinação de concorrência e substituição – ou seja, a possibilidade de os consumidores optarem pela Reebok em vez da Nike, ou por maçãs em vez de bananas. Mesmo aqueles produtos que parecem insubstituíveis têm geralmente substitutos quando os preços atingem um determinado nível. Se os preços da habitação, por exemplo estiverem demasiado altos, as pessoas optarão por arrendar. Se a gasolina ultrapassar um certo (reconhecidamente elevado) valor, as pessoas acabarão por escolher carros mais pequenos, ou habituar-se-ão a andar de comboio.

Mas, quando se trata da fertilidade, a procura não conhece limites. Se os pais querem filhos "seus" – filhos feitos com o seu sangue, com os seus genes – então a possibilidade de substituição desaparece. Não querem adoptar; não querem tomar conta dos filhos dos outros; não querem um simples remedeio. Querem sim o que para eles é insubstituível, e para isso pagarão muitas vezes o máximo que puderem. Hipotecarão as suas casas, venderão os seus automóveis, consumirão as poupanças da família. Em alguns casos, como é óbvio, os fundos esgotam-se muito antes de uma criança ser concebida. Noutros, o seguro entra em cena, ou então são os potenciais clientes que a abandonam, ao compreenderem que não dispõem do dinheiro necessário. Mas, quando têm condições para pagar os serviços de fertilidade, as pessoas geralmente fazem-no: uma e outra, e outra vez.

É evidente que há outros mercados semelhantes ao da fertilidade. A indústria dos cuidados de saúde, por exemplo, está repleta de insaciável procura e custos inestimáveis. Qual o valor de um rim para o doente que precise de um? Ou da quimioterapia para uma criança que sofra de leucemia? É simplesmente impossível atribuir um preço a esses bens, e repugna-nos a ideia de os sujeitar ao mercado. Em consequência disso, os governos do mundo desenvolvido salvaguardaram os cuidados de saúde das garras mais impiedosas do comércio, remetendo-os inteiramente para o domínio público, ou estabelecendo limites normativos concretos. Proibimos, em quase todos os países, a venda de rins. Regulamos a administração de quimioterapia e protegemos os doentes do pleno custo do seu tratamento.

No mundo da reprodução, porém, as respostas do governo têm sido diversas. Em alguns países – Inglaterra, Austrália e Israel, por exemplo – as autoridades governamentais têm tratado a infertilidade como um ramo algo duvidoso da medicina. Cobrem os custos dos tratamentos de fertilidade, mas apenas em condições rigorosamente definidas e segundo linhas de orientação cuidadosamente especificadas. O fornecimento privado de serviços de fertilidade – ou seja, o mercado da fertilidade – está severamente constrangido. Outros países proíbem faixas de tratamento muito mais amplas, impedindo as clínicas, tanto públicas como privadas, de aplicar a ciência ao processo reprodutivo.

Nos Estados Unidos, porém, as autoridades reguladoras e legislativas têm, em larga medida, ignorado o mercado dos serviços de reprodução. Há muito poucas restrições aos serviços de fertilidade e pouca regulação dos que a providenciam. Em vez disso, o mercado da fertilidade norte-americano é vibrante, competitivo e em expansão, dada a inexistência de qualquer tipo de controlos formais. Por constituírem, além do mais, um mercado tão vasto e tecnicamente avançado, os Estados Unidos são como um íman para casais inférteis de todo o mundo. Candidatos a pais do Japão, por exemplo, podem viajar para a Virgínia e pagar pelos óvulos doados ou pelas técnicas de selecção de sexo de que não dispõem no seu país. Casais de gays ou lésbicas de Inglaterra podem contratar mães-hospedeiras americanas, comprar óvulos americanos e produzir os seus filhos numa clínica californiana com serviços à medida do cliente. O preço, nestes casos, raramente é obstáculo e a oferta desliza sub-repticiamente entre fronteiras internacionais.

A demanda da concepção representa, pois, mais do que uma prece pessoal, ou um impulso biológico. É uma indústria global que vai silenciosamente crescendo, um negócio que se desenvolve a par da tecnologia e se recusa a reconhecer as suas raízes comerciais. É uma indústria que vende uma salvação do tipo mais primitivo e que, no entanto, vive num claustro imaculadamente branco, entre frasquinhos, medicamentos e exames. E é uma indústria que muito visivelmente prospera à custa de um desejo lancinante de comprar – isto é, da necessidade que as pessoas sentem de encontrar alguém que, de alguma maneira, lhes dê filhos antes que morram, como Raquel.

Génesis: O Tratamento Histórico da Infertilidade

Parece apropriado que uma das primeiras referências antigas à infertilidade ocorra no Génesis e entre as famílias fundadoras da teologia ocidental. A mulher de Jacob, à semelhança de muitas das suas congéneres bíblicas, não conseguia engravidar. Depois de rezar a Deus e suplicar ao marido, acabou por recorrer a um método comum no seu tempo: mandou Jacob "ter com" a sua serva e adoptou a criança que daí resultou. Sara procedeu de igual modo, enviando Abraão à sua serva Agar e dizendo: "Obterei filhos através dela".[4]

Estas narrativas explícitas e persistentes testemunham a longa história da infertilidade. Durante milénios, as sociedades veneraram a procriação, manifestando a sua reverência e respeito pela capacidade reprodutiva. Um dos vestígios mais antigos deste culto é, de facto, a deusa da fertilidade, um símbolo que atravessou culturas e continentes no mundo antigo. Representada habitualmente como uma mulher grávida (ou, pelo menos, particularmente nutrida), a deusa da fertilidade desempenhava um papel central nas cerimónias de culto.[5] As tribos paleolíticas dispunham conchas de caurim de modo a configurar um "portal" feminino; os romanos acendiam archotes e fogueiras em honra de Diana, deusa da fertilidade; os escandinavos adoravam Freya, filha do deus do mar que controlava a vida e a morte.[6] Em todos estes casos, as suas preces a estas divindades eram, em grande parte, as mesmas: por filhos, pela reprodução, pela vida. Quando as mulheres destas sociedades tinham filhos, considerava-se pois que seguiam os caminhos de Deus e da Natureza. E, quando os seus ventres se revelavam estéreis, era porque a vida se tinha extraviado.

Assim sendo, o mundo antigo encarava severamente as mulheres como Raquel. Na medida em que a fertilidade se mantinha tão estreitamente ligada à feminilidade, as mulheres sem filhos eram olhadas com um misto de piedade e desdém. A Bíblia descreve as mulheres sem filhos como trágicas e incompletas; os antigos egípcios referiam-nas como "mães dos que faltam".[7] Frequentes vezes, as esposas inférteis ou "estéreis" eram comparadas aos seus equivalentes agrícolas: "um campo sem colheitas", segundo muitas descrições, ou uma "árvore sem folhas".[8]

Só que, contrariamente aos campos e às árvores, as mulheres sem filhos eram também habitualmente responsabilizadas pela sua sorte.

Uma vez que as sociedades antigas não sabiam explicar nem a concepção nem a incapacidade de gerar, interpretavam a infertilidade como um acto de Deus ou um sinal de pecado. De acordo com essa lógica, as mulheres como Raquel não tinham filhos porque, de alguma forma, não mereciam tê-los, porque Deus tinha determinado que eram indignas de conceber. E os homens casados com mulheres indignas eram, em muitas culturas, livres de as matar ou abandonar. Na Índia antiga, um homem podia amarrar a sua mulher estéril e atear-lhe fogo. Na China, uma esposa sem filhos não tinha direito a morrer em casa.[9] Noutros países – em certas regiões da Grécia, da Turquia e do Bali – dependendo do espírito da época e do credo dos governantes, as mulheres estéreis eram forçadas a suicidar-se, "desonradas, odiadas e maltratadas" por sociedades para as quais infertilidade era sinónimo de impiedade.[10]

Embruxadas e Desorientadas

No século XV, várias teorias novas tinham surgido para explicar este estado anti-natural. Uma era a de que a infertilidade tanto podia ser obra de Deus como de bruxas, o que significa que podia ser imposta a casais inocentes por forças malignas vivas. Sobretudo na Europa Ocidental, onde a caça às bruxas grassou entre aproximadamente 1435 e 1750, os cristãos tementes a Deus acreditavam que as bruxas – também elas, muitas vezes, mulheres sem filhos – podiam realizar cerimónias para "dar um nó" em casamentos, atando um cordão mágico de cabedal que iria subsequentemente tornar um casal incapaz de ter filhos. Acreditava-se também que as bruxas interferiam na reprodução em termos mais gerais, e que tinham o poder de tornar os homens impotentes.[11]

Em 1487, o texto central dos julgamentos de bruxaria, uma publicação dominicana intitulada *Hammer of the Witches*, estabelecia esta relação em termos assustadoramente claros. As bruxas, dizia o referido texto, "ultrapassam todos os outros em maldade". Praticavam a contracepção e o aborto, crimes contra a Igreja, e eram frequentemente culpadas de sete terríveis pecados. O pecado número 2 era tornar os homens impotentes. O número 3, praticar a esterilização e a castração.[12] Em princípio, estas ideias reduziam um pouco o fardo da mulher, uma vez que a possibilidade de impotência tinha, pelo menos, o mérito de incluir os maridos na equação da fertilidade. Apesar disso, esta equação descrevia ainda a infertilidade masculina como algo claramente anti-natural – como produto, ironicamente, de actos perversos de mulheres.

Quando a fúria contra as bruxas finalmente amainou, o crescente racionalismo começou a tentar descobrir outros bodes expiatórios para a esterilidade. Uma teoria popular fixou-se no sexo ou, mais precisamente, na sua prática excessiva ou inadequada. De acordo com esta perspectiva, a existência de prostitutas sem filhos parecia indicar que o sexo em si podia conduzir à infertilidade, uma vez que os ventres "movediços" podiam facilmente evitar a concepção.[13] Segundo um dos primeiros tratados sobre a fertilidade, por exemplo, "as meretrizes vulgares nunca, ou só muito raramente, têm filhos; pois a Erva dificilmente cresce num Caminho que seja muito frequentemente pisado".[14] As "meretrizes" também praticavam a contracepção e o aborto, actos condenados pelas autoridades vigentes e vistos (com alguma justificação) como conducentes à esterilidade definitiva.[15] As atitudes religiosas dominantes completavam o quadro: a infertilidade atingia mulheres ímpias que se comportavam como prostitutas, praticando demasiado sexo. Embora essas mulheres não fossem já enforcadas ou compelidas a suicidar-se, o desprezo da sociedade continuava, em larga medida, o mesmo.

Ao longo de milhares de anos e milhões de mulheres, a infertilidade manteve-se, por conseguinte, uma maldição silenciosa e irrevogável. Envergonhadas pela sua condição, as mulheres sem filhos confessavam o seu problema a parteiras, xamanes ou curandeiros, dispostas a tentar todos os remédios que lhes fossem impostos. Bebiam poções de urina de mula e sangue de coelho e cobriam-se de ervas que se acreditava induzirem a gravidez. Beijavam árvores, deslizavam por pedras e banhavam-se em água salobra, tida como semelhante ao sangue do parto.[16] Quando tudo o mais falhava, rezavam, adoptavam ou, à semelhança de Raquel, arranjavam outra mulher para gerar o "seu" filho. A maioria, porém, conformava-se com a sua esterilidade, buscando um magro consolo na crença de que era a vontade de Deus. A necessidade de filhos mantinha-se persistente e cruel, exacerbada pela falta de outras opções para as mulheres e pelo estatuto que os herdeiros conferiam aos homens. Mas a forma de a satisfazer ainda vinha longe.

Durante séculos, a ciência foi incapaz de determinar com precisão como é que os bebés eram concebidos. E não podia seguramente forçar a concepção quando a natureza decidia em contrário.

Este infeliz estado de coisas começou, muito lentamente, a mudar no final do século XVII, à medida que a ciência se foi paulatinamente juntando à natureza como fonte de conhecimento físico. Em 1684, um autor anónimo publicou *Aristotle's Master Piece*, um compêndio popular que se baseava simultaneamente na nova ciência e em teorias gregas antigas para descrever a procriação como uma fusão física de "sementeira" masculina e feminina, ou seja, das sementes supostamente libertadas por ambos os parceiros no acto da concepção.[17] A *Master Piece* acabou por ser republicada em dúzias de edições, sendo oportunamente seguida por uma longa série de "manuais do casamento" que ligavam explicitamente a concepção à "mistura de sementes" e, facto inédito, a gravidez ao prazer.

The Expert Midwife (1694), por exemplo, advertia: "A *esterilidade* deve-se também à Repugnância da Mulher ... ou ao seu desinteresse e insensibilidade no acto em questão."[18] Era também esta a conclusão de *An Inquiry into the Causes of Sterility in Both Sexes*. "Quando a mulher é incapaz de gratificação por uma questão de debilidade ou de aversão", rezava o seu autor, "dificilmente, ou nunca, é fértil."[19] Apesar da escassez de provas desta teoria, desenhava-se, porém, uma lógica: a concepção dependia da mistura de fluidos, e os fluidos não surgiam sem orgasmo. O mais interessante neste raciocínio (tirando o facto de ser errado) é que os seus proponentes estavam, pela primeira vez, a descrever a infertilidade, não como um acto de Deus, um pecado ou malícia, mas antes como uma condição física susceptível de ser cientificamente solucionada.

Desde o momento, porém, em que a concepção acontecesse, estes manuais do século XVII partiam do princípio de que o produto dessa mistura era um ser humano minúsculo, quase perfeito. Baseando-se nas teorias de Aristóteles e Hipócrates, acreditavam que os bebés provinham de algo semelhante a ovos e existiam nalguma forma incipiente de vida, à espera da semente que catalisaria o seu crescimento. Em 1681, por exemplo, um eminente investigador escreveu que "o ovo é débil e impotente, precisando por isso da energia do sémen do macho para iniciar o desenvolvimento."[20] Outros, conhecidos como animalculistas, afirmavam que cada gota de sémen continha um ser humano microscópico que aguardava apenas a nutrição fornecida pelos óvulos.[21] Ambas as escolas, porém, consideravam que a concepção tinha mais a ver com desenvolvimento do que com criação. A criança já existia. Precisava simplesmente que os pais misturassem os seus fluidos de forma adequada a produzir o alimento, centelha ou espírito (consoante a teoria) que lhe permitiria desenvolver-se. Nesta perspectiva, a infertilidade tornava-se um problema físico, quase mecânico. As mulheres sem filhos já não eram necessariamente embruxadas ou malignas. Precisavam unicamente de uma prática sexual apropriada.

Remédios e Engenhos

Estas ideias persistiram quase até ao final do século XIX. Deram também origem a uma pequena, mas muito lucrativa, indústria de tratamentos, precursora dos actuais livros de auto-ajuda e clínicas de fertilidade. A maior parte desta actividade era desenvolvida por "peritos" médicos sem credibilidade, isto é, pessoas – na sua maioria homens – sem qualquer formação ou conhecimento especializado. Muitos publicitavam ampla e espaventosamente os seus produtos. Mas quase nenhum dos tratamentos em causa oferecia sequer a mais pálida perspectiva de sucesso.

Um dos mais engenhosos deste lote era James Graham, um escocês inovador que fez uma considerável fortuna à conta da "electroterapia" e outras "receitas infalíveis" para a fertilidade. Após algum tempo de prática em Filadélfia, Graham aventurou-se a regressar a Inglaterra e ganhou fama em 1779 por ter aparentemente curado a infertilidade da Duquesa de Devonshire. A grata duquesa recompensou-o bem e Graham mudou-se para Londres, onde investiu num aparatoso "Templo da Saúde". Nesse templo, os homens escutavam prelecções sobre a potência, sentados em cadeiras que emitiam leves choques eléctricos. As mulheres assistiam a conferências separadas ou entregavam-se às outras curas eléctricas de Graham – o "trono magnético", por exemplo, ou um "banho eléctrico". Adquiriam o "bálsamo etéreo" do Dr. Graham, um composto, explicava ele, "de goma cremosa com … éter, electricidade, ar ou magnetismo."[22] Ou então compravam a sua "Prelecção sobre o Amor; ou Aconselhamento Privado a Damas e Cavalheiros

Casados" (*Lecture on Love; or Private Advice to Married Ladies and Gentlemen*). Se tudo o mais falhasse – e o paciente fosse extremamente rico – podia-se recorrer ainda à "cama celestial" de Graham, uma vibrante sensação que os casais podiam alugar por 500 guinéus a noite. Segundo Graham, "[o] supremo êxtase que os parceiros alcançam na Cama Celestial é verdadeiramente assombroso ... as estéreis têm, seguramente, de se tornar fecundas ao serem assim tão poderosamente agitadas nas delícias do amor."[23] Oxalá fossem. Fazendo a conversão para valores actuais, 500 guinéus seriam mais ou menos o equivalente a 22 700 libras, ou cerca de 37 500 dólares.

Havia outros remédios menos dispendiosos, embora não necessariamente mais eficazes. Nos séculos XVIII e XIX, as mulheres que sofriam de "obstruções" ou de "fraqueza feminina" eram habitualmente aconselhadas a fazer exercício, a tomar banhos frios ou a meterem-se na cama. Podiam auto-medicar-se com equivalentes mais modernos de remédios antigos – tónicos herbáceos, por exemplo, ou chás especiais – ou então adquirir algum dos cada vez mais numerosos produtos comerciais. Neste período, com efeito, as doenças "femininas" converteram-se num dos mais atractivos alvos dos medicamentos patenteados, compostos que, não tendo embora grande base científica, iam prosperando graças ao crescente uso de rótulos com a marca registada e à publicidade feita para um mercado de massas.[24]

Enquanto isso, a ciência médica ia lentamente avançando para a área da fertilidade. Em 1672, Renier de Graaf, um médico que fazia experiências em coelhos, descobriu pequenos folículos (actualmente designados folículos de Graaf) que continham os ovários dos animais; e, em 1677, Anton van Leeuwenhoek identificou espermatozóides sob a lente do seu microscópio.[25] Em 1707, *De Sterilitate*, um tratado sério sobre a infertilidade, demonstrava uma crescente compreensão dos obstáculos físicos à fertilidade, como a esclerose dos ovários e o bloqueamento das trompas.[26] E, em 1797, *An Inquiry into the Causes of Sterility* descrevia a incapacidade de ter filhos como um padecimento físico e "causa de tanto mal neste mundo como qualquer outra das doenças a que estamos sujeitos".[27]

A Descoberta da Conexão

Não seria, no entanto, antes do século XIX que a mudança de costumes e o avanço da medicina iriam permitir o estabelecimento de uma conexão mais explícita entre sexo e procriação, assim como um aconselhamento mais preciso acerca da mecânica da reprodução. Parte desta mudança foi simplesmente o resultado do progresso da ciência: à medida que iam examinando mais de perto o interior do corpo humano, os investigadores começaram também a lidar com a biologia do nascimento, com os órgãos, as acções e as substâncias químicas que transformavam os "animálculos" em bebés. Mas não foi apenas o avanço do conhecimento que possibilitou esta ciência. Foi também o avanço da medicina para o quarto de cama e para o corpo da mulher. A verdade é que, até finais do século XIX, as doenças "femininas" eram consideradas tão privadas e tão pessoais que os médicos tinham relutância em investigá-las muito de perto. As enfermidades relacionadas com o aparelho reprodutivo eram particularmente complicadas, uma vez que a sabedoria reinante as tratava ainda como actos de Deus. Por altura da viragem do século, porém, um crescente grupo de médicos começou a demarcar-se dos curandeiros, dos boticários e das parteiras que haviam tratado as doenças no passado.

Em parte cientistas, em parte clínicos, estes novos médicos definiam-se a si mesmos como profissionais, especialistas formados em universidades que entendiam o funcionamento interno do corpo. Embora a sua formação fosse, em muitos casos, bastante superficial (algumas escolas médicas oitocentistas exigiam apenas alguns meses de formação), distinguiam-se explicitamente a si mesmos de praticantes menos instruídos e, particularmente, das parteiras, que durante muito tempo haviam contado apenas com a sua experiência pessoal e informal.[28] Na Europa, os médicos agruparam-se em ordens profissionais. Nos Estados Unidos, juntaram-se em agremiações profissionais e, em 1848, formaram a Associação Médica Americana. Lentamente, alguns membros deste grupo começaram a especializar-se em doenças da mulher, investigando partes da anatomia feminina que, durante séculos, haviam sido física e socialmente tabu.

Inicialmente, este novo quadro de especialistas centrou-se nos aspectos mais óbvios da reprodução: a posição e a altura da relação sexual. Aconselhavam os seus pacientes a restringir-se à posição do missionário, afirmando que a concepção que ocorria com a mulher em cima resultaria em filhos anormais ou, de algum modo, deformados – "Anões, Coxos, Corcundas, Vesgos e estúpidos Cabeças de Cepo", segundo uma fonte.[29] Salientavam também a ocasião do sexo, insistindo com os casais para que se concentrassem nos momentos mais férteis da mulher.*

Deste modo, os meados do século XIX conheceram uma pequena vaga de textos dedicados à ciência da reprodução e ao tratamento da infertilidade. Na Primavera de 1844, por exemplo, um médico chamado Frederick Hollick começou a fazer conferências em Nova Iorque sobre "as doenças da mulher". Recorrendo a modelos de cartão em tamanho natural, Hollick oferecia às suas audiências uma digressão completa pela anatomia humana, incluindo, gabava-se ele, "todos os estádios do desenvolvimento de um novo ser no útero materno". Após ter discursado para audiências compactas ao longo da Costa Leste – "mais de quatrocentas senhoras ... num só dia!" contou ele – Hollick retirou-se para uma carreira literária, publicando uma série de livros ilustrados com conselhos para as mulheres. O seu aconselhamento – relativamente acertado, embora impreciso – teve eco em outros conhecidos manuais da época, nomeadamente a *Esoteric Anthropology* de Thomas Low Nichols (1853) e a *Physiology of Marriage* de William Alcott (1855).[30] Num plano mais técnico, o texto de 1856 de Augustus Gardner, *The Causes and Curative Treatment of Sterility*, localizava publicamente elementos cruciais da anatomia feminina e repudiava a ideia corrente de que as mulheres precisavam de orgasmos para engravidar.[31]

Esta época assistiu também ao nascimento da cirurgia reprodutiva, tentativas rudimentares de "consertar" os órgãos femininos que apenas recentemente haviam sido identificados. Em 1855, o Dr. J. Marion Sims presidiu à abertura do Hospital da Mulher, as primeiras instalações clínicas norte-americanas inteiramente consagradas às enfermidades femininas. Sims, que se tornara conhecido por ter engendrado uma cura cirúrgica para uma complicação particularmente penosa do

---

* Infelizmente, apesar de a sua teoria estar correcta neste ponto, os pormenores não estavam: até muito recentemente, os médicos julgaram que as mulheres eram mais férteis nos dias logo a seguir ao período, que são justamente aqueles em que têm *menos* probabilidades de engravidar.

parto, estava firmemente convencido de que todos os problemas reprodutivos eram de natureza funcional e, nessa medida, passíveis de serem solucionados por uma adequada intervenção cirúrgica. Acreditava também nas virtudes da experimentação, tendo conseguido a sua primeira cura depois de, durante anos, haver ensaiado sucessivos métodos nas mulheres escravas que os vizinhos lhe levavam. "Fui aperfeiçoando os métodos de operar", recordou mais tarde, " eliminando primeiro uma coisa e depois outra, até reduzir tudo a uma prática muito simples."[32]

Ao longo das décadas de 1850 e 1860, Sims e os seus associados prosseguiram as suas experiências, trabalhando agora com as mulheres pobres e imigrantes que enchiam as enfermarias públicas. Operaram centenas, talvez mesmo milhares delas, extraindo ovários ou apertando cervices para corrigir o que descreviam como obstáculos puramente físicos à reprodução.[33] Infelizmente, porém, a maioria destas "curas" revelou-se tão ineficaz quanto as suas predecessoras medievais. Nos registos do famoso Hospital da Mulher de Sims não se encontra praticamente nenhum indício de gravidezes subsequentes, e o conhecimento médico moderno leva-nos a pensar que as operações de Sims ficavam, quase de certeza, longe da origem dos problemas das suas pacientes.[34] Mas, ao tratar a infertilidade como uma situação cirúrgica, Sims e os seus colegas tinham finalmente – e definitivamente – reperspectivado a infertilidade como uma condição clínica, ou seja, do foro de médicos e especialistas, e não de deuses e feiticeiras.

Incapacidade de Gerar: As Causas e Condições da Infertilidade

Hoje em dia, a ciência moderna confirma a base biológica da infertilidade. Os casais não estão incapacitados de ter filhos por causa do que são ou do que fizeram, mas sim porque padecem de qualquer problema físico subjacente. Ocasionalmente, esse problema pode resultar de actos específicos que um dos parceiros tenha praticado, ou de que haja sido vítima. Por vezes, questões de ordem emocional ou psicológica podem impedir o processo reprodutivo. Mas, na grande maioria dos casos, a infertilidade é uma situação bastante linear, de ordem puramente física.

Basicamente, a infertilidade ocorre quando um determinado casal é incapaz de produzir um embrião viável – um composto de dezasseis células de óvulo e espermatozóide que se irá subsequentemente fixar no útero da mãe e evoluir para uma criança viva. Uma definição formal é-nos dada pela Associação Americana de Medicina Reprodutiva, segundo a qual "um casamento deve ser considerado infecundo ou infértil quando não houver gravidez após um ano de coito sem contracepção".[35] Por vezes, o problema tem origem no esperma, outras vezes no óvulo, e outras vezes ainda nos canais que conduzem à união de ambos, ou permitem o desenvolvimento do seu fruto.[36]

No que se refere ao esperma, o problema reside habitualmente na quantidade ou na velocidade. Alguns homens têm uma produção de esperma demasiado insuficiente, ou então produzem um esperma que tende a extinguir-se antes de alcançar o óvulo. Outros foram submetidos a operações que destruíram a sua capacidade física de o produzir, ou estiveram expostos a substâncias químicas tóxicas (na guerra, em certas indústrias, ou em consequência de uma quimioterapia prolongada) que conduziram ao mesmo resultado. E, mesmo quando a produção de esperma é normal, os homens podem ter ainda problemas físicos que bloqueiem a sua passagem dos testículos. Em casos muito raros, um homem pode até produzir um esperma que provoque uma reacção alérgica na sua parceira. Mas, na esmagadora maioria dos casos, a infertilidade masculina provém de uma simples deficiência física: a incapacidade dos espermatozóides do homem para penetrarem ou fertilizarem os óvulos da sua desejada companheira.

A infertilidade da mulher é mais complicada, dada a maior complexidade da biologia reprodutiva feminina. Enquanto quase toda a infertilidade do homem se deve a problemas com a mecânica da produção de esperma, a infertilidade feminina pode residir num de três sítios: os óvulos, as trompas de Falópio, ou o útero. Na medida em que todos são componentes necessários da reprodução, todos são também igualmente capazes de contribuir para a infertilidade.

Estatisticamente, a infertilidade feminina decorre, na maioria dos casos, de problemas nas trompas de Falópio – os canais microscópicos que, em condições normais, servem para conduzir os óvulos de uma mulher ao útero. Na medida em que são pequenas e delicadas, as trompas são vítimas de uma grande diversidade de afecções, qualquer uma das quais pode vedar a pequena abertura e impedir a gravidez.[37]

A endometriose, por exemplo, uma afecção uterina relativamente comum, pode causar o desprendimento de pequenos fragmentos das paredes do útero e consequente obstrução das trompas de Falópio. As gravidezes ectópicas, em que o embrião se implanta numa trompa, em vez de no útero, podem também bloquear, ou até destruir, as trompas de Falópio. E o mesmo pode acontecer com as doenças inflamatórias pélvicas (DIPs), moléstias que por vezes resultam de doenças sexualmente transmitidas.

Embora menos comuns, as afecções do útero são, em muitos sentidos, mais devastadoras do que as das trompas, na medida em que o útero é, por natureza, mais difícil de contornar. Em casos de infertilidade uterina, uma mulher pode sofrer de malformações ou lesões do útero, ou então ter um útero fisicamente incapaz de manter o feto em desenvolvimento ou levar a gravidez até ao fim. Pode ter tido de se submeter a uma histerectomia precoce, geralmente em consequência de um cancro ou de uma endometriose avançada. E, por vezes, uma mulher pode até nascer sem útero.

A maioria dos restantes casos de infertilidade é atribuída a disfunções dos ovários. Mais fáceis de tratar do que os problemas do útero, são também mais enigmáticas, ligadas a decisões pessoais, para além da fisiologia. Tradicionalmente, os problemas dos ovários deviam-se ao mesmo tipo de infortúnio biológico que atinge outras vítimas de infertilidade feminina. As mulheres infecundas nasciam sem ovários (o que é raro) ou sofriam de desequilíbrios hormonais que tornavam a sua produção de óvulos escassa ou inexistente. Os seus corpos recusavam-se a ovular ou a produzir óvulos viáveis. Estas situações ainda se verificam e são responsáveis por cerca de 33% do total de casos de infertilidade feminina.[38] Crescentemente, porém, as disfunções da ovulação surgem directamente associadas à idade, à inescapável correlação entre fertilidade e juventude.

Em termos gerais, a fertilidade feminina atinge o auge por volta dos vinte e sete anos e entra em visível declínio a partir dos trinta e cinco. Embora muitas mulheres sejam individualmente capazes de ter filhos numa idade muito mais avançada, as probabilidades estatísticas de o conseguirem vão decrescendo vertiginosamente com o tempo. Uma mulher normal de vinte e oito anos, por exemplo, tem 72% de probabilidades de engravidar após um ano de tentativas. Já uma de trinta e oito tem apenas 24%. Dito de outro modo, a fertilidade feminina diminui em 20% depois dos trinta anos, 50% depois dos trinta e cinco, e 95% depois dos quarenta.[39] Estes números implacáveis explicam simultaneamente uma crescente causa da inexistência de filhos e a crescente procura de soluções baseadas no mercado. E isto porque as mulheres que sofrem de infertilidade por razões etárias não são infecundas no sentido tradicional do termo: têm capacidade física para assegurar a gestação de uma criança e, por vezes, até para produzir uma.[40] O que não têm é óvulos suficientes para que a concepção seja tão fácil como poderia anteriormente ter sido.[41]

Para as mulheres que são inférteis por causa da idade, o dano emocional parece particularmente elevado. Estas são, ao fim e ao cabo, mulheres que poderiam ter tido filhos se o tivessem decidido mais cedo, mulheres que terão possivelmente adiado a maternidade em prol de uma carreira ou de outros objectivos pessoais. Admitir a infertilidade nestes casos é particularmente duro. Como Diane Aronson, ex-directora executiva da *RESOLVE*, uma associação nacional de infertilidade dos Estados Unidos, relata: "Nem imagina a quantidade de pessoas que tivemos na nossa linha de ajuda a chorar, dizendo que não faziam ideia de quanto a fertilidade diminui à medida que a idade avança."[42]

Independentemente, porém, da causa, e independentemente da idade, o facto é que a infertilidade inflige incalculáveis danos àqueles que dela padecem. Embora não tenha consequências físicas como o cancro ou a tuberculose, por exemplo, e ainda que a impossibilidade de ter filhos não represente, em si, um risco de vida, tende a produzir uma reacção análoga a uma doença grave. Em estudos realizados no *Beth Israel Deaconess Medical Center* de Boston, por exemplo, a Drª Alice Domar, especialista na relação entre a saúde física e a saúde psicológica da mulher, demonstrou que as mulheres inférteis registam níveis de depressão anormalmente elevados, similares aos provocados por cancro, sida, ou doenças coronárias.[43] Como explica uma mulher que sofre de infertilidade: "Quando perdemos a possibilidade de ter um filho biológico é como se nos confrontássemos com a morte – quase como se metade de nós morresse ... porque ter filhos é a principal forma de as pessoas lidarem com o facto de *serem* mortais".[44] Outras mulheres (e homens) expressam sentimentos semelhantes – de inutilidade, desespero, falta de esperança ou de desejo.

No plano pessoal, a insatisfação desta necessidade assume uma dimensão trágica. A infertilidade destrói muitos dos casamentos que atinge; sorve contas bancárias e põe muitas vezes em causa a identidade sexual das suas vítimas. Todavia, de um ponto de vista comercial, uma necessidade tão profunda também é incontestavelmente atractiva. Em 1982, 4,5 milhões de mulheres norte-americanas declararam sofrer de infertilidade. Este número subiu para 4,9 milhões em 1988 e 6,2 milhões em 1995.[45] Historicamente, estas mulheres sempre existiram: desde o tempo de Raquel, como sabemos, uma significativa percentagem de mulheres e de homens tem-se debatido com o peso da infecundidade. Mas, uma vez que não havia cura para a sua condição, não havia também mercado. À medida, porém, que a ciência foi decifrando a mecânica da reprodução, as perspectivas de tratamento aumentaram exponencialmente, abrindo mercados que nunca tinham realmente existido antes.

As mulheres sem trompas de Falópio, ou com trompas lesionadas, por exemplo, dispõem agora da fertilização *in vitro* (FIV), uma conhecida técnica com elevada taxa de sucesso que descrevemos mais adiante. Os homens com baixas contagens de espermatozóides podem recorrer à injecção intracitoplasmática destes últimos (em que um único espermatozóide é directamente injectado no óvulo) ou aventurar-se com as suas parceiras numa florescente multiplicidade de bancos de esperma. As mulheres com disfunções uterinas podem contratar gestantes substitutas, uma prática descrita no capítulo 3. Em todos estes casos, a dinâmica subjacente é exactamente a mesma: existe uma procura para a concepção e uma crescente oferta de soluções tecnológicas. Por outras palavras, existe um mercado.

Em Busca de uma Cura

É certo que sempre existiu uma espécie de mercado para os tratamentos de fertilidade. Alguém, afinal, vendia os amuletos e as poções receitadas na época medieval. Alguém esculpia as estátuas da fertilidade e fazia a venda ambulante dos bálsamos e elixires que os vitorianos tanto apreciavam. Mas nenhuma destas actividades tinha grande dimensão – eram constituídas por um número muito reduzido de pessoas que vendiam superstições ou "curas" basicamente inúteis.

Na viragem para o século XX, contudo, as coisas começaram a mudar. Pela primeira vez, médicos e cientistas começaram a debruçar-se sobre as causas físicas da infertilidade e a experimentar diversos tratamentos que efectivamente resultavam. À medida que esses tratamentos foram evoluindo, formaram a oferta decisiva da indústria da fertilidade, permitindo que a procura encontrasse finalmente o seu correlato. Três desenvolvimentos em particular possibilitaram o nascimento do negócio de bebés. Primeiro, um maior conhecimento da biologia da reprodução; segundo, a descoberta das hormonas e o desenvolvimento da endocrinologia; terceiro, e o mais espectacular, a invenção da fertilização *in vitro*, uma técnica que, em 1978, chocou o mundo e lançou o assunto da produção de bebés num turbilhão social e político.

O primeiro destes avanços foi, pelo contrário, muito mais discreto. E começou, por estranho que pareça, com a gonorreia, uma doença sexualmente transmissível que causava desconforto, embora nenhum mal de maior, aos homens que dela sofriam. A gonorreia já existia há séculos, como doença encoberta que os médicos habitualmente tratavam com diversos emolientes e elixires. Nas últimas décadas do século XIX, porém, o número de infecções começou a aumentar em resultado da mudança dos comportamentos sexuais e de um florescente comércio do sexo nos centros urbanos dos Estados Unidos. Por essa mesma altura, os médicos aperceberam-se também de um aumento notório de determinados casos de infertilidade. Jovens mulheres, recém-casadas e anteriormente saudáveis, começavam a sofrer de dores abdominais e infecções pouco depois do casamento. Incapazes de engravidar, tinham também maridos que haviam sido anteriormente "curados" de gonorreia.

Inicialmente, os médicos recusaram-se a ver qualquer relação entre estes dois factos: a infertilidade, insistiam eles, era uma doença da mulher, e a gonorreia não tinha nada a ver com ela. Mas, gradualmente, tanto os relatos pessoais como posteriores exames acabaram por estabelecer a ligação. O microscópio revelou que muitos dos homens que se tinham "curado" da gonorreia já não produziam espermatozóides. A infertilidade nestes casos era, por conseguinte, simultaneamente masculina e biológica. Devia-se, muito simplesmente, a uma doença.[46]

Esta descoberta, conjugada com desenvolvimentos no crescente campo da ginecologia, centrou a atenção científica na biologia da reprodução e nos impedimentos físicos da gravidez. Discretamente, até mesmo furtivamente, um pequeno grupo de médicos começou a ensaiar a inseminação artificial, bem como diferentes formas de recuperar as trompas de Falópio de uma mulher.[47] Embora os seus avanços fossem modestos, os casais inférteis rapidamente caíram sobre este novo grupo de especialistas, procurando (e pagando) qualquer tratamento disponível. Em 1906, por exemplo, o Dr. Robert Tuttle Morris, um dos primeiros ginecologistas, viu-se inundado de pacientes após ter transplantado com sucesso um pequeno fragmento do ovário de uma mulher para uma paciente anteriormente infértil. "Gostaria que todos os cirurgiões pudessem ter visto algumas das cartas confrangedoras que recebi de mulheres que haviam perdido os ovários", contou ele mais tarde. "Ofereciam-me somas avultadíssimas se eu conseguisse obter resultados semelhantes em outros casos."[48]

O Auxílio das Hormonas

A segunda e mais significativa bênção para o comércio surgiria, no entanto, na década de 1930, quando os desenvolvimentos na endocrinologia ocasionaram, pela primeira vez, a entrada do mercado de massas no problema da infertilidade. Nas décadas anteriores, os cientistas tinham começado a fazer ensaios com aquilo que então se designou por "glândulas endócrinas" – órgãos que pareciam produzir secreções corporais que estavam, por seu turno, ligadas ao comportamento. Os investigadores não sabiam bem o que eram essas substâncias, ou como é que funcionavam. Mas conseguiram comprovar uma certa relação causal, muitas vezes sexual: castrar um galo, por exemplo, modificava os atributos sexuais do animal, ao passo que reimplantar-lhe os testículos – mesmo que no interior da cavidade abdominal da ave – lhe restituía o seu comportamento normal.[49]

Em 1905, um grupo de cientistas britânicos denominou estas misteriosas substâncias "hormonas" e ajudou a lançar um programa de investigação em seu torno. Inicialmente, muita dessa investigação centrava-se na possibilidade de misturar extractos de hormonas – de usar, por exemplo, testosterona proveniente de um macho fértil para tratar um infértil. Depois, foi lentamente avançando para uma fase mais orientada para os processos, em que os cientistas tentavam compreender o papel desempenhado pelas hormonas na regulação das funções do corpo. Em ambas as fases, porém, a pesquisa depressa revelou um lado comercial – um negócio baseado na venda de extractos de hormonas ou de tratamentos hormonais.

Como já seria de esperar, esta primeira fase do comércio combinava investigação séria com uma considerável dose de charlatanice. Os cirurgiões faziam experiências com transplantes de glândulas; os cientistas ofereciam preparados baseados em extractos glandulares; e os charlatães vendiam abertamente elixires como a "espermina"[50] Estes tratamentos floresceram nas duas primeiras décadas do século XX, quando os investigadores começaram lentamente a isolar e identificar as principais secreções internas do corpo. Depois, em 1923, dois cientistas da Universidade Washington em St. Louis conseguiram obter um extracto de estrogéneo.[51] Mais especificamente, demonstraram que, tal como o pâncreas ou a tiróide, os ovários da mulher produziam uma substância distinta e crucial: uma substância que era a chave de todo o processo da reprodução. Com estrogéneo, as mulheres eram fisicamente capazes de engravidar e manter uma gestação. Sem ele, todo o processo estava condenado desde o início. O estrogéneo, por outras palavras, controlava a fertilidade de uma mulher.

É difícil sobreavaliar a importância desta investigação. Ao identificar o estrogéneo, os cientistas de St. Louis tinham finalmente desvendado a base química da reprodução – as chaves, de facto, para a criação da vida. E, uma vez compreendido o funcionamento destas chaves, os investigadores seguintes podiam começar a corrigir o processo quando ele falhava.

Tecnicamente, a reprodução humana depende de uma complexa e íntima combinação de hormonas. Tem início (ironicamente, talvez) no cérebro, onde a minúscula glândula do hipotálamo segrega uma substância conhecida por hormona libertadora de gonadotropina. Esta hormona induz a glândula pituitária (igualmente localizada no cérebro) a produzir duas outras hormonas: hormona estimuladora dos folículos (HEF) e hormona luteinizante. Estas substâncias, por seu turno, regulam a produção das mais conhecidas hormonas reprodutivas: o estrogéneo e a progesterona. O estrogéneo é, basicamente, a substância que desencadeia a concepção: assim que os folículos ováricos recebem o sinal hormonal adequado, produzem estrogéneo e libertam um óvulo nas trompas de Falópio. A progesterona, pelo contrário, encerra normalmente o ciclo, preparando o útero para a gravidez e impedindo que mais óvulos amadureçam.

Para que a concepção ocorra, todas estas hormonas têm de ser segregadas nas doses e concentrações adequadas, e precisamente no momento certo. Se alguma das hormonas faltar, ou estiver fraca ou hiperactiva, todo o processo fica comprometido e a gravidez torna-se praticamente impossível. Um cálculo semelhante, embora menos intricado, aplica-se também ao lado masculino, no qual a produção de esperma depende de um nível adequado de testosterona.

Quando se compreendeu melhor estes processos, também as "curas" efectivas para a infertilidade pareceram subitamente ao alcance. Pois se o ciclo reprodutivo dependia da interacção de determinadas hormonas, e se essas hormonas podiam ser extraídas ou sintetizadas em laboratório, então o tratamento tornava-se, pelo menos teoricamente, análogo a um procedimento farmacêutico normal: identificar o problema, prescrever a medicação adequada, dosear o paciente e aguardar os resultados. Este tipo de tratamentos evitava os riscos imprevisíveis da cirurgia e o desconforto que envolvia a inseminação artificial. Tal como os antibióticos, que estavam também a surgir como prodígios laboratoriais, as hormonas prometiam soluções científicas para males milenários. E, uma vez que a ciência se mostrava finalmente eficaz e os males em causa eram tão comuns, o mercado para estas soluções era potencialmente vasto.

O problema, porém, é que as hormonas se revelavam extremamente difíceis de extrair, quanto mais de produzir. Inicialmente, os cientistas tentaram reconstituir as secreções-chave a partir dos seus equivalentes animais – esmagando testículos de touro, por exemplo, para extrair testosterona, ou usando ovários de vaca para produzir estrogéneo. Mas as quantidades requeridas por este método eram astronómicas. Para conseguir um centésimo de onça* de progesterona, por exemplo, os cientistas tinham de processar perto de uma tonelada de testículos de touro. Para obter estrogéneo, precisavam dos ovários de oitenta mil vacas.[52] O preço destes extractos reflectia o custo da sua produção: 200 dólares por um grama de progesterona na década de 1930, um valor incomportável para a esmagadora maioria das mulheres.

---

* NT: 0, 2835 gramas.

Assim sendo, a grande corrida comercial nos anos trinta e quarenta consistiu na busca da síntese, ou seja, de algum meio de recriar as secreções do corpo em laboratório, de forma a multiplicar as quantidades legadas pela natureza. Muito deste trabalho foi realizado num grupo de universidades envolvidas nas primeiras investigações em hormonas. Mas uma parte ainda maior foi desenvolvida pela indústria farmacêutica em expansão, por empresas que viam os benefícios comerciais seguramente advenientes da produção em massa de terapias hormonais. Tanto a *Schering-Kahlbaum* como a *Parke-Davis* (que deram, respectivamente, origem às actuais *Shering* e *Pfizer*), por exemplo, tornaram-se famosas com a produção comercial de estrogéneo nos anos trinta. A *G. D. Searle*, presentemente uma unidade empresarial de Monsanto, teve um papel importante na produção em massa de progesterona e cortisona.[53]

Inicialmente, estas empresas e as suas concorrentes concentraram--se em descobrir fontes mais eficientes das suas preciosas secreções. Descobriram, por exemplo, que a urina das mulheres grávidas produzia uma concentração particularmente elevada de estrogéneo; e que as raízes do *Dioscorea*, um inhame selvagem do México, podiam ser usadas para produzir progesterona. Com o tempo, estas empresas aprenderam também a criar os compostos químicos em questão, manipulando a estrutura molecular dos colesteróis que se transformam em hormonas. Estas descobertas acabaram por reduzir o preço dos tratamentos hormonais e o mercado começou a expandir-se. No final dos anos trinta, a maioria das grandes cidades norte-americanas possuía, pelo menos, uma clínica privada de infertilidade, para além das clínicas hospitalares para os doentes mais pobres. E as hormonas figuravam entre os instrumentos mais eficazes do seu arsenal.

Os Pioneiros da Proveta

Enquanto isso, mesmo quando a terapia hormonal estava rapidamente a definir o mercado do século XX para o tratamento da infertilidade, os desenvolvimentos científicos iam abrindo caminho para a terceira grande revolução no negócio de bebés. Em 1944, John Rock, um dos maiores especialistas em fertilidade do país, anunciou que ele e o seu assistente de investigação tinham conseguido fertilizar quatro óvulos humanos *in vitro* (literalmente, "em vidro"). Usando óvulos doados por mulheres submetidas a histerectomias, Rock e o seu assistente tinham juntado os óvulos, numa caixa de Petri, com sémen que havia sobrado de anteriores inseminações artificiais. Após mais de uma centena de tentativas, quatro destas uniões funcionaram, combinando-se para criar minúsculos ovos fertilizados. Os resultados foram acolhidos, como era de esperar, com um misto de admiração e horror.

Dentro da comunidade científica da fertilidade, Rock era já olhado como um heterodoxo. Católico Romano convicto e professor na Faculdade de Medicina de Harvard, Rock estava entusiasticamente empenhado na investigação das causas subjacentes à infertilidade e na cura do que considerava ser um dos maiores infortúnios humanos. Era mestre na cirurgia das trompas – uma operação extremamente delicada – e pioneiro num tratamento hormonal inovador conhecido como o "recobro de Rock". Por altura dos anos trinta, porém, Rock começara a desesperar da recuperação das trompas: a operação só resultava em menos de 7% dos casos e não oferecia, obviamente, qualquer esperança a mulheres sem trompas de Falópio, ou que as tivessem irremediavelmente lesionadas.[54] Analisando retrospectivamente algumas das primeiras tentativas, ainda muito experimentais, de "transplante de ovários", Rock começou então a jogar com a ideia de passar completamente por cima das trompas de Falópio: de extrair um óvulo de uma mulher em tudo o mais saudável, fertilizá-lo fora do corpo dela e reimplantar em seguida o minúsculo embrião dentro dessa futura mãe.[55] Em 1944, concretizou as primeiras duas etapas deste extraordinário processo tripartido. A partir desse ponto, a experiência não avançou mais.

Quando a notícia das experiências de Rock chegou à imprensa de grande difusão, centenas de mulheres inférteis dirigiram as suas súplicas para Boston, rogando ao médico que as curasse, ou até que usasse os seus óvulos e úteros como matéria para novas experiências. Infelizmente, porém, não havia muito que Rock (ou qualquer outra pessoa) pudesse fazer nesta fase. Todavia, a promessa científica que ofereceu constituiu um incentivo tanto para as vítimas de infertilidade como para aqueles que desejavam ajudá-las. Nos anos cinquenta, casais sem filhos precipitaram-se para os médicos a uma velocidade nunca vista. As revistas da imprensa corrente discutiam regularmente o trauma da infertilidade e os tratamentos possibilitados pelos progressos da medicina. Um artigo de 1950 na *Look*, por exemplo, especulava que "os bebés nascidos por interpostas mães eram uma clara possibilidade."[56] Um artigo de 1947 na *Parents* afirmava que "hoje em dia, os especialistas estão a conseguir "curas" gratificantes de pessoas aparentemente inférteis".[57]

No meio de toda esta excitação, não é de admirar que as clínicas de fertilidade se tenham multiplicado, aumentando de 52 em 1949 para 119 em 1955.[58] A profissão tornou-se mais organizada e, em 1944, lançou a sua própria sociedade, a Sociedade Americana para o Estudo da Esterilidade Humana. Em 1958, este grupo inicialmente pequeno incluía já 840 membros, organizava uma conferência científica anual e editava uma publicação muito conceituada, crivada de anúncios publicitários das crescentes gamas de produtos associados: testes de gravidez, termómetros basais e medicamentos para a fertilidade.[59]

Satisfação da Procura

Convém relembrar, neste ponto, que a onda de interesse pela infertilidade representou uma mudança na oferta e não na procura. O clamor por curas que surgiu nas décadas intermédias do século XX fazia parte da eterna busca de descendência – a mesma busca que conduziu Raquel ao desespero e atraiu os seus herdeiros vitorianos para os inverosímeis prazeres da cama vibradora de Graham. Embora os dados sejam imprecisos, estimativas fidedignas sugerem que a taxa de infertilidade na América de meados do século não seria mais elevada do que as taxas na América do século XIX, na Europa medieval, ou na Grécia antiga.[60] O que disparou no início do período pós-guerra foram os índices da oferta: o número e tipo de provedores que ofereciam soluções efectivas para a infertilidade, em vez de vagas promessas de alívio.

Muitas destas soluções eram indubitavelmente exageradas. Em 1947, por exemplo, o médico Joseph Wassersug garantia aos leitores do jornal *Hygieia* que os "peritos" na área da fertilidade estavam em condições de curar 50% ou mais dos seus pacientes.[61] Outro especialista disse aos leitores da revista *Look* que as taxas de sucesso eram de aproximadamente um terço e estavam a aumentar rapidamente.[62] Albert Q. Maisel, na *Parents*, afirmou que "o tratamento resulta em gravidez numa percentagem de trinta e cinco a mais de cinquenta por cento do total de casos".[63]

Mas, mesmo concedendo um substancial desconto ao exagero, é evidente que a oferta de soluções nos anos cinquenta era simplesmente maior do que alguma vez havia sido. Os médicos podiam fiavelmente oferecer aos seus pacientes inférteis um crescente menu de opções – desde terapias hormonais a inseminação artificial e cirurgia das trompas. Nem todas resultavam. Na verdade, cerca de dois terços dos casais inférteis que procuraram tratamento nesta época tinham fortes probabilidades de continuar sem filhos, vítimas de situações que a ciência não conseguia ainda solucionar.[64] Mas, em termos globais, a oferta de tratamentos da fertilidade tinha finalmente começado a aproximar-se da procura. E, uma vez que os casais do pós-guerra estavam particularmente ansiosos por iniciar as suas famílias e tinham uma recém-adquirida confiança no poder dos mercados e da ciência, os candidatos a pais sentiam-se gratos por comprar tudo o que o crescente negócio de bebés pudesse oferecer. Em 1952, um observador calculou que, só na área metropolitana de Nova Iorque, haveria cerca de dois mil médicos a ministrar tratamentos de fertilidade, facturando "muitos milhões por ano ... à custa das esperanças e das angústias dos inférteis".[65]

Avanços na terapia hormonal trouxeram novas opções e mais negócio à década de 60, quando os investigadores aperfeiçoaram os medicamentos que ficariam conhecidos como Clomid e Pergonal. Através de mecanismos que os cientistas não compreendiam inteiramente, ambos estes medicamentos actuavam no sentido de estimular a ovulação em mulheres que não conseguiam ovular de outro modo. Eram, por outras palavras, catalíticos endocrinológicos capazes de induzir uma gravidez em mulheres anteriormente inférteis. Embora estes medicamentos (e particularmente o Pergonal) aumentassem substancialmente a possibilidade de gravidezes múltiplas, eram também extremamente eficazes, gerando taxas de gravidez de cerca de 14 a 15% por ciclo em mulheres que, de outro modo, não teriam praticamente qualquer hipótese de conceber.[66] Na medida em que estas probabilidades eram tão mais elevadas do que as oferecidas por quaisquer remédios anteriores, as mulheres faziam frequentemente de seis a oito ciclos de tratamento antes de engravidarem ou desistirem.

Assim que a notícia destes medicamentos se espalhou, os casais inférteis invadiram as clínicas de fertilidade, pagando ansiosamente milhares de dólares para receber os novos tratamentos. Em 1970, depois de uma participante num ensaio de Pergonal ter dado à luz cinco gémeos, outras clínicas envolvidas no ensaio viram-se rapidamente lotadas. Em Los Angeles, um médico declarou: "Não nos sobrou um único frasco".[67] No final do século, o Pergonal fora já substituído por medicamentos mais recentes como o Follistim e o Gonal F. Estes últimos incluíam-se nos tratamentos mais comuns da fertilidade e, com um custo de 1050 a 5600 dólares por ciclo, eram também dos mais rentáveis.[68]

Tempestade numa Proveta

Segundo todas as fontes, Louise Brown era uma criança perfeitamente normal: uma menina loura, de olhos azuis, nascida a 25 de Julho de 1978 em Oldham, Inglaterra. Mas as circunstâncias que rodearam o seu nascimento foram tudo menos normais. Pois o facto é que Louise foi a primeira criança do mundo nascida por fertilização *in vitro*, a primeira do que em breve se iria tornar uma legião de "bebés-proveta". O seu nascimento desencadeou não só uma tempestade de críticas como uma explosão de actividade comercial.

Os pormenores do nascimento e as críticas que o envolveram são agora lendários, constituindo talvez a história central do avanço da tecnologia na área da reprodução. Os pais de Louise – Lesley e John Brown – eram um casal da classe operária de Bristol. John era camionista, Lesley, doméstica. Havia já uma década que não conseguiam ter filhos, vítimas de uma obstrução nas trompas de Falópio da Sr.ª Brown que a impedia de engravidar. Em termos técnicos, a Sr.ª Brown sofria de uma simples e vulgar deficiência reprodutiva. Era, aliás, a mesma deficiência que John Rock tanto se esforçara por resolver nos idos anos quarenta: uma disfunção das trompas de Falópio que atingia um casal que, fora isso, seria perfeitamente capaz de conceber. Como Rock compreendera, a única forma de curar este tipo de infertilidade num casal era dispensando as trompas em si, ou seja, permitindo que o óvulo e o espermatozóide se misturassem em qualquer outro meio. Rock provara que essa mistura era possível, mas avançara para outros estudos antes de demonstrar como é que o embrião daí resultante – uma minúscula e delicada criação de dezasseis células – podia ser transferido para o útero da mãe. Essa tarefa recaiu sobre uma geração ulterior de especialistas que, ao longo das décadas seguintes, trabalharam discretamente na segunda fase da experiência de Rock.

Dois desses médicos – Patrick Steptoe e Robert Edwards – foram responsáveis pelo nascimento de Louise. Trabalhando juntos desde 1967, Steptoe e Edwards estavam decididos a concluir a missão de Rock: fertilizar um óvulo fora do corpo de uma mulher e transferi-lo para o seu útero. Tal operação, reflectiram eles, envolveria pelo menos três etapas, cada uma das quais clinicamente basilar em si mesma: tinham de extrair os óvulos da mulher no momento certo (como Rock fizera), fertilizá-los num meio capaz de suster o óvulo fora do corpo, e administrar em seguida as hormonas exactas que iriam convencer o corpo da mulher de que a gravidez acontecera. Sem esta persuasão química, o útero rejeitaria o óvulo fertilizado, no que se tornaria basicamente um aborto espontâneo de alta tecnologia.

Discretamente, o par vinha trabalhando desde há mais de uma década na experimentação de diferentes combinações de medicamentos para a fertilidade, diferentes métodos de colheita de óvulos e diferentes calendários, tanto para a colheita como para a transferência. Nada resultava. Entre 1967 e 1975, Steptoe e Edwards realizaram pelo menos oitenta experiências *in vitro* sem conseguirem uma única gravidez.[69] Quando uma mulher finalmente engravidou, em 1975, a gravidez era ectópica e teve de ser interrompida. Os dois médicos continuaram a introduzir alterações nos seus métodos, até que por fim chegaram à combinação de processos que produziria Louise.

Dúvidas e Dilemas

Para os Brown, como é óbvio, a tecnologia oferecida por Steptoe e Edwards era um verdadeiro milagre. "Foi como um sonho", recordou o novo pai. "Não conseguia acreditar."[70] Mas, para muitos observadores externos, tratava-se de algo entre um pesadelo e um perfeito pecado, representativo do sinistro avanço da tecnologia e da intervenção anormal do homem no reino da natureza. Alguns eticistas, por exemplo, manifestaram preocupação pelo facto de esta cisão entre sexo e reprodução ser demasiado radical para ser suprida por meios técnicos; que criar crianças fora do corpo acabaria por subverter o próprio significado da vida. Na Universidade de Chicago, o biólogo Leon Kass declarou que "esta afirmação cega da vontade contra a nossa natureza corpórea – em contradição com o significado da geração humana que procura controlar – só pode conduzir à auto-degradação e desumanização".[71] No mesmo sentido, Paul Ramsey, um dos mais eminentes eticistas protestantes, considerou: "Os homens não deviam imitar Deus antes de aprenderem a ser homens e, quando tiverem aprendido a ser homens, não tentarão imitar Deus".[72]

As feministas, por seu lado, dividiram-se em dois grupos antagónicos. Algumas, notoriamente inspiradas por Shulamith Firestone em *Dialectic of Sex*, acolheram a FIV como o primeiro passo para libertar as mulheres da sua biologia reprodutiva. Outras pintaram a FIV como uma criação utilitarista dos homens e do comércio. Tal como as poções, as hormonas e a cirurgia das trompas, argumentavam elas, não passava de mais uma "tecnologia arrogante e nociva", nascida de uma conspiração entre "o ego colectivo masculino e o capital de empresas, médicos e indústria farmacêutica".[73] Ao promover a ideia de que uma mulher só podia encontrar a felicidade na maternidade, "perpetua[va] o ciclo de depressão, desespero, esperança ... [e] promove[ia] uma ideologia centrada no feto".[74]

Outras críticas demolidoras vieram da Igreja Católica Romana, que foi explícita na sua condenação de qualquer forma de reprodução assistida: "De um ponto de vista moral, a procriação vê-se destituída da perfeição que lhe é própria quando não é desejada como fruto do acto conjugal, isto é, do acto específico da união dos esposos".[75]

Flagelados por estas críticas, os governos dos Estados Unidos, do Reino Unido e da Austrália abriram inquéritos altamente mediatizados sobre as implicações da FIV, prometendo definir um conjunto adequado de linhas orientadoras. Em todos estes países, os inquéritos arrastaram-se durante anos, ficando intimamente ligados a debates sobre o aborto, a investigação em fetos e o financiamento estatal. No fim, os três países chegaram a conclusões muito díspares, mas de inspiração análoga. Os britânicos acabaram por decidir que as técnicas *in vitro*, incluindo o congelamento e doação de embriões, podiam "ser vistas como uma forma estabelecida de tratamento da infertilidade".[76] As crianças nascidas em resultado destas técnicas deviam ser consideradas inteiramente legítimas aos olhos da lei, e foi criado um novo organismo estatal, a Autoridade para a Fertilização Humana e a Embriologia, com o objectivo de regular tanto a investigação como os serviços de fertilidade.

Na Austrália, os parlamentos estatais chegaram, cada um deles, às suas próprias conclusões e recomendações. Na Austrália do Sul, por exemplo, as clínicas só foram autorizadas a tratar pacientes considerados clinicamente inférteis, e uma nova entidade reguladora foi dotada de amplos poderes para governar a tecnologia reprodutiva. Em Victoria, o tratamento ficou limitado a casais heterossexuais inférteis, e foi criada uma entidade à parte para licenciar os centros de fertilidade e aprovar os especialistas da área. Na prática, por conseguinte, os australianos decidiram, tal como os britânicos, permitir a fertilização *in vitro,* mas regular o seu exercício.

Nos Estados Unidos, pelo contrário, o sistema político estava ainda a refazer-se da decisão de 1973 do caso *Roe v. Wade*. Confrontado com uma veemente – e, por vezes, até violenta – oposição ao aborto ou à investigação em fetos, o governo federal tinha suspendido o financiamento a esta investigação em 1974, enquanto aguardava as recomendações de uma Comissão Consultiva Nacional de Ética que estava em vias de ser criada. Durante o período de declínio da administração Nixon, a fiscalização destas práticas ficou a cargo do Secretário de Estado para a Saúde, Educação e Previdência Social (HEW), Caspar Weinberger, cujas ideias conservadoras em matéria de reprodução eram bem conhecidas. Em 1976, a responsabilidade foi transferida para o Secretário do Presidente Carter para a Saúde e os Serviços Humanos, Joseph Califano, outro adversário público do aborto. Califano constituiu uma comissão remodelada e lançou a sua própria ronda de audiências, que muitos na área da medicina reprodutiva viram como um pretexto alargado para uma interdição pré-decidida. Surpreendentemente, porém, a comissão de Califano apresentou um relatório favorável à fertilização *in vitro*, recomendando, em Março de 1979, que o governo levantasse a sua moratória ao financiamento.[77] Mas, mesmo com este relatório, Califano e os Institutos Nacionais de Saúde estavam relutantes em agir. "Era uma batata quente política", recorda um dos principais especialistas em fertilidade. "Ninguém lhe queria tocar." E assim, por incrível que pareça, a moratória de "curto prazo" continuou em vigor. Nos Estados Unidos, nenhuns fundos federais foram atribuídos à fertilização *in vitro*.

Nesta altura, porém, a sedução dos bebés-proveta era já demasiado forte para se lhe opor resistência. Dois anos apenas após o nascimento de Louise Brown, médicos em Melbourne, Austrália, anunciaram o nascimento de Candice Elizabeth Reed. Dezoito meses depois, viria ao mundo Elizabeth Jordan Carr, o primeiro bebé-proveta americano. Na Primavera de 1983, cerca de cento e cinquenta bebés tinham sido concebidos *in vitro*.

Nascimento do Mercado de Bebés

Nesta fase, as taxas de sucesso da fertilização *in vitro* eram ainda fracas – aproximadamente 10 a 15% em 1987.[78] Os custos eram relativamente elevados – cerca de 5000 dólares por ciclo – e críticos da sociedade anatematizavam a FIV como uma intervenção mecanicista na obra de Deus. Em termos comerciais, não era um mercado particularmente vigoroso.

O nascimento de Louise e dos seus "irmãos" demonstrara, porém, que a FIV podia resultar, e que a tecnologia era realmente capaz de resolver alguns dos mais difíceis casos de infertilidade. Em consequência, os observadores nesta área depressa compreenderam que a oferta estava agora em posição de satisfazer uma procura profunda e latente. Se os médicos podiam prestar serviços de FIV, raciocinaram eles, os casais inférteis reclamariam o seu consumo, independentemente do preço ou da aceitabilidade social. A procura era, simplesmente, demasiado forte. E assim, os últimos anos da década de oitenta assistiram a uma lenta mas firme entrada no comércio da fertilidade, com um caudal de clínicas privadas e Faculdades de Medicina dispostas a renunciar ao financiamento federal em prol de uma prática neste domínio.

Alguns destes provedores provinham directamente do governo federal, vítimas da ambígua proibição de financiamento do Estado. O Dr. Joseph Schulman, por exemplo, abandonara um prestigioso cargo nos Institutos Nacionais de Saúde para lançar o Instituto de Genética e FIV, uma clínica privada na Virgínia. Outros eram médicos renegados que se tinham afastado para as margens da prática clínica americana. E outros ainda eram clínicas normais ou Faculdades de Medicina que detectavam simplesmente uma necessidade dos seus serviços.

O primeiro centro americano de FIV, por exemplo, foi lançado em Norfolk, Virgínia, para onde Howard e Georgeanna Jones, dois dos especialistas em fertilidade mais respeitados do país, tinham ido passar os seus anos de reforma. A Faculdade de Medicina de Yale começou a oferecer FIV no Programa de Fertilização In Vitro de Yale, em 1982, e a Columbia seguiu-lhe os passos com a sua própria clínica em 1983. Depois disso, surgiram empreendimentos mais explicitamente comerciais como a FIV da Austrália, uma cadeia de clínicas lançada por uma mulher de negócios norte-americana que tinha, ela própria, concebido uma criança num dos primeiros centros de FIV da Austrália.

À medida que os centros se iam multiplicando, a FIV passou de raridade a um nicho do mercado. Os médicos aperfeiçoaram as suas técnicas, produziram mais crianças e formaram outros médicos para colaborarem no crescente negócio. Embora os preços se mantivessem estáveis, a procura era mais do que suficiente para absorver o aumento da oferta, especialmente quando as taxas de sucesso cresceram. Discretamente, os médicos começaram a ver no domínio da reprodução não apenas uma área de ponta da medicina, mas também um empreendimento claramente lucrativo – uma actividade em expansão, ainda não regulamentada, e ao serviço de uma população que parecia cada vez mais ansiosa por pagar. Entre 1995 e 1998, o número de fertilizações *in vitro* nos Estados Unidos cresceu 37%, passando de aproximadamente 59 000 para cerca de 81 000. Durante este mesmo período, o número de clínicas de fertilidade cresceu de 281 para 360.[79] A fertilidade, nesta altura, já era bem mais do que uma misteriosa bênção, uma reacção hormonal, ou até mesmo uma ciência em desenvolvimento. Tinha-se tornado também um próspero negócio.

As únicas limitações ao negócio de bebés eram, na verdade, as mesmas que iriam afectá-lo nos dez anos seguintes e que continuam a definir as fronteiras deste comércio. A primeira dessas limitações é a ciência. E isso porque, não obstante os grandes feitos alcançados no tratamento da infertilidade, não obstante o que um clínico descreveu como uma "revolução" nas taxas de sucesso da Medicina, as clínicas de fertilidade não conseguem ainda tratar inúmeros casos de infecundidade involuntária. Alguns desses casos devem-se à idade das pacientes ou a uma determinada condição médica. Um maior número, porém, é consignado à categoria de causas desconhecidas, destroçando os pais e frustrando os médicos. O que, no entanto, complica estes casos de um ponto de vista comercial é que causas desconhecidas e pais insatisfeitos podem, por muito cruel que seja, trazer as maiores compensações financeiras – as compensações de se cobrar ciclo após ciclo de dispendiosos tratamentos, nenhum dos quais conducente ao resultado desejado.

Esta ironia fundamental está na base da segunda limitação ao comércio de bebés. A produção de bebés é, no fim de contas, relativamente dispendiosa. Como o capítulo 2 descreve em maior detalhe, o preço médio de um ciclo de FIV nos Estados Unidos era de 12 400 dólares em 2003. O custo mais baixo dos óvulos doados (no Midwest ou fora das grandes áreas urbanas) situava-se entre os 3000 e os 4000 dólares. Estes são preços difíceis de pagar, mesmo num país rico como os Estados Unidos. Em consequência disso, muitas pessoas que presumivelmente *gostariam* de entrar no negócio de bebés são forçadas pelos seus rendimentos a ficar à margem. O preço – da FIV, dos óvulos doados, de uma substituta gestante, ou de uma adopção em outro país – é simplesmente demasiado elevado para o seu bolso.[80] Neste mercado, por conseguinte, os preços constituem uma severa limitação à procura. O desejo existe, como sabemos. Assim como, e de forma crescente, a oferta. Todavia, o preço desta oferta é ainda demasiado alto para muitos potenciais compradores, fazendo com que oferta e procura coincidam num ponto muito abaixo do seu pleno potencial.

Teoricamente, é claro, os governos poderiam resolver o problema do preço. Poderiam, tal como os dinamarqueses e os israelitas, incluir o tratamento da fertilidade nos seus serviços nacionais de saúde, cobrindo o seu custo através de fundos privados. Ou, à semelhança de catorze estados norte-americanos, ordenar a cobertura dos tratamentos de fertilidade pelas companhias de seguros, reduzindo significativamente o custo para os pacientes afectados. Acontece que qualquer política deste tipo colide frontalmente com a terceira limitação com que se defronta o mercado de bebés. E essa é a limitação da política, o constrangimento que tornou os legisladores e os governos norte-americanos extremamente relutantes em se aproximarem demasiado do comércio de bebés. Por um lado, não querem proibi-lo e arriscar com isso a ira daqueles para quem a reprodução assistida é a única via para a concepção. Mas, por outro, não querem também compactuar com os seus feitos mais extremos, uma vez que a reprodução assistida é, incontestavelmente, aquilo que os seus críticos a acusam de ser: uma intrusão tecnológica no processo mais íntimo da natureza. E é uma intrusão que, além do mais, levanta questões extremamente delicadas sobre o corpo da mulher, os direitos da mulher, bem como a possibilidade de os pais manipularem e, possivelmente até, comercializarem a sua progenitura.

O conteúdo moral destas questões tornou o negócio de bebés demasiado melindroso para ser legislado nos Estados Unidos. Mas não deteve o mercado em si. Em vez disso, como os capítulos seguintes irão demonstrar, o negócio de bebés está a prosperar e a expandir-se, desenvolvendo aceleradamente soluções médicas para nascimentos ainda mais tecnologizados. O seu mercado, porém, continua constrangido pelas três limitações que acabámos de descrever: os limites da ciência; o dilema da procura insatisfeita; e um sistema político que deixou o negócio de bebés à deriva num insustentável emaranhado de incertezas comerciais e jurídicas. Voltaremos a estas limitações nos capítulos que se seguem.

Capítulo 2

Um Aglomerado de Células

A Orgânica do Actual Mercado da Fertilidade

Pela acção da Indústria Moderna, todos os laços de família entre os proletários são rompidos, e os seus filhos transformados em simples artigos de comércio e instrumentos de trabalho.

– KARL MARX, *O MANIFESTO COMUNISTA*

NA FERTILIDADE, tal como em qualquer outro mercado, temos de começar exactamente pelo princípio, quando oferta e procura se encontram para produzir um qualquer tipo de troca comercial. Temos de compreender o que é que conduz a procura no comércio da fertilidade, o que é que determina a oferta e como é que se fixa o preço do desejo. Temos de descobrir quem é que está a fazer dinheiro nesta indústria, e como.

A primeira parte da análise é dolorosa mas simples. No mercado da fertilidade, tal como descrevemos anteriormente, a procura é quase constante. Cerca de 10 a 15% de todos os adultos experienciam alguma forma de infertilidade. Pode provir da mulher ou do homem, ou não ter explicação. Em termos comerciais, isso não é muito relevante: o facto crucial é que 10 a 15 % de qualquer população sofre de uma condição que dá subsequentemente origem a uma procura específica. Querem filhos e não conseguem tê-los.

É evidente que nem todas estas pessoas procuram tratamento. Nos Estados Unidos, de facto, só 36% das mulheres inférteis buscam solução para a sua infertilidade.[1] Todavia, para estes 36% – um total de aproximadamente 2,8 milhões de mulheres em 2002 – a demanda da concepção converte-se numa busca incessante e ilimitada que as leva, em muitos casos, a pagar seja que preço for: contrair uma segunda hipoteca, esgotar as suas economias ou desistir de um emprego rentável.[2] No limite, alguns casais chegam a pagar 100 000 dólares por ciclos sucessivos de tratamentos de alta tecnologia. Mas o mais comum é pagarem o máximo que os seus próprios, e mais limitados, recursos financeiros permitem, optando por um menor número de tratamentos, ou tratamentos menos dispendiosos.

Deste modo, a procura neste mercado não é exactamente o que os economistas chamariam "indiferente ao preço": os clientes da fertilidade preocupam-se com os preços e adquirem mais serviços quando estes descem. Só que, muitas vezes, as pessoas compram mais em função da esperança do que da eficácia, e os seus gastos são, em larga medida, baseados nos recursos de que dispõem. Ou, para pôr a questão em termos mais simples, quando os aspirantes a pais entram no mercado de bebés, não estão necessariamente a pensar no *valor* de um determinado serviço ou tratamento. Não podem fazê-lo, porque o valor daquilo que estão a comprar não tem preço. Em vez disso, pensam, muito simplesmente, naquilo que estão em condições de pagar.

Assim sendo, a procura no comércio da fertilidade concentra-se em três segmentos ligados mas distintos. Primeiro, há aqueles para quem o dinheiro não constitui realmente obstáculo – casais ou indivíduos ricos que estão dispostos a pagar, quase literalmente, qualquer preço que o mercado lhes apresente. Em segundo, há os clientes igualmente determinados, mas de recursos mais limitados. E, em terceiro, há os munidos de generosos planos de seguro que lhes permitem "comportar", à semelhança dos ricos, tudo aquilo que as suas apólices cobrirem. O que liga estes segmentos entre si é a sua idêntica determinação em fazer tudo o que necessário seja para produzir uma criança. O que os diferencia é o seu limite máximo, ou seja, o ponto a partir do qual ficam sem fundos ou sem energia para continuar.

A oferta nesta indústria, por seu turno, apresenta também as suas próprias características distintivas. Para começar, tem vindo a crescer num ritmo vertiginoso ao longo destas duas últimas décadas. Em 1986, existiam cerca de 100 clínicas de fertilidade nos Estados Unidos, que realizaram um total de 10 000 ciclos de tecnologia de reprodução assistida (TRA). Em 2002, havia já 428 clínicas e o número de ciclos realizados ascendia a 115 000. Em 1986, as receitas dos tratamentos de fertilidade nos Estados Unidos totalizavam aproximadamente 41 milhões de dólares.[3] Em 2002, essas mesmas receitas rondavam já os 3 000 milhões de dólares. E este valor não inclui os participantes auxiliares neste comércio: consultores, advogados, fornecedores de equipamento e diversos tipos de conselheiros.

No seu âmago, porém, a fertilidade é ainda um mercado em que a entrada continua restringida e o tamanho importa. É verdade que tem havido uma competição renhida para entrar neste mercado, e que um número crescente de médicos oferece actualmente serviços de fertilidade aos seus ansiosos pacientes. Mas os protagonistas desta indústria são os endocrinologistas da reprodução, especialistas que só podem aceder à profissão depois de anos de formação académica, e o número absoluto de clínicas está, por conseguinte, condicionado pela oferta de especialistas existente. Além do mais, grande parte da indústria da fertilidade está crescentemente marcada por significativas economias de escala, o que significa que as empresas ou clínicas têm de servir um grande número de clientes para poderem unicamente cobrir os seus custos fixos.

Em consequência disto, a produção no comércio da fertilidade está bastante concentrada e há um punhado de grandes intervenientes – no domínio das hormonas, do sémen, das clínicas – que responde por uma crescente percentagem do negócio global. São estes os intervenientes que geram os maiores volumes de vendas, as maiores economias de escala e os maiores lucros. São também estes os intervenientes que têm conseguido manter uma invulgar estabilidade de preços ao longo do tempo: em 1986, o preço de um ciclo de fertilização *in vitro* era de cerca de 5000 a 6000 dólares numa clínica privada de luxo.[4] Em 2003, o preço médio era de 12 400 dólares, ou seja, apenas ligeiramente acima do preço ajustado à inflação do antigo serviço de 6000 dólares.[5]

O que torna este cálculo particularmente interessante é que a indústria da fertilização *in vitro* cresceu exponencialmente durante este mesmo período, passando de um pequeno nicho experimental de investigação para um ramo estabelecido de tratamento. Seria, pois, de esperar que os preços tivessem descido. (Pensemos, por exemplo, nos primeiros anos da indústria informática, quando a corrida dos fabricantes para satisfazer a procura levou a uma queda abrupta dos preços.)[6] Mas, em vez de descer, os preços da FIV subiram até um pouco, evidenciando assim tanto o poder dos fornecedores para aumentar os preços neste mercado como a disposição dos compradores para os pagar.[7] Neste aspecto, a indústria da fertilidade assemelha-se, de algum modo, a um comércio de luxo, com um punhado de fornecedores poderosos (pensemos na *Tifanny's*, na *Armani* ou na *DeBeers*) a satisfazer os caprichos de uma clientela abastada.

Só que a fertilidade não é, obviamente, um artigo de luxo. Para aqueles que dela carecem, a fertilidade é, na verdade, uma necessidade vital – um direito humano básico, segundo muitos advogados.[8] E, porque os mercados são estruturas políticas – porque são gerados e configurados numa democracia por exigências políticas concorrenciais – o mercado da fertilidade apresenta também sinais de um outro tipo de exigência: uma exigência politicamente expressa de preços mais baixos, maior acesso e escolha alargada. Embora esta exigência tenha sido relativamente discreta (as pessoas inférteis são, politicamente, muito menos activas do que os pacientes oncológicos ou os doentes de SIDA), tem, ainda assim, marcado a indústria, afectando a forma como o mercado se desenvolve e a margem de manobra dos fornecedores.

A manifestação mais óbvia é a cobertura pelos seguros, que é uma espécie de faca de dois gumes para o negócio da fertilidade. Por um lado, quando as seguradoras cobrem a infertilidade como uma patologia médica, garantem quase de certeza uma maior procura dos tratamentos de fertilidade: pessoas que não podiam anteriormente custear o tratamento entram subitamente no mercado, e pessoas que adquiriam serviços mínimos podem agora aceder a mais. Deste modo, as solicitações políticas nesta indústria podem facilmente traduzir-se em maior solicitação comercial. Por outro lado, no entanto, a cobertura pelos seguros também tem o seu custo, na medida em que obriga os provedores a cobrar apenas aquilo que as seguradoras vão pagar. Em consequência disso, o seguro – e até mesmo a *ameaça* do seguro – actua no sentido de conter os preços na indústria e conferir uma importância ainda maior ao volume de vendas. A *Tiffany's* e a *Armani*, pelo contrário, não têm este tipo de preocupações.

As pressões políticas levantam também o permanente espectro da regulação. Na medida em que os tratamentos da infertilidade têm uma substancial componente médica e envolvem frequentemente procedimentos que suscitam o debate moral, esta indústria é uma natural candidata à fiscalização pelo governo. Em muitos países do mundo, essa fiscalização já está a ser exercida. Nos Estados Unidos, pelo contrário, a regulação federal é mínima, estando limitada a um único acto legislativo (a Lei sobre a Taxa de Sucesso e a Certificação das Clínicas de Fertilidade, de 1992) sem quaisquer meios de aplicação. Apesar disso, e à semelhança do que acontece com os seguros, a ameaça de regulação paira, pesada, sobre a indústria, impelindo os fornecedores a submeter-se a um regime de auto-regulação bastante rigoroso, e a agir muitas vezes como se estivessem a antecipar uma resposta legislativa.

Ao mesmo tempo, as diferenças de regulação entre os Estados Unidos e outros países criaram também brechas e oportunidades num mercado crescentemente globalizado. Na medida em que os agentes norte-americanos podem pagar quantias ilimitadas pela dação de óvulos, o segmento mais elitista do comércio global de óvulos foi rapidamente atraído para os Estados Unidos. Na medida também em que o esperma na Dinamarca está sujeito a rigorosas normas e o governo garante o anonimato dos seus dadores, um banco de esperma dinamarquês conseguiu monopolizar grande parte do mercado global da exportação de esperma. Deste modo, os participantes no comércio da fertilidade vão patinando pelas margens da legislação governamental, agindo em função, e tirando muitas vezes proveito, das variações políticas que encontram.

Contornos do Mercado

Na sua globalidade, pois, o comércio da fertilidade é um mercado vasto e heterogéneo, definido por grupos de provedores especializados em serviços distintos. Existem fornecedores de componentes no negócio, operadores de montagem e centros de manufactura, especialistas em diagnóstico e cirurgia. Existem clínicas que atendem clientelas especiais, para além de uma crescente legião de consultores, gestores de mercado e advogados especializados em questões da reprodução. Todos estes segmentos operam sob a mesma ampla rubrica que define o comércio de bebés. Todos eles estão a vender num mercado onde "custe o que custar" é muitas vezes o preço corrente. Estão a vender para clientes unidos pelo seu desejo de comprar, mas claramente divididos pela sua capacidade de pagar. Estão a vender um produto que é simultaneamente esperança e medicamento. E estão a vender num ambiente constantemente sujeito a preocupações éticas e fiscalização política.

Cada um dos segmentos envolvidos experiencia, no entanto, estes factores de maneira diversa. Cada um deles se confronta com um aspecto ligeiramente diferente da procura de crianças, uma ameaça de regulação ligeiramente diferente e um diferente cálculo de custos de entrada e valor de escala. Para compreender o actual mercado da fertilidade temos, por conseguinte, de indagar para lá de uma noção abstracta de oferta. Temos de desmontar o mercado nas suas partes componentes, vendo como funciona cada uma delas e como, em conjunto, se ajustam e moldam a sempiterna procura.

O Mercado de Esperma

Enfileirados no escalão mais básico do comércio da fertilidade estão aqueles que fornecem os seus componentes mais elementares: esperma, óvulos e hormonas. Para além de se contarem entre as empresas mais antigas e rentáveis do sector, são também as mais ostensivamente comerciais, não vendo qualquer contradição entre os produtos que vendem e os lucros que colhem.

Os bancos comerciais de esperma, por exemplo, têm sido um elemento do cenário da fertilidade desde 1970, altura em que o primeiro banco com intuitos lucrativos abriu as portas no Minnesota. Tal como noutros segmentos do negócio de bebés, muitas destas empresas começaram por ser clínicas internas, sem fins comerciais – centros de serviços, na verdade, para o crescente tratamento da infertilidade masculina. Tanto tecnica como comercialmente, a sua função era simples. Homens produziam esperma nas instalações de um laboratório que o recolhia e conservava para uso futuro.

O mercado para este serviço era inicialmente pequeno e discreto, sendo quase inteiramente composto por homens que não conseguiam inseminar as respectivas mulheres pelos meios naturais. Para eles, o serviço do banco de esperma era uma operação sem qualquer fim mercantil – um simples passo no processo da inseminação artificial (IA). Não decorreria, porém, muito tempo até os observadores do sector se aperceberem de que existia uma procura adicional para a inseminação, uma procura que transcendia tanto o laço matrimonial como as fronteiras normais dos mercados. Havia, aparentemente, muitas mulheres ansiosas por obter esperma que não provinha necessariamente dos maridos. Algumas delas tinham maridos com doenças genéticas; outras tinham maridos que não conseguiam produzir esperma em circunstância alguma; outras ainda não eram casadas mas tinham, não obstante, o desejo de ter filhos. Em cada um destes casos, o banco de esperma resolvia um problema e criava um mercado.

O mercado comercial surgiu lentamente, à medida que as clínicas de fertilidade se aproximavam do negócio da intermediação. Inicialmente, as clínicas apenas usavam esperma dos maridos das pacientes. Depois, começaram a aceitar dações de amigos e familiares. E foi então que compreenderam que um sistema mais impessoal podia, na verdade, aumentar tanto a quantidade como a qualidade da oferta de esperma. Ao avançarem para o mercado – solicitando dadores e pagando-lhes uma quantia simbólica – as clínicas conseguiam reduzir a sua dependência dos círculos de amigos das pacientes e impor uma forma mais anónima de controlo da qualidade. Usando esperma doado, as mulheres (e os seus maridos) não tinham, na verdade, de escolher um *homem* para pai do seu filho. Tinham unicamente de escolher o seu esperma.

Se considerarmos esta progressão em termos puramente económicos, podemos considerá-la análoga ao desenvolvimento de qualquer mercado. Numa primeira fase, a produção tem lugar apenas dentro dos limites da família. Numa segunda fase, surge a troca, assente em laços de relacionamento pessoal. E, na terceira fase, os produtores começam a especializar-se, vendendo as componentes de produção num mercado impessoal e sujeito a regras.[9] É de crer que nem os fornecedores nem os clientes de esperma doado quisessem ver a sua relação como parte de uma transacção comercial, mas era disso que se tratava. Em 1980, existiam dezassete bancos de congelação de esperma nos Estados Unidos, apresentando mais de cem mil amostras à venda.[10] Forneceram matéria-prima para vinte mil bebés nesse ano, cobrando cerca de 66 dólares por espécime.[11]

Os dadores desta matéria-prima eram, por norma, estudantes ou jovens profissionais, homens examinados pelos bancos de esperma e escolhidos pelas suas características físicas e genéticas. Alguns destes bancos orgulhavam-se de oferecer determinados tipos ou qualidades de esperma. O *Repository for Germinal Choice*, por exemplo, oferecia apenas esperma de dadores excepcionais, incluindo laureados com o Prémio Nobel e atletas olímpicos.[12] Outros abriram nichos mais discretos, orientando predominantemente as suas vendas para casais de lésbicas ou fornecendo informação complementar (fotos, vídeos, notas pessoais) sobre determinados espécimes. Em 1988, o governo dos Estados Unidos conduziu o seu primeiro e único inquérito sobre o mercado da inseminação artificial, concluindo que perto de onze mil médicos prestavam serviços neste domínio, 22% dos quais empregando esperma comercialmente adquirido.[13] Em 1999, havia mais de cem bancos de esperma só nos Estados Unidos, sendo poucos os que mantinham alguma ligação directa com as clínicas que estiveram na base da sua proliferação.

Do ponto de vista médico, a inseminação artificial é uma das formas mais simples de ultrapassar a infertilidade masculina. Comercialmente, é também uma das operações mais lineares, um procedimento estandardizado em que o cliente – um casal heterossexual, um casal de lésbicas ou uma mulher sozinha – escolhe um determinado dador entre uma série de possibilidades. A maioria dos bancos de esperma cobra um preço mais ou menos fixo (geralmente entre os 200 e os 300 dólares) por cada espécime e divulga uma lista padronizada das características dos seus dadores. O *Cryobank* da Califórnia, por exemplo, fornece vinte e quatro páginas de informação, incluindo itens como religião, textura do cabelo, ocupação profissional e habilitações académicas. Por uns 20 dólares adicionais, os clientes podem adquirir uma gravação sonora em que o dador responde a perguntas com a sua própria voz. O *Fairfax Cryobank*, na Virgínia, oferece, por entre 7 e 15 dólares, perfis alargados dos seus dadores, com historiais de saúde que abrangem três gerações. E oferece também um serviço de compras personalizado em que os clientes enviam fotografias da pessoa com quem gostariam que o seu filho se parecesse.[14]

Embora o processo de recolha de esperma não requeira grande tecnologia, a operação de armazenamento já é bastante mais complexa. Após ter sido recolhido, o esperma é lavado e, em seguida, congelado a uma temperatura de -80º Celsius. Depois disso, passa por uma breve congelação a -196º e é posto em suspensão num tanque de nitrogénio líquido. À luz da regulação federal, todo o esperma tem de ser mantido em quarentena durante pelo menos seis meses, enquanto o dador é repetidamente submetido a testes de despistagem do VIH, da hepatite, e de outras doenças sexualmente transmissíveis. Os custos associados a todo este processo são significativos, assim como as consequentes economias de escala. O negócio dos bancos de esperma tende, por conseguinte, a ser dominado por um pequeno número de empresas relativamente grandes, todas elas dotadas de uma considerável base de dadores, um elevado grau de especialização técnica e um interesse intrínseco na expansão da actividade. Em 2000, o *Wall Street Journal* calculou que o valor do mercado global de exportações de esperma se situaria algures entre os 50 e os 100 milhões de dólares por ano.[15]

Um dos líderes deste mercado é o *Cryos International Sperm Bank*, uma empresa de Aarhus, na Dinamarca, que exporta esperma para o mundo inteiro. Lançada em 1991 por um economista de falinhas mansas chamado Ole Schou, a *Cryos* começou como uma empresa local que solicitava doações a estudantes universitários dinamarqueses, sujeitando-os – e ao seu esperma – a um rigoroso processo de testagem e avaliação. Em 1991, a empresa entregou as suas primeiras amostras ao *Mermaid Hospital*, um hospital privado dinamarquês. Duas semanas depois, o hospital anunciou cinco gravidezes e a notícia do "material dinamarquês" começou a espalhar-se. Outras clínicas de fertilidade, na Dinamarca e noutros países, contactaram a *Cryos* e ficaram espantadas ao descobrir que Schou conseguia satisfazer encomendas de esperma de alta qualidade praticamente de um dia para o outro. "Eles não faziam ideia", recorda Shou, "do que significa serviço e competitividade". A *Cryos* expandiu o seu negócio, exportando para a Noruega, Grécia, Itália e até Médio Oriente. "Costuma-se dizer que não é possível vender areia no Saara", diz Shou placidamente. "Pois o esperma ainda é mais difícil. Mas nós vendemo-lo."[16] Em 2002, a *Cryos* estava a exportar esperma para mais de cinquenta países, realizando uma margem de lucro bruto – a percentagem de receitas que cobre os custos fixos mais os ganhos – de cerca de 80%.[17]

Na Dinamarca e na maioria dos seus mercados de exportação, a *Cryos* baseia a sua competitividade na qualidade do produto oferecido e no anonimato dos seus dadores. Identifica-os apenas com um número, vende esperma unicamente a médicos e não revela mais do que o mínimo das características físicas dos seus dadores: altura e peso, cor dos olhos e do cabelo. À luz da lei dinamarquesa, aliás, a identidade plena dos dadores não pode nunca ser revelada. Segundo Schou, foi esta garantia de anonimato, aliada ao rigor da avaliação e à elevada qualidade do serviço ao cliente, que tornou o "material dinamarquês" tão apreciado em todo o mundo. A maioria dos receptores, afirma ele, não quer conhecer os dadores. E nunca vão querer que os seus filhos saibam que o Papá veio pelo Correio Expresso.

No mercado norte-americano, porém, este cálculo não parece aplicar-se. Muitos casais, assim como um número crescente de mulheres solteiras, anseiam conhecer os seus dadores e estão até dispostos a passar essa informação aos filhos.Assim sendo, os bancos de esperma nos Estados Unidos comercializam o seu produto de uma forma bastante diferente. Em vez de limitar a informação que revelam, empresas como o *Cryobank* da Califórnia e o Instituto de Genética e FIV brindam os potenciais receptores com um verdadeiro cardápio de pormenores: passatempos, história da família, pratos favoritos, amostras de caligrafia – "tudo", diz o Dr. Keith Bauer, do Instituto de Genética e FIV, "excepto o nome, a morada e o número de telefone".[18]

Alguns bancos vão ainda mais longe, distinguindo-se pela oferta de dadores "conhecidos": homens que concordaram em permitir que os seus descendentes os contactem depois de fazerem dezoito anos. O *Xytex*, por exemplo, um grande banco sedeado na Geórgia, faculta aos seus clientes os nomes e fotografias dos seus dadores. O *Rainbow Flag Health Services* anuncia explicitamente a sua transparência, prometendo aos potenciais clientes que "O seu filho crescerá sem segredos. Não crescerá a imaginar que o seu "pai" é o rei desaparecido da Baviera ou o Charles Manson".[19]

Todos estes bancos, porém, funcionam nos mesmos moldes financeiros. Os dadores são aliciados através de material publicitário espalhado pelas instalações das universidades ou outros locais atractivos. Contribuem um número fixo de vezes, durante um período relativamente curto, e recebem cerca de 75 dólares por recolha. Cada dose de esperma dá entre três e seis frasquinhos, que serão vendidos de 250 a 400 dólares cada – uma colossal margem de lucro para os bancos, que ronda, em média, os 2000%.[20] Grande parte destas receitas é usada para cobrir os custos fixos dos bancos: triagem dos dadores, conservação do esperma e toda a burocracia envolvida na identificação de enormes quantidades de "produtos" anónimos e aparentemente iguais. Actualmente, o ponto de equilíbrio – sem perdas nem ganhos – para um banco de esperma é de aproximadamente 10 000 unidades por ano, e os bancos mais pequenos – os que estão ligados apenas a uma determinada clínica, por exemplo, ou a um pequeno grupo de médicos – enfrentam uma crescente pressão financeira. Com o aumento desta pressão, e com os bancos a rivalizar entre si para oferecer uma crescente diversidade de tipos de dadores, a indústria dos bancos de esperma tende a avançar ainda mais nos caminhos da especialização e da consolidação. E no fim, prevê o Dr. Cappy Rothman do *Cryobank* da Califórnia, "só os maiores sobreviverão".[21]

O Mercado das Hormonas

Uma segunda e igualmente bem estabelecida linha de oferta comercial provém das hormonas, as complexas substâncias químicas que regulam a reprodução. Tal como descrevemos no capítulo 1, as hormonas constituíram um dos primeiros progressos na demanda da concepção e um dos contributos iniciais para o comércio da fertilidade. E continuam a ser cruciais, usadas isoladamente em alguns casos de infertilidade, ou combinadas com FIV ou IIU (inseminação intra-uterina) em outros. O actual líder mundial no mercado é a *Ares-Serono*, uma empresa suíça que comercializou o primeiro tratamento hormonal para a infertilidade nos anos sessenta e, em 1988, arrecadava já receitas na ordem dos 420 milhões de dólares.[22] Em 2004, a *Ares-Serono* facturou 2,5 mil milhões de dólares a nível mundial, obtendo um rendimento líquido de quase 500 milhões de dólares que fez dela a terceira maior empresa de biotecnologia do mundo. Os tratamentos de fertilidade representaram 32% das suas vendas.

Contrariamente aos bancos de esperma, que frequentemente comercializam o seu produto ao consumidor final (a mulher ou o casal que escolhem o sémen), os fornecedores de hormonas vendem quase exclusivamente aos médicos e às clínicas que trabalham no segundo estrato do mercado. Os aspirantes a pais raramente escolhem o "seu" medicamento da fertilidade, ou sequer um determinado regime terapêutico. Em vez disso, tomam e compram, de uma maneira geral, aquilo que o médico lhes prescreve.

Comercialmente, pois, os medicamentos da fertilidade são tratados de forma muito semelhante à de quaisquer outras prescrições farmacêuticas. Empresas como a *Ares-Serono* concentram os seus recursos de marketing nos médicos e clínicas que encaminham o seu produto para o consumidor final. Despendem grandes quantias em investigação e desenvolvimento (468 milhões de dólares foi o valor investido pela *Ares-Serono* em 2003) e protegem esse investimento através de uma combinação de patentes, marcas registadas e poderosas barreiras à entrada de concorrentes.[23] Não têm de se preocupar com o preço porque a maioria dos seus clientes está disposta a pagar – uma vez e outra – mesmo que os medicamentos não surtam o desejado efeito. Nos Estados Unidos, uma única unidade de hormona estimuladora dos folículos (HEF) custa entre 50 e 80 dólares. As pacientes usam geralmente de três a sete unidades diárias por um período de sete a dez dias, dependendo da idade e da forma como reagem à terapêutica. O custo total das hormonas para cada ciclo pode, por conseguinte, ir dos 1050 aos 5600 dólares, e muitas mulheres submetem-se a três ou quatro ciclos antes de recorrerem a meios tecnológicos mais sofisticados.

Em 1995, uma mudança no portefólio de produtos da *Ares-Serono* evidenciou a sua perícia comercial. No final de 1994, a empresa tinha decidido transferir o centro da sua produção do Pergonal para o Metrodin, um composto hormonal do mesmo género mas que produzia, alegadamente, menos efeitos secundários. No decurso desta mudança, porém, os estoques disponíveis, tanto do Pergonal como do Metrodin, diminuíram, acabando por se esgotar nos centros de fertilidade e farmácias. As pacientes que, na altura, estavam a fazer terapia hormonal viram-se numa situação difícil. Muitas entraram em pânico, esquadrinhando farmácias de venda postal em busca de qualquer estoque esquecido, e pagando frequentemente preços superiores ao normal.[24] Os centros de fertilidade tiveram de recusar novas pacientes, tendo alguns médicos mais empreendedores conseguido importar os medicamentos do estrangeiro.[25]

Foi uma reacção clássica do mercado ao poder do monopólio. Publicamente, alguns médicos insurgiram-se contra a acção da empresa, afirmando que "o novo medicamento não é mais eficaz do que o antigo", ou que "criou uma angústia desnecessária em muitas pacientes".[26] Outros ameaçaram boicotar o Metrodin ou mudar-se para novos concorrentes como o Humegon, um medicamento para a fertilidade que obteve a aprovação da FDA* em 1995. Mas o facto é que, no fim, a *Ares-Serono* lançou o seu novo medicamento e as clínicas de fertilidade apressaram-se a prescrevê-lo. E continuaram, aliás, a fazê-lo mesmo quando o preço do novo produto começou a aumentar cada vez mais. Segundo um especialista em fertilidade, "Eles fizeram o que sempre fazem ... compraram os médicos com patrocínios, e jantares, e prémios de investigação".[27] Qualquer descontentamento passageiro com o preço depressa se desvaneceu e a concorrência continuou limitada.

Em meados da década de noventa, um fluxo de novos desenvolvimentos pareceu indiciar um futuro mais curto para as hormonas. Investigadores da Universidade de Monash, na Austrália, um dos principais centros de inovação na área reprodutiva, conseguiram extrair óvulos imaturos dos ovários de uma mulher sem recorrer a medicamentos ou cirurgia. Amadureceram depois os óvulos num tubo de ensaio, fertilizaram-nos e transferiram-nos. Por outras palavras, completaram um bem sucedido ciclo de fertilização *in vitro* sem qualquer tratamento hormonal.[28] Se estas experiências pudessem ser replicadas numa larga escala, poderiam reduzir o mercado dos medicamentos da fertilidade ou, pelo menos, criar uma possível forma de os substituir.

Enquanto isso, porém, as hormonas mantêm-se como uma componente discreta, mas crucial, do comércio da fertilidade. Entre 1982 e 1992, a *Ares-Serono* viu as suas vendas crescer uma média de 22% ao ano.[29] Depois de, em 1991, ter vendido um total de 260 milhões de dólares de medicamentos para a fertilidade, a empresa viu de novo as suas vendas ultrapassarem o dobro entre 1992 e 2003. Só em 2003, as vendas cresceram 31%, atingindo os 519 milhões de dólares. Os seus lucros foram de $390 milhões, correspondentes a uns assombrosos 75% de vendas.[30]

* NT: Sigla de *Food and Drug Administration*, a entidade reguladora que supervisiona a comercialização de alimentos e medicamentos no mercado norte-americano.

O Mercado de Óvulos

Uma terceira área de oferta é mais recente, mais complicada e, de longe, mais controversa. Trata-se do mercado de óvulos, um mercado surgido apenas no início dos anos noventa, mas que rapidamente se tornou o elo mais diferenciado e competitivo da cadeia de oferta.

O mercado de óvulos foi um claro derivado, quase de certeza não planeado, das tecnologias de FIV. No início, e tal como descrevemos anteriormente, a FIV era uma técnica miraculosa para casais como os Brown – casais capazes de produzir tanto espermatozóides como óvulos e que careciam apenas das trompas de Falópio para a junção de ambos. Para casais que sofressem de outros problemas reprodutivos, a FIV era basicamente inútil. Com o tempo, porém, tanto os casais como os médicos começaram a considerar outro uso para a FIV, um uso tecnicamente semelhante, mas socialmente inaudito: começaram a pensar em tirar os óvulos de uma mulher e transferi-los para o útero de outra. Por outras palavras, começaram a pensar em obter óvulos doados para mulheres inférteis, da mesma forma que a inseminação artificial contava com espermatozóides de dadores.

Do ponto de vista médico, o avanço era simples. Uma vez que os médicos sabiam como fertilizar óvulos e transferir o embrião daí resultante para um útero, a única dificuldade adicional provinha da necessidade de coordenar os ciclos reprodutivos de duas mulheres. Conseguiram-no com hormonas, usando Pergonal ou um seu equivalente para induzir uma superovulação na dadora, e progesterona para preparar o útero da receptora para a gravidez. A maior complicação era encontrar essas dadoras – mulheres que estivessem simultaneamente dispostas a doar óvulos e a submeter-se a um procedimento clínico bastante penoso para o fazer.

A princípio, a maioria destas mulheres provinha do círculo de amigos ou familiares da planeada beneficiária. Uma irmã saudável, por exemplo, dava óvulos a outra que tinha perdido os ovários em virtude de uma doença oncológica. Ou uma colega de quarto universitária oferecia óvulos a uma amiga cujos ovários tivessem deixado de funcionar. Em todos estes casos, a doação era apenas isso – uma doação. E os óvulos doados, combinados com a FIV, podiam permitir que uma mulher de outro modo infértil gestasse e desse à luz uma criança. Geneticamente, como é óbvio, a criança gerada a partir de óvulos alheios não tinha qualquer relação com a mãe. Todavia, para mulheres que não tinham outra forma de conceber, a combinação de FIV com óvulos doados era uma dádiva do Céu. Podiam experienciar a gravidez, a gestação de um filho do marido, e trazer ao mundo uma criança que, de outra forma, não teria sido concebida. Era mais um prodígio da medicina, como ressalta das palavras de uma das contempladas: "Acabo de dar à luz uma criança milagrosa".[31]

Este milagre, porém, dependia de mais do que da medicina. Requeria também óvulos – óvulos saudáveis, para sermos exactos, idealmente produzidos por uma mulher jovem cujos ovários estivessem no auge da sua produção. Os médicos que realizavam estas operações também gostavam de ter múltiplos óvulos, de maneira a aumentar a probabilidade de que pelo menos um fosse fertilizado e se implantasse; e as receptoras queriam geralmente óvulos "parecidos" com elas, ou seja, óvulos dotados de determinadas características genéticas: cabelo ou olhos idênticos aos da futura mãe, por exemplo, ou o seu nível desejado de formação académica. Por vezes, conseguia-se encontrar dadoras adequadas – as irmãs ou colegas de quarto que disponibilizavam os seus óvulos e estavam clinicamente aptas a fornecê-los. Na maioria dos casos, porém, não havia simplesmente dadoras disponíveis, interessadas ou capazes. A procura de óvulos doados foi assim continuamente aumentando durante os anos noventa, na esteira do desenvolvimento dos centros de FIV e da crescente aceitação social dos bebés-proveta. Mas a oferta era extremamente limitada.

As razões desta carência eram óbvias. Contrariamente à dação de esperma, que envolve no máximo quinze minutos de empenho e uma pequena dose de embaraço, a dação de óvulos é um processo difícil. Para começar, a dadora tem de aceitar um regime de três semanas de terapia hormonal, implicando injecções diárias que induzem os seus ovários a produzir uma sobreabundância de óvulos. Durante esse período, tem de ir frequentes vezes ao consultório clínico para tirar amostras de sangue e fazer ecografias que ajudam o médico a determinar quando é que os seus óvulos estão "maduros". Em seguida, quando os óvulos estão prontos a ser colhidos, a dadora é submetida a uma breve intervenção em que o médico arranca os óvulos dos ovários, usando uma pequena sonda de ultra-sons ligada a uma agulha. Embora todo este processo só acarrete habitualmente o incómodo de alterações de humor e inchaço abdominal, algumas dadoras sofrem de hiperestimulação, uma situação dolorosa em que os ovários produzem demasiados óvulos e o corpo incha com fluído. Outras têm hemorragias ou, muito raramente, uma reacção alérgica às hormonas.[32] As consequências a longo prazo da dação de óvulos são ainda desconhecidas.[33]

Enquanto a dação de óvulos se manteve verdadeiramente altruística, estava, por conseguinte, condenada a debater-se com uma grave escassez. Por que motivo haveria uma jovem saudável de se pôr em risco para ajudar uma desconhecida infértil? Por que haveria alguém de se submeter a uma cirurgia unicamente para dar um pedaço de si própria? Não havia simplesmente meio de aproximar a oferta do nível da procura.

Noutras áreas, como é óbvio, discrepâncias semelhantes entre oferta e procura são mediadas de forma bastante eficaz pelo mercado. Se as pessoas estiverem desejosas de comprar túlipas franzidas cor-de-rosa e a colheita de túlipas for escassa, o preço destas flores subirá até equilibrar a procura. No mercado de óvulos, porém, este equilíbrio mostrou-se problemático, na medida em que as pessoas não conseguiam determinar ao certo se os óvulos eram algo que podia, ou devia, ser vendido. Praticamente todos os países, por exemplo, proíbem a venda de rins ou outros órgãos humanos, o que explica a sua constante escassez.[34] Alguns países proíbem também a venda de sangue. Mas outros, incluindo os Estados Unidos, permitem a "dação" comercial tanto de sangue como de esperma, invocando o facto de serem componentes renováveis do corpo e não órgãos.

Que estatuto faria, então, sentido atribuir aos óvulos? Inicialmente, pareceu que os óvulos poderiam ser classificados mais como órgãos. O Reino Unido, por exemplo, enveredou por esta via política, no que foi acompanhado por diversos outros países europeus. Nos Estados Unidos, porém, não havia restrições iminentes, de modo que o preço e o comércio acabaram por se introduzir na equação, a princípio subtil e sub-repticiamente, e depois de forma explicitamente enérgica. Por volta de 1990, um punhado de clínicas da fertilidade começou discretamente a procurar potenciais dadoras de óvulos. Puseram anúncios para "mulheres saudáveis dispostas a ajudar casais inférteis", oferecendo uma gratificação de cerca de 2500 dólares para compensar "o tempo e o incómodo". Assim que os anúncios foram colocados, apareceram quase instantaneamente as "doações": de estudantes universitárias, jovens mães e actrizes em busca de uma oportunidade. A maioria destas mulheres expressava um fervoroso desejo de ajudar outras mulheres em situação difícil. Algumas tinham visto familiares debater-se com o problema da infertilidade, ou então sentiam-se particularmente gratas por poderem ter um gesto de compaixão nas suas vidas. Quase todas, porém, estavam também, claramente, a responder ao incentivo de um pagamento a pronto por várias semanas de "trabalho".

Neste ponto, um pequeno grupo de observadores externos começou a compreender que, tal como o esperma, também os óvulos tinham os atributos de um mercado. Um exemplo foi Shelley Smith, uma ex-actriz que trabalhava como conselheira familiar em Beverly Hills. Depois de ter concebido os seus próprios filhos através de uma dação de óvulos, decidiu, em 1990, lançar-se por conta própria, actuando como intermediária entre potenciais dadoras de óvulos e candidatas a receptoras. Em 1991, Smith começou a colocar anúncios em publicações destinadas a jovens actrizes, oferecendo uma "oportunidade extremamente compensadora, tanto do ponto de vista emocional como financeiro" a jovens mulheres com o tipo adequado de óvulos. Em vez de agir como especialista em fertilidade – coisa que não era – Smith tornou-se uma intermediária íntima. Escolhia os seus "anjos" a dedo, em função da sua beleza, inteligência, saúde e "bom coração". Fazia-lhes testes psicológicos e uma bateria de entrevistas, para além de ofertas de agradecimento – chocolates, uma massagem, por vezes um colar de diamantes – após a extracção dos óvulos. Apresentava em seguida as suas dadoras, vulgares e topo de gama, a uma clientela de elite, casais extremamente selectivos nas suas escolhas e dispostos a pagar um suplemento de 4500 dólares ao Centro Smith para a Dação de Óvulos (*Smith's Center for Egg Donation*), em acréscimo à remuneração da dadora e aos custos normais da FIV. Quando Smith abriu as portas em 1991, era a única agente independente no negócio dos óvulos em Los Angeles. Mas a competição depressa apareceu, com a entrada de concorrentes de grande dimensão como o Centro Bill Handel para a Parentalidade de Substituição (*Bill Handel's Center for Surrogate Parenting*) e o Instituto de Genética & FIV, sedeado na Virgínia, a que se somava uma profusão de pequenos intermediários.

Em 2004, o valor inicial de 2500 dólares por dação tinha lentamente dado lugar a somas substancialmente mais elevadas e a um sistema mais diferenciado de preços. A maioria dos grandes centros de fertilidade oferecia os seus próprios programas internos de óvulos, com um menu completo de potenciais dadoras e preços que iam geralmente dos 3000 aos 8000 dólares. Estes valores seguiam fortes tendências geográficas, com os preços nas cidades mais pequenas a rondar ainda os 3000 a 4000 dólares, em Washington D.C. a situar-se, em média, nos 5000, e em Nova Iorque, o mercado mais careiro, a atingir entre 7500 e 8000 dólares.[35] Os centros recrutavam dadoras através de anúncios discretos em jornais locais e forneciam aos potenciais clientes descrições físicas e sociais de cada opção. No Instituto de Genética e FIV, por exemplo, os clientes podiam inteirar-se dos antecedentes étnicos, habilitações literárias, profissão e interesses especiais das dadoras. Mas todas as dações eram rigorosamente anónimas, o que significa que os clientes e os seus futuros filhos não conheceriam nunca as origens do seu material genético.

Outros fornecedores assumiam, pelo contrário, uma atitude mais pragmática. No Centro de Dação de Óvulos, por exemplo, clientes de todo o mundo pesquisavam uma base de dados *on-line* de dadoras que incluía os nomes, as classificações dos testes de aptidão académica e fotografias radiosas de cada uma delas com a respectiva família. Podiam, se assim quisessem, conhecer pessoalmente a dadora e até mesmo combinar contactos ocasionais para depois de a criança nascer. Embora, pela sua localização, o centro de Beverly Hills apresentasse uma notória predominância de óvulos de louras com olhos azuis, oferecia também tipos mais raros, nomeadamente de judias, ruivas e sul-asiáticas.

Finalmente, e à semelhança do *Repository for Germinal Choice*, também o mercado de óvulos da viragem do século ostentava um segmento de elite: agentes de luxo para óvulos de suprema categoria. Em 1999, por exemplo, um pequeno anúncio publicado em jornais universitários da *Ivy League* fez arregalar muitos olhos com a sua oferta explícita de 50 000 dólares por um tipo muito específico de óvulo: a dadora teria de ter, pelo menos, 1,78m de altura, um resultado de 1.400 no teste de aptidão académica e uma família sem problemas de saúde. O anúncio foi colocado por Thomas e Darlene Pinkerton, um casal californiano que deixara o negócio imobiliário para lançar um serviço de óvulos de primeira categoria denominado "Combinação Perfeita" (*Perfect Match*). Mais recentemente, outro anúncio dos Pinkerton prometia 100 000 dólares a uma mulher caucasiana "com comprovada capacidade atlética de nível universitário" que estivesse disposta a "oferecer o dom da vida e do amor.[36] Algumas agências de maior dimensão como a *Tiny Treasures*, sedeada em Boston, posicionam-se algures entre os Pinkerton e as restantes, especializando-se em dadoras da Ivy League com classificações nos testes de aptidão académica superiores a 1.250[37].

Estes serviços satisfazem, como é óbvio, o desejo dos clientes de escolher – até às preferências musicais – o tipo de "trouxinha" genética que estão a adquirir. Alguns ocupam-se também de tipos específicos de clientela – casais asiáticos, por exemplo, ou homossexuais. Ao mesmo tempo, e na medida em que a "dação" comercial continua a ser ilegal na maioria dos outros países industrializados, as empresas norte-americanas ascenderam facilmente ao topo do comércio global de óvulos. Em 2003, 30% do negócio do Centro de Dação de Óvulos proveio do estrangeiro, e a percentagem estava manifestamente a aumentar.

Centros de Produção

O Dr. Merle Berger não tem qualquer pudor em relação ao seu trabalho. Fundador do *Boston IVF*, o maior centro de fertilidade nos Estados Unidos, Berger é um pioneiro da medicina reprodutiva. Ao longo de mais de trinta anos de prática, este médico ajudou milhares de pessoas a conceber os filhos que desesperadamente queriam. É professor na Faculdade de Medicina de Harvard e autor de mais de cinquenta artigos científicos. Mas, apesar disso, Berger descreve a sua profissão em termos claramente distanciados da medicina. "Manufacturo embriões", declara ele.[38]

Actualmente, Berger e os seus colegas encontram-se no centro do negócio global da fertilidade. Médicos por formação, dirigem o maior e o mais visível sector do comércio de bebés: as clínicas de fertilidade que orientam o tratamento de aproximadamente 1,2 milhões de pessoas por ano, só nos Estados Unidos. Em si mesmos, todos estes serviços têm um carácter mais ou menos camaleónico: são serviços médicos e serviços de aconselhamento, locais de investigação de alta tecnologia e, ao mesmo tempo, de íntimas tragédias pessoais. Empregam cientistas premiados, comerciantes puros e duros e um esquadrão de técnicos laboratoriais. No seu âmago, porém, todos os centros de fertilidade fazem essencialmente uma coisa: manufacturam embriões que se transformam em bebés.

Para conseguir este resultado, os centros de fertilidade empregam uma vasta e crescente panóplia de técnicas: exames físicos, baterias de testes e, por vezes, sessões de aconselhamento. Se se conseguir identificar o problema (o que acontece em cerca de 90% dos casos), os especialistas do centro delineiam então um possível plano de tratamento. Em virtude, porém, das incertezas que envolvem, os tratamentos têm, em muitos aspectos, o carácter de opções: os pacientes experimentam um determinado método, fazem exames mensais para avaliar os resultados, tentam mais uns quantos ciclos, experimentam mais um ou outro método e avançam para outra coisa. Nos casos mais difíceis, os médicos funcionam quase como engenheiros. Andam às voltas com o processo de produção, experimentando diferentes combinações e técnicas. Os pacientes, por seu lado, andam também às voltas – pelo menos a princípio – com as clínicas que escolhem e os métodos que seguem. Mas, uma vez decididos por uma determinada prática clínica, raramente a abandonam. Tendem, pelo contrário, a deixar-se envolver numa relação cada vez mais pessoal, confiando no *seu* médico, na *sua* clínica, para a consecução do objectivo que desesperadamente perseguem.

Consideremos, por exemplo, o caso de David e Vivian, um casal de profissionais de trinta e poucos anos que, por razões inexplicadas, não conseguia ter filhos.[39] Vivian foi submetida a tratamentos hormonais e a inseminação intra-uterina (IIU) no *General Hospital* de Massachusetts e engravidou de gémeos. Só que os bebés morreram durante o terceiro trimestre, deixando Vivian desesperada por tentar de novo. Ao longo de dezasseis meses, fez mais cinco ciclos de terapia hormonal e mais três inseminações intra-uterinas. A seguir, mudou-se para a fertilização *in vitro*, engravidou à segunda tentativa e teve um aborto espontâneo. Frustrados, ela e o marido acabaram por trocar o *General Hospital* de Massachusetts pela *Saint Barnabas*, uma clínica de Nova Jérsia que Vivian acreditava ter " a maior taxa de sucesso". Na *Saint Barnabas*, Vivian e David pagaram 379 dólares por cada teste, em contraste com os 10 dólares de comparticipação que pagavam em Massachusetts. Mas não se importaram. E ainda despenderam mais de 100 000 dólares em novos tratamentos até adoptarem o seu filho Dmitri, da Rússia.

Ou vejamos então o caso de Patrícia e Isaac, outro casal jovem e de elevada formação académica que não conseguia ter filhos.[40] Tendo em conta que tanto a mãe como as duas irmãs de Patrícia haviam tido filhos com trinta e muitos anos, ela e Isaac partiram do princípio de que também não teriam qualquer problema em consegui-lo. Nos primeiros tempos de casamento concentraram-se, pois, na sua formação e carreiras, adiando o projecto de ter filhos para alguns anos mais tarde. Quando viram que Patrícia não engravidava, o casal submeteu-se a uma série de testes, seguidos de ciclos de tratamentos para a fertilidade. Depois de três ciclos de Clomid, Patrícia virou-se para a FIV e engravidou após o segundo período de tratamento. Infelizmente, porém, os embriões – gémeos – implantaram-se nas suas trompas de Falópio e a gravidez teve de ser interrompida. Pouco depois disso, foi-lhe diagnosticado um cancro da mama em fase inicial e Patrícia sofreu uma dupla mastectomia. Mas, mesmo ao longo de todo este calvário, manteve-se obstinadamente agarrada aos seus médicos numa das principais clínicas de fertilidade, preocupando-se embora com o facto de estar a ficar "despriorizada". Em Março de 2005, planeava tentar mais um ou dois ciclos. Já estava quase com quarenta anos e desde há três que tentava engravidar.

E consideremos, por último, o caso de Katherine e Noah – também eles jovens, com boas habilitações académicas, e tentando desesperadamente ter um filho.[41] Atendendo a que Katherine tinha várias tias que haviam tido grande dificuldade em engravidar, ela e Noah não perderam tempo. "Desde a nossa noite de núpcias", recorda ela "comecei a tentar engravidar". Quando a natureza não funcionou como o previsto, Katherine dirigiu-se a uma clínica de fertilidade local, onde fez três ciclos de IIU. Depois disso, o casal mudou-se para uma outra cidade, onde ela saltou para um tratamento de FIV. Ao cabo de três ciclos consecutivos, conseguiu apenas uma curta gravidez, que depressa acabou em aborto. Katherine submeteu-se então a uma cirurgia para a endometriose, tentou de novo a IIU e inscreveu--se num curso de gestão do stresse. Quando se tornou impossível conciliar as coisas, abandonou o emprego, mas prosseguiu o tratamento no mesmo centro de fertilidade, com o mesmo especialista. O médico, disse Katherine, continuou a mostrar-se confiante. "Parece pensar", explica ela, "que não temos razão para parar com o que estamos a fazer".

Observemos o que todos estes casos têm em comum. A procura do "produto" pelos clientes é extremamente forte. Eles estão dispostos a tentar tudo: ciclos sucessivos de terapias hormonais, múltiplas cirurgias, gravidez logo a seguir a um cancro – e a última coisa que querem é desistir. Como lamenta Katherine: "Todo este processo tomou conta da minha vida, sete dias por semana, vinte e quatro horas por dia. Não consigo pensar noutra coisa." Todos estes casais estão decididos a gerar uma criança a partir dos seus próprios gâmetas – "Depois de tudo isto", comenta Patrícia, "é realmente difícil desistir de ter um filho genético" – e o preço não constitui, de facto, um impedimento decisivo.

Observemos também a fidelidade de todos estes clientes em relação aos prestadores dos serviços. Mesmo quando estavam a despender consideráveis somas de dinheiro, Vivian e David, por exemplo, não se mudaram para um outro centro. E, mesmo ao cabo de cinco anos de tratamentos complexos e frustrantes, Patrícia estava apenas a começar a considerar outras opções, como a dação de óvulos ou a adopção, ou outros potenciais médicos. Neste aspecto, o comércio da fertilidade funciona de forma muito análoga ao comércio da medicina em geral. Ou seja, as pessoas que compram serviços de fertilidade não se vêem a si próprias como participantes de uma relação comercial. Só relutantemente trocam de provedores; não regateiam preços; e não culpam geralmente os médicos pelo fracasso dos tratamentos.[42] Estas tendências ainda são mais reforçadas quando são as seguradoras a pagar a factura, como presentemente acontece na Europa e em diversos estados norte-americanos.[43]

A perspectiva das clínicas é, pelo contrário, mais comercial. Embora quase todos os centros de fertilidade apregoem a sua elevada especialização clínica e o seu ambiente centrado no paciente, revelam também uma orientação claramente financeira. Para começar pelo óbvio, nos Estados Unidos, pelo menos, a fertilidade é um serviço manifestamente vocacionado para o lucro. Quase todos os grandes bancos de esperma têm fins lucrativos, assim como a totalidade dos fornecedores de hormonas e a maioria dos bancos de óvulos. As clínicas de fertilidade em si constituem um cenário mais heterogéneo, na medida em que muitas delas permanecem ligadas a departamentos de investigação de grandes universidades e aos hospitais universitários que lhes estão associados. Todos os médicos do *Boston IVF*, por exemplo, prestam serviço no Hospital Beth Israel desta mesma cidade e dão aulas na

Faculdade de Medicina de Harvard. Todos os médicos do Centro de Cuidados Reprodutivos da Mulher, em Manhattan, estão ligados à Universidade de Columbia. E relações similares ligam a Faculdade de Medicina de Yale ao Centro de Infertilidade e Medicina Reprodutiva do mesmo nome.

Diga-se porém que, em muitos destes casos, os centros de fertilidade em si não comungam do estatuto não lucrativo do hospital. A *Boston IVF* é uma empresa privada autónoma e gerida por profissionais, e o mesmo acontece com o Centro de Cuidados Reprodutivos da Mulher. Os seus médicos, por conseguinte, desempenham pelo menos dois papéis: são clínicos ou investigadores em grandes hospitais universitários e empregados em centros de fertilidade de natureza comercial. Alguns desmultiplicam-se ainda por outras funções. O Dr. Berger de Boston, por exemplo, juntamente com alguns dos seus colegas, tem interesses financeiros adicionais numa empresa de óvulos doados (*Dream Donations*), num laboratório de análise de embriões (*Embryonics*) e num negócio de consultoria (*IVF Performance*). O Dr. Cappy Rothman, Professor da Faculdade de Medicina da Universidade da Califórnia (UCLA) é também co-fundador do Centro de FIV do *Century City Hospital* e director clínico do *Cryobank* da Califórnia, um dos maiores bancos de esperma do mundo. De um modo geral, as razões para esta imbricação organizacional são, por um lado, a sinergia científica e, por outro, o puro lucro. "Senti-me desapontado", recorda Berger, "com a ideia de os médicos só poderem ganhar dinheiro pelo que fazem com as mãos".[44]

Clínicas Comerciais

Fora do mundo da medicina académica, as clínicas de fertilidade são ainda mais abertamente comerciais. Competem activamente no mercado pelos pacientes inférteis, apoiando-se muitas vezes em relações cuidadosamente alimentadas com um círculo de médicos de referência. "Apaparicamo-los com jantares", conta o director de um laboratório, "e falamos-lhes da qualidade dos nossos serviços". "Oferecemos boletins informativos, jantares e festas em encontros de medicina", relata um outro.[45] Muitas das clínicas contratam poderosos consultores de marketing e publicitam os seus serviços em revistas, na Internet e na rádio. "Temos tentado tudo", diz um médico, rindo.[46]

Algumas competem até directamente nos preços. O *Advanced Fertility Center* de Chicago, por exemplo, oferece uma garantia de reembolso aos pacientes que não consigam um bebé depois do tratamento.[47] O Programa de Construção da Família da ARC (*ARC Family Building Program*), uma rede nacional de médicos, oferece diversas opções estandardizadas, incluindo o Programa Especial Três Ciclos e o Plano Acessível de Pagamento. Segundo o website da empresa, o Programa Especial inclui serviços adicionais como a "gestação assistida" e a oportunidade de adquirir uma garantia de reembolso. O Plano Acessível de Pagamento "pode tornar o seu tratamento de fertilidade menos dispendioso do que um carro em segunda mão".[48]

Outros esforços são mais subtis. A maioria dos websites das clínicas, por exemplo, apresenta fotografias garridas de crianças e casais jubilosos, em vez de seringas e intervenções médicas invasivas. Muitos alardeiam taxas de sucesso optimistas e agendam comunicações dos seus médicos em encontros sobre infertilidade organizados por grupos locais de apoiantes. À semelhança de outros negócios, estão crescentemente a virar-se para esquemas de incentivo e índices de desempenho para avaliar a sua própria produtividade. Em diversas clínicas do nordeste dos Estados Unidos, por exemplo, os honorários dos médicos são equacionados em função de três objectivos quantitativos: satisfação dos pacientes, desempenho financeiro e taxas de natalidade. Em consequência disso, diz, com regozijo, um observador externo, "Toda a clínica está obcecada com os resultados."[49]

E, por último, em todos os Estados Unidos, as clínicas privadas de fertilidade estão cada vez mais a consolidar-se em redes como a *IntegraMed*, uma empresa publicamente registada que fornece aconselhamento administrativo, produtos farmacêuticos e financiamento interno às clínicas associadas. Um médico que inscreveu a sua clínica na *IntegraMed* em 1997 esperava um aumento de 80% no seu volume anual de pacientes, o que lhe permitiria manter as suas instalações abertas "52 semanas por ano, plenamente providas de pessoal a tempo inteiro e oferecendo até as mais exóticas técnicas de reprodução".[50]

Medicina e Mercados

Este negócio de bebés não é intrinsecamente mau nem completamente novo. Pelo contrário. Tal como observámos anteriormente, desde há muito que havia uma procura arreigada de tratamentos da fertilidade e uma pequena, ainda que tradicionalmente bastante inútil, oferta de soluções. O que, no entanto, complica esta área específica do mercado de bebés é a indefinição da linha entre comércio e medicina, entre o tratamento de uma doença e a aquisição de um bem muito desejado. Em outros domínios com características similares – o mercado de dadores de rins, por exemplo, ou o dos tratamentos oncológicos – o Estado tem tradicionalmente intervindo para estabelecer linhas de orientação. Os rins, como sabemos, não podem nunca ser vendidos. Os tratamentos oncológicos são mediados pelo sistema de saúde e sujeitos a um bem estabelecido (mesmo se ocasionalmente injusto) conjunto de regras. No comércio da fertilidade, pelo contrário, as regras privadas imperam. São os próprios centros de fertilidade que definem as regras orientadoras da sua conduta, trabalhando sob os auspícios da ASRM (Sociedade Americana de Medicina Reprodutiva). Nos Estados Unidos, pelo menos, o governo federal mantém-se basicamente silencioso, fixando apenas os parâmetros mais elementares: os centros de fertilidade têm de comunicar as suas taxas de sucesso aos Centros para o Controlo de Doenças; têm de respeitar leis básicas que proíbem a fraude e o exercício incorrecto ou negligente da medicina; e, em catorze estados, as companhias de seguros têm de cobrir (ou oferecer-se para o fazer) algum tipo de tratamento da infertilidade aos seus clientes.[51]

Fora destes limites, os centros são livres de agir e competir. Não há restrições à sua publicidade (para além das proibições básicas de fraude ou informação errónea) nem às suas tácticas para atrair clientela. É evidente que este mesmo grau de abertura caracteriza quase todos os aspectos dos negócios nos Estados Unidos. Na verdade, é justamente esta abertura que é muitas vezes invocada para explicar a vitalidade do comércio norte-americano. Mas, no negócio da fertilidade, o modelo empresarial em causa desenvolve-se de uma forma peculiar.

Consideremos, por exemplo, o problema que se coloca de cada vez que uma cliente não consegue engravidar. A cliente – chamemos-lhe Sally – está decidida a conceber uma criança. O médico – vamos chamar-lhe Dr. Welby – quer simultaneamente ajudar Sally e tirar os seus proventos. Tem também algum conhecimento das probabilidades estatísticas de Sally conseguir engravidar, um conhecimento presumivelmente preciso em termos gerais, embora não necessariamente relevante para a situação dela. Em muitos casos, estas três dimensões funcionam perfeitamente em conjunto. O Dr. Welby usa a sua sabedoria médica para diagnosticar o problema de Sally e prescrever um método de tratamento adequado. Sally submete-se ao tratamento e paga ao Dr. Welby. E, alguns meses mais tarde, a orgulhosa mãe leva o seu bebé para casa.

Mas, quando o tratamento não funciona, este feliz equilíbrio pode ficar seriamente comprometido. Imaginemos que Sally tem quarenta e dois anos e os seus óvulos são só marginalmente viáveis. O Dr. Welby prescreve um regime inicial de tratamento com Gonal-F (uma das principais marcas de HEF, a hormona estimuladora dos folículos) a cerca de 3000 dólares por ciclo. Sally submete-se a três ciclos sem engravidar. Do ponto de vista comercial, esta situação é deveras vantajosa tanto para o Dr. Welby como para a *Ares-Serono*, fabricante do Gonal-F. Ambos lucram com cada ciclo, e não é provável que Sally se queixe do que, para pôr cruamente a questão, é a compra repetida de um serviço que não funciona. De facto, mesmo que o Dr. Welby aconselhasse Sally a parar com o tratamento, usando o seu discernimento profissional para concluir que o Gonal-F de nada servia no caso dela, é muito possível que ela insistisse em fazer nova tentativa. E mais uma, e outra, e outra ainda. Com efeito, os especialistas em fertilidade descrevem frequentemente mulheres que prosseguem o tratamento muito depois de as probabilidades de sucesso terem decrescido. Citando alguém que conhece a indústria por dentro: "Falando em grandes negócios ... é uma verdadeira mina de ouro que ali está, porque é tão difícil dizer quando é que já chega".[52]

Observe-se, pois, o dilema inerente a este produto. Se o Dr. Welby estivesse a vender, por exemplo, batatas fritas, os seus incentivos comerciais seriam inequívocos: quereria continuar a vender o seu produto a Sally, convencendo-a, de cada vez, da desejabilidade da compra. Se ela não gostasse de batatas fritas simples, tentaria vender-lhe o sabor de churrasco, ou as com sal e vinagre – o que quer que lhe alimentasse o consumo. Mas se, pelo contrário, o Dr. Welby estivesse apenas a exercer medicina, tanto Sally como o Estado acabariam por colocar limites ao que ele podia vender. Se um tratamento oncológico não resultasse, ela abandoná-lo-ia (ou morreria). Se a medicação para uma úlcera fosse demasiado dispendiosa, Sally (ou a sua companhia de seguros) procuraria alternativas mais baratas.

No que se refere, porém, aos tratamentos de fertilidade, há poucos incentivos para parar o tratamento. Sally está determinada a prosseguir as tentativas, o Estado não tem regras orientadoras, e o lado comercial do Dr. Welby seria tolo em dizer não. A única restrição vem do preço: a gastar cerca de 3000 dólares por mês, Sally acabará por ficar sem dinheiro. Mas, se acaso for rica, ou tiver consagrado todas as suas economias ao objectivo de ter um filho, o "acabará por" pode levar ainda algum tempo. E, durante esse período, o Dr. Welby poderá continuar a vender-lhe doses consecutivas de um produto que não vai provavelmente resultar.

Consideremos agora o que acontece a seguir. Sally perde a esperança na terapia hormonal e pede ao Dr. Welby um tratamento mais agressivo. Quer tentar a FIV ou uma técnica análoga ainda mais sofisticada, a ICSI (injecção intracitoplasmática de espermatozóides). O Dr. Welby vê-se de novo perante um dilema. Comercialmente, tem todo o interesse em incitar Sally a continuar: dependendo do sítio onde trabalha, o Dr. Welby cobra entre 6000 e 14 000 dólares por cada ciclo de fertilização *in vitro*, e a maioria das mulheres submete-se a uma média de três antes de engravidar ou desistir.[53] Do ponto de vista financeiro, a FIV é pois um verdadeiro maná para o Dr. Welby. É, na verdade, com a FIV que os centros de fertilidade conseguem o grosso dos seus lucros. Segundo especialistas desta indústria, a maioria dos centros tenta efectuar entre três e quatro centenas de ciclos de FIV por ano só para compensar os gastos (ver quadro 2-1).[54] As receitas destes ciclos cobrem os custos fixos do centro: pessoal de enfermagem, laboratórios, conselheiros, aluguer das instalações. Ultrapassado esse ponto, as receitas de ciclos adicionais traduzem-se quase directamente em lucros. E a 6000 – ou 14 000 – dólares por ciclo, os lucros das clínicas maiores podem ser substanciais.

Sempre que o Dr. Welby acciona a sua caixa registadora mental, confronta-se, por conseguinte, com um dilema moral e estatístico. Por um lado, quer à viva força convencer Sally de que o caso dela tem elevadas probabilidades de sucesso. Quer que ela acredite que a sua clínica é particularmente eficaz na produção de bebés, e que a FIV é um método particularmente indicado no caso dela. Todos estes argumentos são fáceis de apresentar, uma vez que a maioria das mulheres na posição de Sally quer desesperadamente acreditar que os tratamentos da fertilidade solucionarão o seu problema. Tendem, pois, a sobrestimar as suas hipóteses de conceber por uma margem extremamente ampla.[55] Assim sendo, o Dr. Welby não terá grande dificuldade em convencer Sally dos benefícios do tratamento. Além disso, o seu método preferido de tratamento – a FIV – apresenta, de facto, crescentes taxas de sucesso: em média, a fertilização in vitro produz um nado-vivo em mais de 25% dos casos.[56] E assim, uma vez mais, o que faz sentido financeiro para o Dr. Welby abre também uma feliz perspectiva para Sally.

QUADRO 2-1

Lista das vinte clínicas norte-americanas com maior número de ciclos em 2002

Clínica	Número de Ciclos
Boston IVF (Waltham, MA)	2.648
Reproductive Medicine Associates of New Jersey (Morristown, NJ)	2.301
Shady Grove Fertility Reproductive Science Center (Rockville, MD)	1.941
Weill Medicine College of Cornell University Center for Reproductive Medicine and Infertility (New York, NY)	1.755
Reproductive Science Center (Lexington, MA)	1.564
Brigham and Women's Hospital Center for Assisted Reproduction (Boston, MA)	1.389
IVF Lincoln Park (Chicago, IL)	1.376
Huntington Reproductive Center (Pasadena, CA)	1.099
Program for In Vitro Fertilization, Reproductive Surgery and Infertility (New York, NY)	1.039
Highland Park IVF Center (Highland Park, IL)	1.006
Presbyterian Hospital ARTS Program (Dallas, TX)	963
Cooper Center for in Vitro Fertilization, P.C. (Marlton, NJ)	892
Reproductive Biology Associates (Atlanta, GA)	855
Reproductive Science Associates (Mineola, NY)	817

Clínica	Número de Ciclos
Center for Advanced Reproductive Services at University of Connecticut Health Center (Farmington, CT)	814
IVF Michigan (Rochester Hills, MI)	803
Midwest Reproductive Medicine (Indianapolis, IN)	763
Women and Infants Hospital, Division of Reproductive Medicine And Infertility (Providence, RI)	745
Institute for Reproductive Medicine and Science, St. Barnabas Medical Center (Livingston, NJ)	734
Fertility Center of New England, Inc., New England Clinic of Reproductive Medicine (Reading, MA)	719

Fonte: Compilado pela autora a partir de dados dos Centers for Disease Control and Prevention, Division of Reproductive Health. *2002 Assisted Reproductive Technology Success Rates: National Summary and Fertility Clinic Reports*. Atlanta, GA, 2004. Note-se que os dados a nível das clínicas não incluem os ciclos para mulheres com mais de quarenta e dois anos, e que "ciclos" se refere apenas àqueles que usam óvulos frescos das próprias pacientes.

Por outro lado, as taxas de sucesso específicas das clínicas colocam uma questão mais complicada. A verdade é que o "sucesso" é uma coisa difícil de medir no comércio da fertilidade, e os números que podem parecer mais animadores para Sally não são necessariamente aqueles que elevarão as suas próprias probabilidades, ou gerarão um generoso fluxo de receitas para o Dr. Welby. Em 2001, por exemplo, 27% de todos os ciclos de FIV realizados nos Estados Unidos resultaram no nascimento de um nado-vivo.[57] Esta percentagem indica que uma mulher como Sally terá cerca de $^1/_4$ de probabilidades de engravidar através da FIV. Mas, se Sally tiver, por exemplo, vinte e seis anos, as estatísticas globais (ver quadro 2-2) sugerem que as suas hipóteses de ter um bebé através da FIV são, na verdade, superiores a 38%. Já se tiver quarenta e dois, essas hipóteses caem para 9%.[58] Quais são aqui os números relevantes? Estará Sally interessada na média geral, ou na média para o seu grupo etário? Se o Dr. Welby se tiver especializado em mulheres mais velhas e tiver por isso uma taxa de sucesso inferior à dos seus concorrentes, será essa uma boa ou uma má notícia para Sally? Será sinal de que a clínica do Dr. Welby é melhor ou pior do que a clínica ao fundo da rua?

QUADRO 2-2

Taxas médias de sucesso na gravidez por idade e ciclo de TRA*

Idade	Taxa de Gravidez	Taxa de Nados-Vivos
22	38,6	36,2
26	43,2	38,1
30	41,3	36,4
34	37,9	32,0
38	29,7	23,2
42	16,0	9,0
46	3,2	1,1
Média	33,0	27,0

Fonte: Centers for Disease Control and Prevention, Division of Reproductive Health. *2001 Assisted Reproduction Technology Success Rates: National Summary and Fertility Clinic Reports*, Atlanta, GA, 2003, Gráfico 10.

Diga-se, aliás, que mesmo as taxas de gravidez e natalidade estão longe de ser inteiramente demonstrativas do sucesso das TRA, uma vez que investigações recentes indicam que as crianças concebidas por FIV correm, possivelmente, um maior risco de defeitos congénitos. Um estudo australiano, por exemplo, descobriu que os bebés da FIV tinham duas vezes mais probabilidades que as crianças geradas pelos meios naturais de trazer múltiplas e graves deficiências à nascença.[59] Outros referem taxas mais elevadas de deficiências urológicas raras e um risco acrescido de doenças oncológicas na primeira infância.[60] A FIV também é responsável por um índice muito mais elevado de gravidezes múltiplas – 37%, de acordo com um estudo recente – que, em si mesmo, é sinónimo de gravidezes mais complicadas e de uma maior probabilidade de bebés prematuros ou com peso abaixo do normal.[61]

Quanta desta informação deveria o Dr. Welby transmitir a Sally? Em termos legais, não lhe é exigida quase nenhuma: a única obrigação do Dr. Welby é comunicar as taxas de gravidez e natalidade da sua clínica aos Centros para o Controlo de Doenças (CDC), que compila os dados e os publica num relatório anual. Se uma determinada clínica optar por não revelar os seus dados, os CDC não dispõem, pratica-

* NT: Técnica de Reprodução Assistida.

mente, de nenhum poder coercivo. Em 2002, por exemplo, vinte e cinco clínicas norte-americanas não apresentaram qualquer relatório aos CDC, incluindo o Instituto de Genética & FIV, que é um dos maiores centros do país.[62] À luz das directrizes da ASRM (Sociedade Americana de Medicina Reprodutiva), de resto, o Dr. Welby precisa apenas de obter o consentimento informado das suas pacientes, usar técnicas medicamente aceitáveis e seguir linhas de orientação informais no que respeita ao número de embriões transferidos em qualquer altura.[63] Mesmo a nível pessoal, o cenário apresenta-se nebuloso, pois Sally, saldadas as contas, não quer saber de estatísticas globais. A única coisa que lhe interessa é a possibilidade de ter um bebé.[64]

Como o Dr. Denny Sakkas da *Yale IVF* explica, "A infertilidade é uma questão de acerto ou falhanço ... se a mulher acaba por ter um bebé, nada mais lhe interessa. Infelizmente, porém, um resultado negativo é mais provável que um positivo ... Esta é uma área estranha para se trabalhar. Sessenta a setenta por cento dos tratamentos estão condenados ao fracasso. E nós sabemo-lo."[65]

O Dr. Welby e os seus congéneres na vida real confrontam-se assim com o que o Dr. Richard Berkowitz, um especialista em reprodução no hospital Mount Sinai de Nova Iorque, descreve como um verdadeiro "círculo vicioso". "Os médicos querem que as pacientes engravidem", diz ele. "As pacientes querem engravidar. E por isso procuram os médicos que apresentam as melhores taxas de gravidez."[66] Em virtude desta dinâmica, as clínicas de fertilidade são quase inexoravelmente impelidas a apresentar as suas tecnologias e dados da forma mais favorável possível, apregoando métodos que têm muitas vezes uma escassa probabilidade de sucesso e um potencial desconhecido de efeitos adversos. Como explica o Dr. Mark Sauer, um dos principais especialistas do *Presbyterian Medical Center* de Columbia, "A nossa missão é conseguir que uma mulher engravide, quase que numa atitude de "custe o que custar".[67] As histórias da imprensa popular levam esta atitude ainda mais longe, glorificando os bebés "milagrosos" e os médicos que os produziram.[68] Já as histórias do outro lado – dos casais que se submetem a ciclo após ciclo de tratamentos tão dispendiosos quanto inúteis – são consideravelmente menos comuns.[69]

Todas as clínicas de fertilidade têm, por conseguinte, de enfrentar os dilemas comerciais decorrentes desta percepção adulterada. Se os clientes dos serviços de fertilidade andam efectivamente em busca da clínica ou do médico com as "melhores" estatísticas, então as clínicas são implicitamente pressionadas a orientar as suas práticas para a obtenção de determinados resultados estatísticos. Essa manipulação é relativamente fácil. Se as clínicas quiserem aumentar as suas taxas de gravidez, podem recusar-se a tratar mulheres acima de uma certa idade, ou mulheres cujos níveis de HEF (hormona estimuladora dos folículos) ultrapassem um determinado valor. Podem convencer pacientes que não tenham conseguido engravidar num certo espaço de tempo a retirar-se do programa, ou então a escolher directamente a FIV em detrimento de outras opções menos dispendiosas.

Poderíamos descrever estas tácticas como simplesmente boa medicina: se uma mulher atingiu uma certa idade e os seus níveis hormonais desceram abaixo de um determinado nível, talvez os médicos devam incentivá-la a abandonar os tratamentos de fertilidade ou então a enveredar apenas pelas técnicas mais agressivas. Mas é claro que estas tácticas também reflectem razões comerciais, pois o facto é que, se as pacientes escolhem as clínicas de fertilidade em função do seu sucesso estatístico, as clínicas serão permanentemente tentadas a rejeitar os casos susceptíveis de lhes estragar essa imagem. Como um director de laboratório observa: "As clínicas de fertilidade existem para fazer dinheiro. Ninguém quer seguir uma via que traga prejuízo. Se as taxas de sucesso baixarem, elas perdem pacientes."[70] O Dr. Sauer, do Centro de Columbia, é ainda mais directo. "Toda a gente", afirma ele, "sabe como inflacionar os números ... Se querem que um programa mantenha uma taxa de sucesso muito elevada, podem, e costumam efectivamente fazê-lo, seleccionar as melhores pacientes para tratamento."[71]

Quando as companhias de seguros entram em cena, os dilemas tornam-se ainda mais complexos. Recorde-se que, em alguns estados, a cobertura dos tratamentos de fertilidade é imposta por lei: as seguradoras desses estados têm de incluir pelo menos alguns serviços de FIV nos seus pacotes básicos de seguros.[72] Tal como fazem, pois, noutras áreas dos cuidados de saúde, as companhias de seguros chegaram, com o tempo, à fixação de determinados valores de reembolso. Em Massachusetts, por exemplo, um estado com uma cobertura particularmente generosa, as seguradoras cobrem geralmente um método prescrito de tratamento que envolve três ciclos de Clomid, três ciclos da mais poderosa HEF e, depois disso – mas só mesmo depois –, um tratamento de FIV. Por esse motivo, as clínicas instaladas em Massachusetts funcionam sob um conjunto bastante estrito de restrições comerciais. Não podem recomendar a FIV (excepto em certos casos rigorosamente definidos) antes de a paciente se submeter aos ciclos prescritos de Clomid. Não podem cobrar muito mais a uma mulher de quarenta e três anos do que a uma de vinte e oito.[73] Se estiverem, por conseguinte, obrigadas a conter os preços pelos valores mínimos da tabela, serão quase inevitavelmente levadas a apostar na quantidade.

Dito de outro modo, se as clínicas enfrentam um controlo no valor que podem cobrar por cada tratamento de fertilidade, é do seu interesse económico tratar o máximo de pacientes, com a máxima eficiência possível.[74]. Estão pois, basicamente, num negócio de volume. O recurso ao seguro alarga o leque de potenciais clientes, mas limita o valor da receita que cada uma pode gerar.[75] Em estados como Nova Iorque e Califórnia, pelo contrário, o facto de a cobertura pelas seguradoras ser menos generosa modifica os incentivos financeiros aos tratamentos de fertilidade.[76] Nestes estados, as clínicas tendem a estar menos interessadas no número de pacientes que tratam, concentrando-se antes no estrato mais elevado do mercado – ou seja, nas pacientes que são suficientemente ricas para dispensar as regras das seguradoras e pagar o que preciso for (ver quadro 2-3).

No comércio da fertilidade, por conseguinte, tal como no do esperma e das hormonas, a especialização e a consolidação estão já em marcha acelerada. As clínicas de maior sucesso são as que têm ou um grande número de clientes, ou tecnologias extremamente avançadas, ao passo que as outras – mais pequenas, menos sofisticadas, menos comerciais – estão a ser crescentemente esmagadas pelo estreitamento das margens de lucro e por uma crescente pressão para a fusão empresarial.

Todas as clínicas se encontram, de resto, afectadas pelas limitações explanadas no capítulo 1. Estão, antes de mais, numa corrida para acompanhar uma ciência que, nos últimos vinte anos, tem vindo a avançar a uma velocidade de cruzeiro. Isto significa que são constantemente forçadas a investir nesta nova ciência: nos médicos mais recentemente formados, nos técnicos mais qualificados, no equipamento laboratorial mais sofisticado, tudo factores que elevam os seus custos. Ao mesmo tempo, porém, têm de contar com a realidade, ou seja, com o facto de a sua base de clientes ser severamente limitada por esses mesmos custos e, ironicamente, pelo sucesso trazido pela ciência. Por outras palavras, é porque os preços da FIV continuam tão elevados que a procura é muito mais baixa do que de outra forma seria. E, porque as técnicas de FIV obtêm cada vez melhores resultados – conduzindo a uma maior percentagem de gravidezes num menor espaço de tempo – o universo de pacientes está, na verdade, a diminuir. Segundo o comentário irónico de um médico, "A maioria das clínicas de fertilidade tem hoje em dia grande dificuldade em substituir as pacientes que "perdemos" para a gravidez".[77]

QUADRO 2-3

Custos da Fertilização In Vitro

Procedimento	Jones Institute of Reproductive Medicine Norfolk, Virginia	Brigham and Women's Hospital Center for Reproductive Medicine, Boston	Columbia University Center for Women's Reproductive Care New York	Center for Reproductive Medicine and Infertility (Cornell), New York
Avaliação inicial	$920-$1.410	$286	$300-$400	$400-$500
Estimulação do Ciclo	$5.720	$2.569	$2.000-$5.000	$8.900
Testes de Gravidez	$350	Incluído no ciclo	$105	$285
Extracção de Óvulos	$2.499	$4.645	$2.780	Incluído no ciclo
Medicação	$3.000	$2.000-$4.000	$2.000-$5.000	$2.500-$5.000
ICSI	$2.420	$2.000	$2.000-$2.950	$2.500
Criopreservação	$1.650	$800	$1.300	$1.000, mais $250 por quarto
Número total de ciclos para mulheres entre os 41-42 anos (2002)	17	183	92	280

Fonte: Jones Institute, Serviços de Contabilidade do Center for Women's Reproductive Care da Universidade de Columbia, Brigham and Women's Hospital, Center for Reproductive Medicine de Weill Cornell, Nova Iorque, Centers for Disease Control.

Uma vez mais, a terceira limitação do mercado – a política – poderia, teoricamente, alargar este mercado, usando (à semelhança do que estados como Massachusetts estão já a fazer) as apólices de seguro para baixar os preços e aumentar o número de pacientes. Até à data, a maioria dos estados tem-se mostrado reticente em avançar por esta via, e muitas clínicas têm tido a sorte de resistir. Mas, se as pressões neste sentido aumentarem, mais uma parte do comércio da fertilidade será empurrada para o domínio quantitativo do mercado, ou seja, para aquela situação comercial em que, como o Dr. Berger do *Boston IVF* reconhece, os médicos, muito simplesmente, "manufacturam embriões".

O Comércio Especializado

Entretanto, e longe dos holofotes dos *media*, uma série de negócios mais pequenos vai igualmente florescendo em torno do negócio da concepção. Alguns deles assentam em tecnologias de ponta, desenvolvidas na sequência de meticulosos avanços na ciência da reprodução e da genética. Outros são mais mundanos, visando primariamente responder às necessidades de pequenos sectores da população infértil. Juntos, constituem o último estrato do comércio da fertilidade.

Uma parcela deste mercado centra-se nas técnicas de manuseamento e conservação de óvulos. Em 1997, médicos da Associação de Biologia Reprodutiva, um centro de fertilidade sedeado em Atlanta, anunciaram que uma mulher de trinta e nove anos acabava de ser mãe de gémeos concebidos a partir de óvulos de uma dadora de vinte e nove. Alguns meses mais tarde, o centro anunciou que uma outra paciente havia dado à luz uma criança gerada a partir dos seus próprios óvulos previamente congelados.[78] Estes anúncios não eram totalmente inéditos. Desde 1986, na verdade, havia esporadicamente notícia de óvulos congelados com sucesso por especialistas em reprodução de diversos pontos do globo: um par de gémeos em Singapura e mais uns quantos nascimentos isolados na Austrália e na Europa. Mas nenhum dos médicos envolvidos conseguira repetir o feito, e a maioria reconhecia que as técnicas de congelação de óvulos continuavam muito falíveis.

O problema residia aparentemente no facto de os óvulos terem um teor de água muito elevado: durante o processo de congelação, essa água tendia a cristalizar, destruindo o delicado veio que contém o citoplasma, elemento crucial do óvulo. No início dos anos noventa, porém, investigadores italianos começaram a ensaiar técnicas de desidratação, adicionando sacarose durante o processo de congelamento para absorver parte da água do óvulo e limitar a formação de cristais de gelo. À medida que estas técnicas evoluíam, as taxas de sucesso na congelação de óvulos foram crescendo, acabando por permitir que clínicas como a Associação de Biologia Reprodutiva oferecessem a possibilidade de congelar óvulos a um grupo seleccionado de pacientes: mulheres jovens prestes a fazer quimioterapia, por exemplo, ou casais que necessitavam de um espaço de tempo entre a extracção de óvulos e a implantação.[79]

Mas o interesse na congelação de óvulos depressa se espalhou muito para lá das pacientes para quem era medicamente necessária. Bem sincronizadas com o tiquetaque dos seus relógios biológicos, jovens mulheres começaram a considerar a congelação de óvulos como uma possível forma de adiar a gravidez por um período prolongado – uma forma de finalmente fintar o declínio da fertilidade que sobre elas paira quando ultrapassam os trinta e cinco anos. E as clínicas de fertilidade aperceberam-se de que a conservação de óvulos representava, pelo menos teoricamente, um mercado de serviços completamente novo na área da reprodução.

À medida que a tecnologia evoluía, estas perspectivas foram-se tornando mais excitantes. Em 2002, um dos principais especialistas britânicos em fertilidade anunciou publicamente que a técnica de congelação de óvulos iria funcionar "da mesma forma para a geração das Bridget Jones que querem congelar os seus óvulos a fim de manterem as suas opções de reprodução em aberto".[80] Em Atlanta, o médico que ajudara a conceber os primeiros e muito publicitados frutos de óvulos congelados previu que "dentro de dois anos, teremos bancos de óvulos em toda a parte".[81] "Temos sido inundados", relatou um dos seus colegas, "por telefonemas de mulheres que querem adiar a maternidade".[82]

Enquanto isso, uma nova horda de empreendedores estava igualmente atenta. No Milwaukee, um especialista em fertilidade lançou, em 2002, o *Egg Bank USA*, cobrando 7000 dólares para extrair entre dez e quinze óvulos de uma mulher jovem e conservá-los para uso futuro. Em Los Angeles, o *CHA Fertility Center* anunciou um serviço semelhante, tendo por alvo "mulheres na casa dos trinta anos ocupadas com a sua vida profissional" e oferecendo o que o *Wall Street Journal* descreveu como "um banco de óvulos para as massas".[83]

Observadora à margem, Christina Jones, uma estudante da Escola de Gestão de Harvard, apercebeu-se do imenso mercado potencial existente entre as suas amigas e conhecidas. Tendo já lançado e vendido diversos negócios de software, esta empreendedora de trinta e quatro anos investiu 300 000 dólares do seu próprio bolso em investigação e, em 2002, começou a reunir "componentes da melhor estirpe para serviços de congelação de óvulos da mais alta qualidade".[84] Munida de uma licença exclusiva para tecnologia crioprotectora de ponta, a empresa de Jones, *Extend Fertility*, avançou para o mercado de óvulos na Primavera de 2004, oferecendo um serviço completo de extracção e preservação de óvulos por 15000 dólares, acrescidos de uma taxa anual de armazenagem. Na altura do lançamento, Jones previu que a congelação de óvulos se iria rapidamente tornar "mais importante que a FIV".[85]

Um segmento mais controverso do mercado é o que gira em torno da selecção do sexo. Tecnicamente, escolher o sexo do bebé que se vai ter não oferece já grande dificuldade. Os embriologistas conseguem determinar o género de um embrião enquanto ele ainda está *in vitro*. As ecografias permitem identificá-lo logo às doze semanas de gravidez. E um novo conjunto de técnicas de exame promete distinguir entre espermatozóides masculinos e femininos.[86] Todas estas técnicas criaram, pois, a discreta possibilidade da selecção comercial do sexo.

Na Virgínia, o Instituto de Genética & FIV começou a oferecer, experimentalmente, "discriminação de espermatozóides" em 1998, usando uma tecnologia patenteada chamada *MicroSort* para seleccionar os espermatozóides mais susceptíveis de produzir ou um rapaz ou uma rapariga. Originalmente, este método altamente especializado de coloração e, em seguida, separação dos espermatozóides foi desenvolvido por investigadores do Departamento de Agricultura dos Estados Unidos que procuravam formas de aperfeiçoar o processo de procriação de vacas e outros animais de criação. Mas os médicos do Instituto de Genética & FIV depressa se aperceberam das óbvias aplicações comerciais em pessoas e negociaram uma licença comercial exclusiva para todos os usos humanos do *MicroSort*. Na medida, porém, em que a tecnologia, neste caso, estava dependente da aprovação da *Food and Drug Administration*, o Instituto não se pôde lançar tão rapidamente no mercado da selecção de sexo como havia feito noutras áreas. Optou então por avançar com um teste amplamente publicitado, no qual perguntava aos potenciais clientes, em anúncios radiofónicos e revistas, "Quer escolher o sexo do seu próximo bebé?". No início de 2004, mais de quatrocentos bebés pré-seleccionados tinham já nascido por esta via, por um custo de aproximadamente 2500 dólares cada.[87]

Enquanto isso, desenvolvimentos na área de ponta do tratamento da infertilidade prometem criar não só novas formas de concepção como redes alargadas de comércio. Em 1992, por exemplo, investigadores belgas introduziram a técnica conhecida como injecção intracitoplasmática de espermatozóides (a sigla internacional, ICSI, pronuncia-se tal como se lê). Usando minúsculas agulhas e micromanipuladores (instrumentos que atenuam o movimento das mãos), os cientistas conseguiram isolar um espermatazóide e injectá-lo directamente num óvulo. O óvulo ficou fertilizado e deu origem a uma criança. Experiências subsequentes demonstraram que a ICSI era extremamente eficaz no tratamento da infertilidade masculina e, assim que a notícia se espalhou, outros centros de fertilidade começaram a tentar usar esta técnica. A maioria conseguiu o índice de sucesso que os belgas haviam previsto, atingindo taxas globais de gravidez na ordem dos 32%.[88]

E assim uma profusão de centros começou a usar a ICSI como um instrumento de marketing, correndo a oferecê-la antes de os seus concorrentes dominarem inteiramente a técnica. Do ponto de vista financeiro, o novo tratamento era um maná: os centros cobravam normalmente um acréscimo de 1000 a 1500 dólares para executar a operação. Tecnicamente, a ICSI possibilitou a gravidez a muitos mais casais, sobretudo se o seu problema era de infertilidade masculina. Medicamente, porém, as perspectivas eram incertas. Ao permitir essencialmente que homens inférteis tivessem filhos, a ICSI parecia condenar esses mesmos filhos (masculinos) ao mesmo destino genético. De acordo com diversos estudos, os rapazes nascidos através de ICSI careciam do mesmo gene que os seus pais, o que significa que também eles seriam, muito provavelmente, inférteis.[89] Nesta altura, porém, a procura desta técnica era já grande e tendencialmente crescente. Durante os anos noventa, dezenas de milhares de crianças nasceram através da ICSI, e milhares de outros futuros pais estavam cada vez mais ansiosos por tentar.[90]

Ainda mais controverso – e potencialmente lucrativo – é o diagnóstico genético pré-implantação (DGPI), uma técnica que permite aos médicos detectar características genéticas em embriões de oito células.

Na prática, o DGPI está já a ser usado para distinguir embriões com uma elevada probabilidade de alterações genéticas fatais. Pais que sejam portadores do gene da fibrose quística, por exemplo, ou da doença de Tay-Sachs, podem recorrer ao DGPI para identificar quais, de entre vários embriões *in vitro*, estão livres destas temíveis deficiências. Em teoria, porém, o DGPI pode fazer muitíssimo mais. Pode detectar defeitos em embriões produzidos por mulheres mais velhas. Pode identificar embriões com a síndroma de Down. E pode, potencialmente, permitir que os pais seleccionem a constituição genética dos filhos muito antes de estes nascerem. As vastas possibilidades do DGPI são descritas no capítulo 4. Por agora, basta-nos referir que o exame DGPI acrescenta normalmente uma média de 3500 dólares à factura total da FIV.[91]

Concepção do Mercado

É inteiramente possível – e até mesmo plausível – conceber o mercado da reprodução como um nicho pequeno, mas rentável, de ciência sofisticada. É, antes de mais, um mercado que permanece irrelevante para 85 a 90% da população, ou seja, para todos aqueles que têm a sorte de conseguir gerar os seus filhos da forma tradicional. Quase por definição, então, este mercado não deveria partilhar das mesmas características que os mercados de batatas fritas ou sapatilhas.

Mesmo na esfera clínica, a fertilidade continua a ser um nicho de mercado que dificilmente se expandirá para além de um pequeno segmento de potenciais clientes. A maioria desses potenciais clientes nunca recorre, aliás, a qualquer forma de tratamento: como observámos anteriormente, apenas 36% das mulheres inférteis nos Estados Unidos procuram assistência médica, e só 1% experimenta as técnicas de procriação medicamente assistida.[92] As outras continuam a tentar, desistem, ou viram-se para outros objectivos.

Em contrapartida, aqueles que efectivamente entram no mercado são, sem dúvida, mais ricos e bem qualificados do que a média.[93] Fazem claramente parte de uma elite global, interagindo no que se assemelha em muito a um mercado de luxo: 12 400 dólares por um ciclo médio de FIV, 3500 por um DGPI, e até 50 000 dólares por óvulos da Ivy League. As empresas que servem esta clientela estão, por seu turno, altamente concentradas e são manifestamente rentáveis. O mercado global de esperma é dominado por um pequeno número de empresas com um elevado volume de clientes e não menos elevados lucros. O mesmo acontece com o mercado das hormonas, onde empresas como a *Ares-Serono* e a *Organon* (uma filial da *Akzo Nobel*) enfrentam uma concorrência limitada e não sofrem quase nenhuma pressão para descer os preços. Os agentes de óvulos e os centros de fertilidade, sendo embora participantes mais recentes no negócio de bebés, parecem estar já a seguir uma rota semelhante, com centros mais pequenos a consolidar-se em redes como a *IntegraMed*, e centros maiores como o *Boston IVF* a colher os substanciais lucros de escala.

A indústria da fertilidade poderia, presumivelmente, manter-se nestes moldes durante bastante mais tempo, acantonando-se num nicho pequeno, mas altamente lucrativo. Poderia continuar a servir uma parcela relativamente diminuta da população, alargando as margens da tecnologia para refinar a ciência da concepção. Poderia conservar uma espécie de mentalidade "*Tiffany's*", vendendo produtos inestimavelmente valiosos para casais dispostos a pagar.

Todavia, a experiência, tanto no exterior dos Estados Unidos como em outras indústrias, sugere que o comércio da fertilidade pode igualmente seguir uma via muito diferente, optando por abranger um mercado maior em troca de preços substancialmente mais baixos e uma certa dose de regulação. Consideremos o facto de cerca de 75% dos potenciais clientes da fertilidade não estarem ainda a adquirir o produto: apenas 15% das mulheres inférteis nos Estados Unidos tomaram medicamentos para a fertilidade; apenas 5,5% recorreram à inseminação artificial; e apenas 1% tentaram a FIV.[94] Consideremos também que desenvolvimentos recentes prometem alargar os benefícios dos tratamentos de fertilidade para lá da população infértil. Dentro em breve, mulheres jovens e perfeitamente saudáveis poderão frequentemente optar por congelar os seus óvulos, precavendo-se assim contra os riscos de um casamento tardio ou de uma carreira prolongada. Os soldados também poderão, por norma, congelar o seu esperma antes de partirem para a guerra, e os casais homossexuais recorrer à procriação assistida para conceber e trazer ao mundo os seus descendentes genéticos. Este tipo de aplicações poderá acrescentar milhões de consumidores ao comércio da fertilidade – mas só se os preços descerem e o acesso for alargado.

Podemos ver já os primeiros indícios desta relação em estados como o Massachusetts, onde a generosa cobertura das seguradoras fez disparar a procura de serviços de fertilidade. Vemo-lo também em países como a Inglaterra, a Dinamarca e Israel, países em que o financiamento estatal reduziu igualmente o preço e expandiu a procura de tratamento.[95] E vemo-lo em indústrias de alta tecnologia como a dos computadores pessoais e a dos gravadores de DVD, onde produtos inicialmente considerados artigos de luxo transitaram, passado algum tempo, para o mercado de massas, proporcionando aos seus fabricantes lucros consideravelmente superiores. É este o raciocínio matemático que conduz a maior parte do capitalismo norte-americano, um raciocínio consubstanciado na decisão de Henry Ford, em 1908, de fabricar em massa o célebre automóvel negro, modelo T. Na maioria das áreas da medicina, este raciocínio é claramente inaplicável: por muito que desça o preço da cirurgia cardíaca, não é de crer que a procura do serviço vá aumentar substancialmente. Na área da fertilidade, pelo contrário, a procura pode bem crescer, impulsionada pelos 75% de casais inférteis que presentemente optam por não seguir qualquer tratamento e pela faixa, mais indiferenciada, de indivíduos férteis que poderão, selectivamente, usar técnicas de reprodução assistida.

Mas, se o mercado ficar inteiramente entregue a si próprio, não é de crer que se verifique este tipo de alargamento. Ainda que algumas clínicas avancem agressivamente para o mercado quantitativo e alguns, como os membros do *ARC Family Building Program*, comecem a jogar com os preços, há ainda um considerável espaço no segmento mais alto do mercado e pouco incentivo para que os prestadores dos serviços reduzam os preços ou solicitem a intervenção do governo.

E tão pouco haverá grande razão para que algum destes profissionais se prenda com as questões sociais, médicas e éticas levantadas pela sua ciência. Deveriam, por exemplo, colocar-se limites etários ao tratamento da infertilidade? Deveriam os novos métodos ser sujeitos a protocolos de ensaio clínico? Deveriam as gravidezes múltiplas ser controladas ou limitadas? Sem qualquer pressão externa, o mercado tenderá a responder "não" a todas estas questões e "sim", repetidamente "sim" aos desejos dos seus potenciais clientes. Sim, uma mulher de sessenta e três anos pode decidir submeter-se a um tratamento de FIV. Sim, uma família com uma filha pode escolher conceber um filho. Sim, um casal pode prosseguir com uma gravidez de cinco gémeos induzida por FIV. E talvez devessem fazê-lo. Mas também podemos argumentar que este não é o tipo de perguntas a que os mercados respondam da melhor forma. Pois o que é que acontece quando a mulher de sessenta e três anos dá à luz uma criança gravemente deformada e a seguir processa a clínica de fertilidade pelo prejuízo sofrido? E se os hospitais e as seguradoras se recusarem a cobrir o custo dos cuidados intensivos requeridos pelos cinco gémeos? Sem directrizes acordadas, as empresas privadas e os médicos particulares tenderão a esquivar-se aos custos de decisões que não estão plenamente autorizados a tomar.

Nos Estados Unidos, muito mais do que na Europa ou no Canadá, o mercado privado já empurrou as fronteiras sociais e científicas da reprodução assistida. Só nos Estados Unidos é que uma jovem mulher pode "doar" os seus óvulos por 50 000 dólares. Só nos Estados Unidos podem dois homossexuais britânicos pagar dezenas de milhares de dólares pelo privilégio de conceber uma criança "sua" no útero de uma terceira pessoa. Mas, mesmo nos Estados Unidos, o mercado da concepção tem certos limites, alguns dos quais podem, por ironia, funcionar contra a persecução do lucro. O mercado das hormonas da fertilidade, por exemplo, ver-se-ia quase seguramente alargado por directrizes federais que impusessem a cobertura pelas companhias de seguros. Mesmo que os preços fossem contidos abaixo dos valores actuais, o aumento da procura atenuaria significativamente qualquer pressão descendente sobre os lucros.

Do mesmo modo, uma maior regulamentação das clínicas de fertilidade poderia, na verdade, expandir o mercado destes serviços, para além de o tornar potencialmente mais seguro e equitativo. Recordemos que, nos Estados Unidos, apenas 1% das mulheres com problemas de fertilidade recorre à FIV e a outros tratamentos de alta tecnologia. Na Dinamarca, pelo contrário, onde o Estado assegura três ciclos de FIV gratuitos a todas as mulheres inférteis com menos de quarenta anos, a procura de tratamento está generalizada: em 2001, 3,9% de todos os bebés dinamarqueses beneficiaram de algum tipo de reprodução assistida.[96] De igual modo, embora nos Estados Unidos investigadores financiados pelo sector privado tenham contribuído poderosamente para a nova ciência da reprodução assistida, o mesmo aconteceu com investigadores do Reino Unido, França, Israel e Austrália – tudo países onde as clínicas de fertilidade e o acesso aos serviços de reprodução assistida são sujeitos a um controlo muito mais apertado do que nos Estados Unidos. Tendo tudo isto em conta, não há grandes motivos para crer que a regulação da indústria da fertilidade esteja, de alguma forma, destinada a diminuir a inovação científica.

Finalmente, embora a maioria das clínicas de fertilidade norte-americanas tenha o maior gosto em permanecer na área cinzenta da regulação privada, a história sugere que, a longo prazo, a transparência é bem mais vantajosa que a ambiguidade. A verdade é que, enquanto a concepção permanecer um comércio furtivo – um negócio encoberto pelo manto da ciência – continuará vulnerável tanto aos excessos das suas franjas como aos ataques dos seus críticos, aos médicos que levam a ciência para além do que a sociedade tolera e aos fundamentalistas que reagem aos avanços da tecnologia reprodutiva, batendo-se por interdições totais e absolutas. Regressaremos a estas questões no capítulo 7.

Capítulo 3

Barrigas Alugadas por Dinheiro e por Amor

O Novo Mercado da Maternidade de Substituição

Canta, oh mulher infértil, tu que nunca deste à luz
Rompe em cânticos, grita de alegria, tu que nunca sentiste
as dores de um parto
Pois mais são os filhos da mulher solitária
Do que daquela que tem um marido.

– Isaías 54: 1-2

Em 1985, a trágica história de Baby M fez manchete em todos os tablóides. Era um relato salomónico, uma história de amor e ganância centrada numa pequena bebé nascida de uma mãe, mas judicialmente reclamada por outra.

Os pormenores eram simples. Um casal, Bill e Betsy Stern, ambos empregados, decidiram não arriscar os perigos de uma gravidez quando se soube que Betsy sofria de esclerose múltipla. Decididos, no entanto, a ter um filho "seu", contrataram uma mãe-hospedeira, uma mulher de vinte e seis anos chamada Mary Beth Whitehead, e acordaram pagar-lhe 10 000 dólares pela concepção e nascimento do "seu" filho, descendente genético (via inseminação artificial) de Bill Stern e Mary Beth.

A gravidez decorreu sem problemas e Mary Beth cumpriu os termos do contrato durante nove meses. Mas, quatro dias depois de a bebé ter nascido, foi visitar os Stern e desapareceu com a criança, argumentando mais tarde: "Assinei um contrato sobre um óvulo, não sobre uma bebé".[1] Os Stern chamaram a polícia. Mary Beth ameaçou sair do país. E, durante semanas, o drama foi-se desenrolando nos tribunais e na imprensa internacional. Por fim, Bill Stern conseguiu custódia exclusiva da filha e Baby M voltou para casa.*

Baby M seria posteriormente seguida de uma série de outras crianças que, nas últimas décadas do século XX, entraram no mundo com passos jurídicos muito vacilantes, nascidas de um casal de pais e todavia reclamadas – biológica, emocional ou contratualmente – por terceiros. Algumas dessas crianças foram concebidas por altruísmo, com uma mãe biológica a gerar o que outra não conseguia. Muitas, porém – na verdade, a maioria – foram concebidas tanto no útero como no mercado, produtos de desejo combinado com poder de compra.

Num sentido físico, a maternidade de substituição é a antítese do tratamento mais corrente da fertilidade. E isto porque, na maioria destes métodos – tratamento hormonal, inseminação artificial, FIV e dação de óvulos – o resultado desejado é uma complexa mistura de concepção, gravidez e bebé. A maioria das mulheres que se submete à FIV, por exemplo, não se limita a querer um bebé, ou até um bebé "seu". Querem também dar à luz esse bebé, querem experienciar os rituais da gravidez e do parto que têm tradicionalmente definido a maternidade e o nascimento.[2]

Este anseio define os contornos até dos mais avançados tratamentos de fertilidade, em que a gravidez é geralmente vista como um elemento crucial do sucesso. Mesmo que uma mulher tenha feito uma FIV com óvulos doados, pode ainda assim encarregar-se da gestação e parto do "seu" filho. Nesta relação, a dadora mantém-se geralmente invisível e o dinheiro raramente é mencionado. Na maternidade de substituição, pelo contrário, a relação física é invertida e a económica evidente. Em

* Tecnicamente, o tribunal de Nova Jérsia invalidou o contrato com a mãe-hospedeira e só concedeu a custódia primária ao Sr. Stern depois de concluir que era "no melhor interesse da criança". Mary Beth manteve direitos parentais e de visita.

vez de dar à luz o seu filho, a futura mãe pede emprestado – emprega, aluga, compra – o ventre de outra. Num contrato deste tipo, a mãe não é a mulher grávida, mas sim a mulher que paga.

Esta inversão do papel físico levanta todo um novo rol de questões comerciais e políticas, muitas delas consubstanciadas na encarniçada luta pela Baby M. Em primeiro lugar, e ainda mais do que a FIV ou outras formas de reprodução assistida, a maternidade de substituição vai contra todas as definições tradicionais de parentalidade. Seja por que razões for – sociais, históricas, biológicas – tendemos a considerar que a relação entre a mãe parturiente e o recém-nascido é mais íntima do que a existente entre os dadores de sémen ou óvulos e a sua futura descendência. Pensamos na mulher que em si transporta e dá à luz um bebé como a mãe desse bebé, independentemente dos ascendentes genéticos deste último. Mas, num contrato de maternidade de substituição, a mãe parturiente não é a planeada mãe, e pode não ser sequer a mãe genética da criança.

Em segundo lugar, quando a mãe parturiente entrega a criança, recebe frequentemente uma compensação – não exactamente pela *criança*, mas por todo o seu trabalho no processo de produção.[3] Esta troca torna a maternidade de substituição ostensivamente comercial e levanta acusações de mercantilização que são difíceis de rebater. Estarão as mães-substitutas a vender os seus filhos? Estarão a vender ou, pelo menos, a alugar os seus corpos? E, caso estejam, deveria alguém tentar impedi-las de o fazer?

Em alguns países, os governos já responderam afirmativamente a estas perguntas. Os contratos com mães-substitutas são proibidos, por exemplo, na Alemanha, França e alguns estados australianos. A sua aplicação é severamente restringida no Canadá, Reino Unido e Israel, assim como em muitos dos estados norte-americanos que tomaram medidas legislativas nesta área.[4] O governo federal norte-americano, pelo contrário, tem-se mostrado nitidamente relutante em impor qualquer tipo de lei ao crescente mercado da maternidade de substituição, preferindo deixar os dilemas por ela gerados aos tribunais e legislaturas locais. Em consequência disso, a maternidade de substituição nos Estados Unidos tem-se desenvolvido de forma desconexa e extremamente díspar, com os estados a adoptar e a manter uma grande diversidade de regras. Dada, porém, a intensidade da procura neste mercado, há casais que entram em acordos de maternidade de substituição, mesmo desconfiando que o contrato em causa é nulo ou não executório. E há também os que atravessam fronteiras estatais em busca de tribunais indulgentes, fiando-se nos agentes e advogados que naturalmente se aglomeraram em torno dessas jurisdições.

Em termos práticos, a maternidade de substituição é uma das formas mais simples de resolver a infertilidade. Os futuros pais podem escolher os óvulos ou sémen que mais desejarem e transferir o embrião daí resultante para um útero com boas perspectivas de sucesso. Podem assim contornar os riscos da gravidez numa mãe mais velha ou clinicamente debilitada e criar à mesma uma criança geneticamente relacionada com um ou com ambos os planeados pais. Do ponto de vista comercial, a maternidade de substituição constitui uma maneira atractiva de mulheres com menores rendimentos tirarem proveito do seu corpo sem – pelo menos teoricamente – se venderem a elas próprias ou aos filhos. Politicamente, porém, a maternidade de substituição é incómoda, na medida em que envolve uma relação económica imersa numa avaliação moral. O que é que, interroga o debate sobre este tipo de maternidade, pode ser legitimamente vendido numa transacção comercial? Quem decide? E como pode um qualquer estado ou autoridade contrapesar o desejo de se ter um filho com o perigo de se vender um?

Antecedentes Históricos: A Antiga Arte da Maternidade de Substituição

Como meio substitutivo de gerar crianças, a maternidade de substituição é uma prática antiga. Há já muito que mulheres do mundo inteiro recorriam a outras para ter os filhos que não conseguiam conceber, apoiando-se num misto de tradição, coerção e afecto para obter o resultado desejado. Curiosamente, as técnicas que usavam eram análogas às variantes da actual maternidade de substituição.

Em alguns casos, as mulheres inférteis limitavam-se a adoptar à nascença os filhos "excedentários" de uma vizinha ou amiga. Quando os recursos eram escassos e a contracepção reduzida, fazia simplesmente sentido, do ponto de vista económico, que as crianças fossem, tal como os cereais ou o serviço militar, mais equitativamente distribuídas no interior de uma pequena comunidade. No Vietname e na Grécia, por exemplo, até há pouco tempo, as mulheres que tinham um grande número de filhos davam frequentemente os mais novos a outras que não conseguiam conceber.[5] Na América colonial, era frequente as mães mandarem os filhos mais novos "para fora", pondo-os a viver com famílias mais pequenas ou sem filhos, onde aprendiam um ofício ou forneciam mais um par de braços para trabalhar.[6] Estas transacções desenrolavam-se à margem do mercado, e nenhuma das mulheres – nem a mãe biológica nem a adoptiva – recebia compensação financeira pelos seus serviços.

Noutros casos, a maternidade de substituição assumia um carácter mais íntimo, mais próximo da versão actual. As mulheres inférteis escolhiam substitutas, muitas vezes as suas criadas, para terem os filhos por elas. Como vimos atrás, a História registou essas transacções de forma particularmente vívida no livro do Génesis, onde Raquel manda o marido juntar-se à serva: "Olha para a minha serva, Bilah!", grita ela, "Vai ter com ela, para que possa dar à luz sobre os meus joelhos, e assim também eu terei filhos através dela". Do mesmo modo, também Sara precisou da sua serva Agar para conceber Ismael.

Na maternidade de substituição bíblica, por conseguinte, e à semelhança do que acontece em muitos dos acordos contemporâneos nesta matéria, a criança estava geneticamente relacionada com o pai que a ia criar. A mãe biológica, em contrapartida, não era nem uma simples voluntária nem uma prestadora de serviço remunerado. Era, na maioria dos casos, uma serva ou, por vezes, uma segunda consorte ou concubina do pai. Como Pamela Laufer-Ukeles observa, nestas situações, a mãe-substituta, no fundo, era mais uma esposa substituta.[7] Era muitas vezes reconhecida como mãe dos seus filhos biológicos, que eram simplesmente criados em casa de outra mulher.

Uma outra forma de maternidade de substituição surgiu na Idade Média, quando as mulheres ricas adquiriram o hábito de confiar os seus recém-nascidos a amas de leite: mães adoptivas que, por uma dada quantia, assumiam a alimentação e cuidado de mais uma criança. Normalmente, a criança vivia com a ama de leite durante o primeiro ano de vida, recebendo apenas visitas esporádicas da sua mãe natural.[8] Em muitos aspectos, esta relação é o antecedente mais próximo da actual maternidade de substituição de cariz comercial. A mãe-substituta não tem, geralmente, nenhum envolvimento a longo prazo com a criança: é contratada para uma tarefa específica, pela qual recebe uma remuneração não despicienda. As mães-substitutas tendem a ser mais pobres do que as mães a quem prestam serviço e têm muitas vezes os seus próprios filhos biológicos. A ama de leite era, no entanto, uma figura bem aceite na sociedade medieval, prestadora remunerada de um serviço que muitas mulheres preferiam ou eram obrigadas a delegar.[9]

Com o tempo, como é óbvio, as preferências alteraram-se. A mudança de costumes reificou a noção de maternidade em todo o mundo industrializado, criando o que o historiador Carl Degler refere como "culto da domesticidade".[10] As amas de leite seguiram o mesmo caminho que as concubinas, à medida que os casais ocidentais se acondicionavam em modelos estáveis de famílias monogâmicas e numerosas, e as mulheres, particularmente as mães, eram dissuadidas de ingressar no mundo laboral. Estes modelos foram cimentados por crenças religiosas – católicas, protestantes e judaicas – que santificavam a maternidade unicamente no contexto do casamento. As crianças nascidas fora do laço matrimonial eram olhadas com reprovação, extensiva também a qualquer de forma de contracepção física.[11]

E foi esta a situação reinante até às últimas décadas do século XX, altura em que a tecnologia se combinou com a mudança de costumes para recriar a opção da concepção alienada do corpo.

Fabricantes de Bebés: O Nascimento do Comércio da Maternidade de Substituição

Na sua essência, a maternidade de substituição tradicional é uma operação muito pouco tecnológica. Tudo o que requer, como as mulheres da Bíblia bem sabiam, é uma mulher disposta (ou coagida) a ter relações com o marido de outra e, depois disso, disposta (ou coagida) a deixar que essa outra mulher crie a criança daí resultante. Em termos puramente práticos, o único problema provém da falta de disposição ou vontade na ausência de coacção. Tendo em conta que a gravidez e o parto implicam custos significativos e, por vezes, até perigo físico, por que haveria qualquer mulher de aceitar os riscos da concepção sem os benefícios de uma criança?

Nos tempos bíblicos, o incentivo era a coerção. Bilah era, afinal, serva de Raquel e não teria, em princípio, outra alternativa. Em outros casos, o altruísmo pode constituir recompensa suficiente, havendo amigas e irmãs que asseguram a descendência de quem não consegue fazê-

-lo. Mas, de uma maneira geral, é de esperar que os mercados falhem na área da maternidade de substituição – pois, sem qualquer incentivo ou coerção, não é de crer que oferta de mães-substitutas possa corresponder à procura.

Teoricamente, pelo menos, a peça que falta neste puzzle é o dinheiro. Se as mulheres pudessem ser *pagas* para servir de mães-substitutas, a compensação financeira poderia presumivelmente substituir a coerção como incentivo manobrável. O fracasso do mercado poderia ser superado usando uma alavanca básica do comércio – o dinheiro – para aumentar a oferta de potenciais mães-substitutas. E a maternidade de substituição poderia tornar-se uma espécie de acordo de "prestação de serviço doméstico a troco de remuneração", muito semelhante a tomar conta de crianças ou fazer limpezas em casas. Historicamente, porém, a natureza íntima da tarefa de uma mãe-substituta tornou esse tipo de acordo impraticável. Poucas mulheres quiseram ser pagas pelo que era essencialmente sexo mais gravidez e um bebé. Poucos homens (ou as suas mulheres) se mostraram interessados em contratar tais serviços. Deste modo, nem mesmo o dinheiro foi tradicionalmente capaz de criar um mercado para a maternidade de substituição.

Nas últimas décadas do século XX, porém, este tipo de maternidade conheceu um significativo ressurgimento. Parte do ímpeto desta ressurreição veio da tecnologia; outra parte do empreendedorismo comercial; e outra ainda da mudança de normas morais. Em conjunto, estes factores criaram um mercado vibrante, embora controverso, para a maternidade.

O primeiro elemento deste mercado foi a inseminação artificial (IA), um método que, tal como descrevemos no capítulo 2, foi aperfeiçoado e introduzido no mercado nos anos oitenta. Comercialmente, a IA foi de uma enorme importância para todas as formas de reprodução assistida. Os bancos de esperma foram as primeiras entidades com fins declaradamente lucrativos no mundo da infertilidade (exceptuando os elixires e as camas vibradoras): foram os primeiros a transpor as fronteiras do casamento na busca de uma criança, e a oferecer componentes vindas de um desconhecido.

Para a maternidade de substituição, no entanto, as implicações da IA foram particularmente profundas. No passado, a única forma de as mães-substitutas gerarem filhos era tendo relações sexuais com os esperados pais – uma questão embaraçosa em quaisquer circunstâncias, e pouco agradável para as mulheres dos maridos em causa. Com a IA, porém, a concepção foi separada do sexo, tornando possível a um homem engravidar uma mãe-portadora sem ter sequer de chegar a vê-la. Esta distância física fez da maternidade de substituição uma opção consideravelmente mais atractiva. Combinada com o sempre crescente número de bancos de esperma, a IA também tornou este tipo de maternidade mais viável, ao permitir que casais inférteis obtenham esperma e óvulos de fontes externas e isentas de qualquer relação pessoal. Em termos económicos, a comercialização da IA aumentou, pois, a procura e a oferta de mães-substitutas.[12] E, a partir do momento em que a oferta e a procura se instalaram, o mercado depressa se pôs em marcha.

Os Primeiros Agentes

Um dos primeiros a reconhecer o potencial comercial da maternidade de substituição foi Noel Keane, um advogado do Michigan com um pequeno escritório de advocacia generalista. Em 1976, Keane reparou que muitos dos seus clientes se tinham apercebido do potencial reprodutivo da IA. Perdida a esperança de conceber filhos por outros meios, esses casais começaram a pedir a Keane que lhes arranjasse mães-substitutas, i.e., mulheres que estivessem dispostas a submeter-se a uma IA e a entregar depois a criança ao pai biológico. Keane aceitou assumir este papel de agente e colocou anúncios em jornais do Michigan, oferecendo às eventuais mães uma remuneração pelo serviço em causa. Com este acto, lançou efectivamente um mercado, buscando uma oferta (de mães) que satisfizesse a já manifesta procura.

Mas, justamente quando o seu negócio estava a arrancar, Keane deparou com problemas. Alguns jornais recusaram-se a aceitar os seus anúncios, preocupados com a (in)conveniência de se andar à procura de mães. Outros publicaram reportagens extremamente críticas, descrevendo Keane como um charlatão ou um traficante de bebés. Mas estas pelejas comerciais depressa se tornariam irrelevantes face ao obstáculo legal com que, passado pouco, Keane se viu confrontado. À luz da lei do Michigan, descobriu ele, a venda de bebés é ilegal. Em termos práticos, esta interdição significava que qualquer pagamento a uma mãe-hospedeira seria basicamente pagamento por uma criança, uma vez que, num acordo tradicional de maternidade de substituição, a mãe que não dava à luz também não tinha qualquer relação genética com o "seu" filho. Em vez disso, e mesmo quando a criança era geneticamente filha do marido, a designada mãe continuava a ser uma mãe adoptiva – precisamente o tipo de mãe que estava expressamente proibida de comprar um bebé.

Compreendendo que a lei iria inevitavelmente criminalizar os serviços de maternidade substitutiva que andava a organizar, Keane tentou rapidamente passar para um modelo mais altruísta. Convencido de que a maternidade de substituição, em si, não era ilegal no Michigan, suprimiu o pagamento, oferecendo às potenciais substitutas a oportunidade de transmitir o dom da vida sem qualquer compensação financeira. Só que o altruísmo, segundo tudo indica, é consideravelmente menos atractivo que o dinheiro. A oferta de mães-substitutas "secou tão depressa como tinha brotado", comentou Keane mais tarde, deixando-o com um modelo empresarial desprovido de negócio.[13]

Com o tempo, Keane conseguiu reestruturar a sua oferta. Travou uma batalha legal no Michigan e, por razões de ordem jurisdicional, assentou depois arraiais na Florida, onde a lei estadual, mais permissiva, não proibia o pagamento a mães-substitutas, nem exigia que a criança em causa nascesse na Florida.[14] Viu-se também acompanhado por um pequeno mas aguerrido bando de concorrentes, cada um dos quais empenhado em escavar o seu nicho no ainda obscuro mercado da maternidade de substituição.

Bill Handel, por exemplo, um conhecido advogado de Beverly Hills, organizou um bem sucedido serviço de maternidade substitutiva baseado na ideia de compatibilidade psicológica. Trabalhando em conjunto com uma psicóloga, Handel redigiu contratos que calculava serem juridicamente nulos, contando tão-só que as mães-substitutas não mudassem de ideias.[15]

No Kentucky, o Dr. Richard Levin escudou-se no carácter relativamente tolerante das leis da adopção no seu estado para, logo em 1979, lançar um muito publicitado serviço de maternidade substitutiva comercial. Com uma chapa de matrícula em que se lia "Baby 4 U", Levin não fazia segredo dos seus intuitos comerciais, anunciando publicamente que pagaria às mães-hospedeiras adequadas vários milhares de dólares pelos seus serviços. Fez em seguida o circuito dos talk-shows locais e nacionais, muitas vezes com as suas hospedeiras a reboque, apresentando-as como "as Florence Nightingale dos nossos dias, que provêem às necessidades dos casais inférteis".[16] Agentes como Levin cobravam normalmente cerca de 15 000 dólares pela sua intermediação, o que levava o custo total da maternidade de substituição para um valor situado entre os 20 000 e os 45 000 dólares.[17] Levin cobrava também preços diferenciados pelas suas mães-hospedeiras, argumentando, no seu habitual tom desabrido, que "é de esperar que uma engenheira saia mais cara".[18]

Mercadoria e Crítica

No início dos anos oitenta, este grupo de agentes produziu uma boa quantidade de bebés amplamente mediatizados: uma centena até 1983, segundo Keane, e cinco centenas até 1986.[19] Baby M fez parte deste grupo inicial, assim como vários outros bebés vivamente contestados. Os analistas da altura advertiam geralmente que o negócio de bebés tinha ido longe demais e que os intermediários como Keane e Levin estavam basicamente a mercantilizar mulheres e crianças.[20]

"Quando o acto de gerar um filho é tratado como uma mercadoria", escreveu a crítica Elizabeth Anderson, "as mulheres que o realizam são degradadas ... Nesta prática, a mãe natural concebe deliberadamente uma criança no intuito de a entregar a troco de um benefício material".[21] Dentro do mesmo espírito, Gena Corea, que se refere às mães--substitutas como "mulheres reprodutoras", proclamou numa conferência de imprensa em 1987: "O desenvolvimento da indústria da maternidade de substituição não é um acontecimento isolado. Faz parte da abertura do 'supermercado da procriação' ".[22]

Do outro lado, os defensores da maternidade de substituição esgrimiam os seus argumentos, invocando ou o desespero dos pais (aqueles que recorriam a mães-substitutas não dispunham de nenhum outro meio para gerar uma criança ardentemente desejada) ou a liberdade contratual (se os indivíduos eram livres de procriar e fazer contratos, então deviam, seguramente, poder procriar sob contrato). Estas discussões travavam-se em fóruns públicos e académicos, lançando adeptos do mercado contra defensores dos direitos das mulheres. Curiosamente, muitas feministas alinharam com os conservadores tradicionais, argumentando que os direitos das mulheres não incluíam o direito a vender serviços procriativos.[23] As feministas mais libertárias, pelo contrário, tomaram o partido dos defensores mais radicais do mercado livre, insistindo que a liberdade das mulheres incluía a liberdade de contratualizarem a sua força laboral, fosse esta aplicada ao trabalho numa fábrica ou a um trabalho de parto.[24]

Os debates inflamados iludiam, porém, a relativa pequenez do mercado. É verdade que havia alguns agentes a fazer consideráveis lucros. É verdade que havia mulheres a alugar a barriga por 10 000 dólares de cada vez, e casais dispostos a pagar substancialmente mais. Mas o negócio era ainda relativamente pequeno: cerca de trinta agências de maternidade substitutiva comercial em 1988, fazendo cerca de uma centena de acordos por ano.[25] Este crescimento tão lento era reflexo das incertezas que se mantinham. Estariam as mães-substitutas a vender o seu trabalho ou o seu corpo? Estariam os casais a comprar um serviço ou uma criança? Sem uma legislação clara sobre estas questões, os casos litigiosos deste tipo de maternidade estavam destinados a acabar na barra do tribunal, onde os juízes eram igualmente capazes de proferir veredictos muito distintos. Esta falta de previsibilidade asfixiava o mercado. Algumas mulheres – por uma questão de altruísmo, sentimento de culpa ou puro desejo – mostravam-se dispostas a ceder gratuitamente o seu ventre, ou a assinar contratos de maternidade substitutiva cujos termos permaneciam, na prática, legalmente inválidos. Mas eram poucas e esporádicas – pasto para *talk-shows*, talvez, mas não matéria para um mercado.

Apesar de os debates sobre a maternidade de substituição continuarem a subir de tom, os desenvolvimentos científicos estavam já a deixá-los, em larga medida, ultrapassados. Em meados da década de oitenta, novas técnicas de concepção haviam já suplantado o modelo tradicional da maternidade de substituição, criando uma alternativa com um potencial comercial muito superior. Essa alternativa era, obviamente, a maternidade gestacional. E, ao dividir o processo da concepção em três componentes inteiramente distintas, revolucionou o mercado.

A Promessa da FIV

A faísca para esta revolução veio da fertilização *in vitro* (FIV), a tecnologia inovadora que descrevemos no capítulo 1. Lançada na cena mundial com o nascimento de Louise Brown em 1978, a FIV desencadeou uma intensa polémica social e deu origem a um mercado comercial em rápida expansão. Muito mais do que a inseminação artificial, as hormonas, ou até a maternidade de substituição tradicional, foi a FIV que lançou os promotores da reprodução assistida contra um cada vez mais determinado bando de adversários. E foi a FIV que impulsionou as perspectivas de um próspero comércio da reprodução.

Para a maternidade de substituição, as implicações da FIV foram mais subtis, mas igualmente vastas. O que complicava a versão tradicional deste tipo de maternidade era, ao fim e ao cabo, o facto de a mãe-substituta ser também a mãe genética da criança que trazia ao mundo. Tal como a serva de Raquel, a mãe-substituta estava, na verdade, a dar o "seu" filho a outra mulher, uma mulher que não tinha qualquer relação genética com a criança em causa. Era esta assimetria central que tornava a maternidade de substituição um pântano moral e ético, pois a mãe-substituta tinha inegavelmente maior direito à criança que a outra pretendida mãe.

Deste modo, quando os acordos de maternidade de substituição eram contestados, a mãe-substituta recuperava quase sempre o direito à criança, restringido apenas pelo direito concorrente do pai contratante, identicamente legitimado pela biologia. A pretendida mãe, pelo contrário, tinha apenas um direito contratual à criança, direito esse que a maioria dos tribunais considerava extremamente difícil de sustentar. No tristemente célebre caso da Baby M, por exemplo, o Supremo Tribunal de Nova Jérsia acabou por decidir que "um acordo contratual para uma pessoa [i.e., a mãe-substituta] renunciar aos seus direitos parentais ... não será validado pelos nossos tribunais ... Existem coisas, numa sociedade civilizada, que o dinheiro não pode comprar".[26] Note-se que aqui o tribunal contrapôs um direito comercial (o contrato) a um direito biológico, e o direito biológico venceu.

Neste contexto, a grande vantagem da FIV foi o facto de permitir separar a mãe genética (a mulher que fornece os óvulos) da mãe-portadora, ou seja, possibilitar que a mãe-portadora fizesse a gestação de uma criança que não era geneticamente sua. Do ponto de vista legal, esta separação significava que a ligação entre a portadora e o bebé era consideravelmente menos poderosa do que nos tradicionais acordos de maternidade de substituição. Em termos comerciais, implicava que a oferta de componentes para a maternidade gestacional podia ser simultaneamente dividida e alargada. Quando os pais entravam num acordo tradicional com uma mãe-substituta, tinham basicamente de adquirir um pacote único de "óvulos associados a útero". Mas se esses pais fizessem antes um contrato de gestação, podiam adquirir as duas componentes em separado: o óvulo de uma origem (que podia ser, em muitos casos, a projectada mãe) e o útero de outra. A FIV proporcionou, pois, os meios técnicos para misturar estas duas componentes na concepção de uma criança.

A Barriga, mas Não o Óvulo

Em meados da década de oitenta, a peça que faltava neste *puzzle* eram os óvulos, possivelmente a componente mais frágil do processo, e a menos desenvolvida em termos comerciais. Mas, tal como descrevemos no capítulo 2, assim que a FIV abriu a perspectiva de se venderem óvulos independentemente de uma gravidez, a oferta começou a crescer. Discretamente, os agentes e as clínicas de fertilidade começaram a procurar duas fontes de abastecimento distintas e claramente diferenciadas: mulheres dispostas a vender óvulos sem gravidez, e mulheres dispostas a gestar e a dar à luz uma criança geneticamente alheia.

Da forma como as coisas evoluíram, a oferta de ambas estas componentes aumentou em consequência da sua separação. Por outras palavras, as mulheres mostravam-se consideravelmente mais interessadas em fornecer óvulos se não tivessem de passar também por uma gravidez, *e* estavam mais dispostas a servir de portadoras se a criança gestada não fosse geneticamente delas. Ao romper o tradicional vínculo entre óvulo, barriga e mãe, a maternidade substitutiva gestacional reduzia os riscos emocionais e jurídicos que envolviam a maternidade de substituição tradicional e dava ensejo ao florescimento de um novo mercado.

Uma vez mais, foram agentes como Noel Keane e Bill Handel que tomaram a dianteira, passando de um negócio informal de contactos pessoais para um portefólio mais especializado de mães-portadoras contratadas e óvulos doados. Livres dos constrangimentos do pacote "óvulos e barriga", tornaram-se mais selectivos nas portadoras que escolhiam, procurando agora óvulos com determinadas características genéticas e barrigas associadas a uma certa personalidade. E, uma vez mais também, encontraram essas portadoras através de anúncios discretamente colocados, oferecendo uma compensação média de 10 000 dólares para cobrir o que era agora facturado como uma simples gravidez. Em vez de "conceber um filho" para outro casal, esta nova leva de mães-substitutas limitava-se a "carregá-lo". Assim sendo, comprometiam-se com (e eram compensadas por) um tipo de acordo muito diferente.

Num dos habituais contratos de gestação de Keane, por exemplo, a mãe-portadora concordava em assumir todos os riscos da gravidez, abster-se de relações sexuais durante o período de inseminação, abster-se de drogas, álcool e tabaco durante a gravidez, submeter-se a uma amniocentese ou aborto se os pais contratantes assim o entendessem, e aceitar um pagamento inferior se a criança nascesse morta.[27] O contrato completo chegava às cinquenta páginas, muito distante, pois, da meia página utilizada por Keane nos seus primeiros acordos com mães-substitutas tradicionais. Em 1986, Keane abrira uma filial em Manhattan – o Centro de Infertilidade de Nova Iorque – e afirmava entrevistar cinco casais candidatos todos os sábados de manhã.[28] Esses casais pagavam, aproximadamente, entre 25 000 e 45 000 dólares: uma taxa de 10 000 para a mãe-substituta, 15 000 para o agente e todas as restantes despesas.[29]

Não se passaria muito tempo sem que a Keane e a Handel se viessem juntar muitas das boutiques mais especializadas descritas no capítulo 2: agentes de óvulos diferenciados como o *Tiny Treasures*; agentes de óvulos e de mães-hospedeiras como Shelley Smith; e agências como a *Growing Generations*, especializada em casais homossexuais. À medida que estes serviços iam proliferando, a economia subjacente à maternidade de substituição começou a mudar.

Primeiro, e o mais importante de tudo, a separação entre óvulos e útero conduziu a um aumento da oferta de ambas as componentes. Em 1995, por exemplo, o programa de reprodução assistida do *Columbia-Presbyterian Medical Center* de Nova Iorque tinha cinco dadoras de óvulos registadas. Em 1998, o director do programa informou que estava a receber entre cinquenta e cem telefonemas por semana de potenciais dadoras, e tinha já quinhentas registadas.[30] É certo que nem todas as mulheres que recorreram a uma substituta gestante usaram também óvulos doados: muitas futuras mães usaram, de facto, os seus próprios óvulos. Mas as possibilidades da maternidade gestacional, combinadas com a FIV em termos mais gerais, permitiram que o mercado comercial de óvulos crescesse e prosperasse.

Segundo, e por ironia, esta mesma separação permitiu também que o preço dos óvulos subisse, desde os 2500 dólares oferecidos pelas primeiras dações até aos astronómicos 50 000 dólares da famigerada oferta da *Ivy League*. Normalmente, seria de esperar que um aumento da oferta se traduzisse, em pouco tempo, numa *descida* de preços: o facto de haver mais jovens a vender óvulos deveria significar que o preço baixaria. Só que, neste caso, a possibilidade de diferenciar os óvulos – no sentido de escolher uma dadora loura, ou violoncelista – significou mas foi que o preço de muitos óvulos acabou por subir.

Ao mesmo tempo, a diferenciação no mercado de óvulos tinha subtilmente estabilizado o mercado de úteros. Num acordo tradicional de maternidade substitutiva, a mãe de nascimento fornece, afinal, duas componentes essenciais: o material genético que vai constituir a criança e o ambiente físico em que se vai processar a concepção e a gestação. Assim sendo, os pais contratantes querem, em princípio, uma mãe-substituta que tenha simultaneamente a constituição genética "adequada" (em termos de raça, características físicas, inteligência, etc.) e a capacidade de sustentar uma gravidez saudável. Do ponto de vista contratual, querem também garantias de que a mãe-substituta não mudará de ideias depois de a criança nascer. Encontrar esta precisa combinação de atributos é, como se compreende, uma tarefa muito dispendiosa.

Mas, quando a mãe-substituta tradicional dá lugar à portadora gestante, as exigências dos pais já são sensivelmente menores. Não se preocupam agora com as tendências genéticas da portadora, uma vez que não é dela que o bebé herdará as suas. Não lhes interessa a sua aparência, e inquietam-se menos com a eventualidade de ela reclamar à criança à nascença, ou de os tribunais poderem decidir a favor dela. A única coisa de que realmente precisam é de uma mulher saudável, disposta a passar por uma gravidez e a adoptar determinadas regras de comportamento – não beber, não fumar, não tomar drogas – durante o seu curso.

Este conjunto de requisitos parece ter atraído um leque muito mais vasto de mulheres e, assim que a substituição gestacional se tornou possível, o contingente de potenciais portadoras depressa aumentou.

Havia mais mulheres dispostas a oferecer uma gravidez sem óvulos do que uma gravidez que os incluísse, e mais casais felizes, por disporem da maternidade substitutiva gestacional como alternativa a outras formas de tratamento da infertilidade. Em 1981, quando a maternidade de substituição era ainda quase inteiramente do tipo tradicional, havia cerca de cem crianças nascidas na sequência desses acordos. Em 1986, o número tinha subido para aproximadamente quinhentas.[31] Já em 2002, os Centros para o Controlo de Doenças nos Estados Unidos registaram mil duzentas e dez tentativas de maternidade gestacional relativas ao ano 2000, o dobro das que haviam sido feitas apenas três anos antes.[32]

O preço da maternidade de substituição manteve-se, no entanto, relativamente estável durante este período, fixando-se em cerca de 20 000 dólares por gravidez. Muitas destas novas mães-portadoras eram mulheres de cor, aptas agora a trazer ao mundo os filhos predominantemente brancos da reprodução assistida. No ano 2000, 30% dos acordos de maternidade substitutiva gestacional no maior programa dos Estados Unidos envolviam mães-portadoras e casais de diferentes origens étnicas.[33]

Em termos puramente comerciais, a combinação entre FIV e maternidade de substituição criou, pois, um mercado mais hospitaleiro para a gravidez contratual. Os clientes deste mercado ficaram com mais opções do que tinham no passado e com um controlo muito maior sobre o produto desejado. Os fornecedores, por seu turno, não só se tornaram mais diversificados do que anteriormente eram, como ganharam a possibilidade de – pelo menos nalguns casos – cobrar um preço mais alto por um produto diferenciado. A coerção existente nos tempos de Raquel e Bilah desaparecera, dando agora lugar a um discreto conjunto de agentes que ofereciam exames psicológicos, facturas pesadas e, por vezes até, chocolates.

Problemas de Exploração

Ou, pelo menos, assim parecia. Só que muitos dos críticos mais acérrimos da maternidade de substituição não se deixaram aplacar por esta alteração na natureza do negócio. Na verdade, muitos analistas viram neste mercado em expansão um novo indício de mercantilização, de exploração de mulheres (pobres, não brancas) pelas suas irmãs (brancas) mais ricas ou mais caprichosas.[34] Fundamental neste argumento era uma rejeição da genética como definição de maternidade: mesmo na substituição gestacional, argumentavam os críticos, a mãe uterina desenvolvia um poderoso vínculo com o "seu" bebé, uma ligação física e emocional que lhe conferia o mesmíssimo direito à criança que a mãe genética ou contratante. Assim sendo, tirar a criança à sua mãe de nascimento era errado, e pagar a essa mãe pela sua gravidez e parto constituía um complexo misto de venda de bebé, prostituição e violação. "Tanto numa gravidez contratual como numa escravatura consentida", escreveu um crítico, "cumprir o acordo ... viola a inalienável liberdade do indivíduo".[35] Tais contratos, acrescenta outro, "criam um *tráfico nacional* de mulheres exploradas pelas suas capacidades e funções reprodutivas ... são como notas de encomenda de produtos reprodutivos em que as mulheres são *solicitadas* como instrumentos num sistema de procriação".[36]

Quando a mãe-portadora era de uma raça diferente da dos futuros pais, a injustiça da relação tornava-se, em princípio, ainda mais clamorosa. Como observou um comentador: " A maternidade de substituição gestacional convida à escolha de mulheres negras para exploração, não apenas porque um número desmesurado delas são pobres e poderão possivelmente recorrer ao aluguer das suas barrigas como fonte de rendimento, mas também porque se presume erradamente que a cor de pele destas mulheres pode ser vista como um sinal patente da sua falta de relação genética com as crianças que gestarão para os casais brancos interessados em contratá-las."[37] Era o regresso de Bilah, alertaram os críticos, mas envolta agora nas diáfanas vestes do comércio.[38]

A Maternidade de Substituição e a Lei

Em muitos países do mundo, estas críticas rapidamente se introduziram na lei. A Alemanha e a França, por exemplo, baniram qualquer tipo de contrato de maternidade substitutiva, declarando (no caso francês) que "o corpo humano, os seus elementos e os seus produtos não podem ser objecto de um acordo contratual".[39] Na Austrália, o governo de Victoria acordou, em 1984, que a maternidade de substituição com intuitos comerciais era "totalmente inaceitável como parte de um programa de FIV" e, em conformidade com isso, promulgou legislação a proibir todos os contratos, agências e anúncios relacionados com esta actividade.[40] No Canadá, apesar de a maternidade de substituição sem intuitos comerciais ser discretamente permitida na maioria das províncias, a mãe de nascimento era explicitamente tratada, do ponto de vista jurídico, como progenitora legal da criança, independentemente da sua relação genética com ela ou de qualquer contrato pendente com os pretendidos pais.

No Reino Unido, o influente Relatório Warnock de 1984 declarava que "é incompatível com a dignidade humana que uma mulher use o seu útero com objectivos financeiros, tratando-o como uma incubadora para o filho de outrem".[41] O governo britânico proibiu subsequentemente este tipo de maternidade à luz da Lei sobre os Acordos de Maternidade de Substituição (*Surrogacy Arrangements Act*) de 1985, mas centrando-se predominantemente no papel de terceiros: tecnicamente, o ilegal não era entrar num acordo de maternidade substitutiva, mas sim actuar como intermediário entre as partes.[42]

Nos Estados Unidos, pelo contrário, o governo federal tem primado pelo mutismo: não há leis federais acerca da maternidade de substituição gestacional ou tradicional, por exemplo, nem qualquer regulação federal do seu uso.[43] Em vez disso, a maioria das questões relativas à maternidade de substituição tem sido decidida por legislaturas e tribunais estaduais, muitas vezes em resposta directa aos casos específicos que lhes são apresentados.

A princípio, por exemplo, os tribunais do Michigan que examinaram o negócio de Noel Keane concluíram que a maternidade substitutiva comercial era directamente equiparável à adopção comercial, sendo por isso ilegal: "O interesse do Estado", considerou o tribunal, "é impedir que o comercialismo afecte a decisão de uma mãe de levar a efeito o consentimento dado para a adopção do seu filho".[44] Mas os tribunais do Kentucky depressa chegaram a outra conclusão, decidindo, num caso de 1986, que a maternidade de substituição não equivalia a venda de bebé desde que o contrato tivesse sido feito *antes* da concepção.[45] Deste modo, o que era ilegal no Michigan tornou-se legal no Kentucky. A Nova Jérsia, por seu turno, seguiu as pisadas do Michigan: no tristemente célebre caso Baby M, o Supremo Tribunal estadual invalidou o acordou de maternidade de substituição entre os Stern e

Mary Beth Whitehead, considerando que "estamos perante a venda de uma criança ou, no mínimo, a venda do direito de uma mãe à sua filha".[46]

Mesmo quando a maternidade de substituição tradicional deu lugar a contratos de gestação, algumas legislaturas e tribunais estaduais continuaram a pronunciar-se contra os acordos comerciais com mães-portadoras, definindo-os – muitas vezes com referência à lei da adopção – como pagamento ilegítimo por uma criança. Outros tribunais estaduais, muito particularmente os da Califórnia, autorizaram explicitamente a substituição gestacional e começaram a elaborar um extenso conjunto de direitos para pais que contratassem uma portadora gestante.

No caso de 1990 *Johnson v. Calvert*, por exemplo, uma mãe-portadora que dera à luz o filho genético do casal contratante requereu judicialmente a custódia do bebé.[47] Dado que, neste caso, a mãe-portadora era negra e relativamente pobre, e o casal contratante branco e abastado, o debate jurídico que se seguiu desencadeou uma tempestuosa controvérsia. (A pretendida mãe era, na verdade, filipina, um facto que foi frequentemente ignorado). Mas nem mesmo a prolongada oposição impressionou os tribunais. Em vez disso, no caso *Johnson*, tanto o tribunal de primeira instância como o Supremo Tribunal da Califórnia decidiram a favor dos pais contratantes, argumentando que, embora ambas as "mães" deste caso apresentassem provas de maternidade, "aquela que tivera a intenção de procriar a criança – isto é, aquela a cuja intenção se devera o nascimento da criança que tencionava criar como sua – é a mãe natural".[48] Na Califórnia, por conseguinte, os tribunais associaram explicitamente "intenção" a maternidade, usando os acordos com mães-substitutas como forma de determinar a parentalidade quando os laços genéticos e o trabalho de parto não "coincidiam na mesma mulher".

Foi esta a distinção que a maternidade gestacional veio permitir, ao separar o vínculo genético do gestacional. E, uma vez estabelecida esta cisão, tornou-se muito mais fácil para os tribunais e outros analistas encontrar um novo papel para os contratos, permitindo que o negócio da maternidade de substituição fosse lentamente reformulando o conceito de "mãe".

Globalização em Marcha: O Mercado Internacional dos Serviços Reprodutivos

Em termos comerciais, por conseguinte, a maternidade de substituição gestacional foi uma dádiva do Céu. Desagregou as componentes da concepção, criando um mercado mais amplo e lucrativo para cada uma delas. Alargou consideravelmente a escolha dos consumidores de serviços reprodutivos e reduziu os riscos e ambiguidades que envolviam a maternidade substitutiva tradicional. Estes desenvolvimentos acabaram por se reforçar mutuamente, à medida que a maior previsibilidade legal em, pelo menos, algumas jurisdições ia aumentando tanto a oferta como a procura dos ingredientes básicos da maternidade de substituição.

Como era de esperar, a desagregação do lado da oferta permitiu também que o mercado da maternidade substitutiva se fosse, lenta e sub-repticiamente, globalizando. No início dos anos noventa, muitos mercados de fertilidade regionais estavam já minados pela incoerência, legado da negligência legislativa e da grande disparidade de decisões judiciais. Nos Estados Unidos, o mercado fixou-se em jurisdições permissivas como a Califórnia e a Florida. Na Europa, as clínicas de reprodução concentraram-se no Reino Unido, onde a maternidade de substituição sem carácter comercial era permitida por lei, e na Itália, onde a lei se mantinha omissa.[49] Israel também se tornou um ponto de afluência para a FIV depois de 1996, quando o Parlamento promulgou legislação a legalizar os acordos de substituição gestacional.

Bem conscientes destas discrepâncias geográficas, os potenciais pais de estados restritivos procuravam muitas vezes estabelecer acordos com mães-substitutas em outros locais, entregando-se ao tipo de "busca de regulação favorável" de que as empresas nómadas são frequentemente acusadas. Quando a tecnologia tornou mais fácil aos pais escolher todas as componentes da procriação assistida – os óvulos, o sémen, o útero, o agente *e* a jurisdição em vigor – bastou apenas um pequeno e lógico salto para o comércio internacional.

Um dos primeiros casos conhecidos de maternidade substitutiva transfronteiriça ocorreu em 1987, quando Alexandra Muñoz, uma mexicana de dezanove anos, entrou ilegalmente nos Estados Unidos para ser fecundada com sémen do marido de uma prima.[50] A este caso seguiram-se os de vários pais britânicos, incluindo homens homossexuais e solteiros, que, em meados dos anos noventa, começaram a contratar mães-substitutas norte-americanas para ter os seus bebés.[51] E o mesmo fizeram os australianos – homo ou heterossexuais e solteiros – que se sentiam frustrados por o seu país combinar avançados tratamentos de fertilidade com severas restrições à maternidade de substituição. Muitos destes casais iam direitos à Califórnia, onde a ambiência jurídica decorrente do caso *Johnson* conferia uma manifesta segurança aos candidatos a pais.

À medida que este mercado internacional se ia desenvolvendo, foram surgindo previsíveis nichos que ofereciam frequentemente uma ponte entre diferentes raças, legislações ou níveis económicos. Alguns casais deslocavam-se a outros países para utilizarem serviços altamente dispendiosos que simplesmente não existiam, ou então não eram legais, nos seus respectivos países. Os homossexuais britânicos, por exemplo, não podiam facilmente adoptar no Reino Unido; os australianos (ou taiwaneses, ou koweitianos) inférteis estavam legalmente impedidos de contratar mães-substitutas nos seus países. E daí que se aventurassem antes a ir aos Estados Unidos, onde pagavam cerca de 75 000 dólares para levarem uma criança para casa.

Em outros casos, os motivos eram mais directamente económicos. Em 1989, por exemplo, John Stehura, presidente de um polémico grupo chamado *Bionetics Foundation*, anunciou planos para abrir um centro de maternidade de substituição nas Filipinas que forneceria mães-substitutas a casais norte-americanos por apenas 2000 dólares.[52] Em 1997, uma mulher de Chandigarh, na Índia, anunciou que estava disposta a gestar uma criança por 50 000 rupias, dinheiro que usaria para obter tratamento médico para o seu marido paralítico.[53] E, em 1995, jornais polacos solicitaram discretamente mulheres para servirem de mães-substitutas a casais na Holanda, Bélgica e Alemanha. A remuneração era aproximadamente o equivalente a dois anos de salário médio na Polónia.[54]

Se nos abstrairmos do produto aqui em causa, o modelo empresarial subjacente afigura-se perfeitamente razoável. Pois a verdade é que, se os óvulos e o sémen existem hoje em abundância em mercados como os Estados Unidos, os úteros já são mais difíceis de encontrar. E isso porque os úteros vêm agarrados a mulheres, que não possuem nenhum incentivo intrínseco para suportar os custos físicos e perturbações emocionais inerentes à gravidez e parto. Em termos puramente comerciais, faz por conseguinte sentido pagar a mulheres por se sujeitarem ao esforço de uma gravidez e, nessa medida, procurar aquelas para quem uma gravidez paga constitua uma proposta economicamente atractiva. E quem serão essas mulheres? Serão jovens (para levarem a gravidez a bom termo), já terão tido filhos (pois os pais querem substitutas que compreendam a experiência) e serão quase de certeza mais pobres do que aquelas que contratam os seus serviços.[55] Algumas destas mulheres jovens e pobres viverão no mundo desenvolvido. Mas muitas mais, em termos demográficos, viverão nos países mais pobres do mundo em desenvolvimento, onde as oportunidades para mulheres jovens e pobres são ainda mais escassas. Pondo a questão em termos bem claros, uma mãe-substituta que ganhe 20 000 dólares na Califórnia estará a receber apenas cerca de 40% mais do que um trabalhador que aufira o salário mínimo por um emprego a tempo inteiro.[56] Mas, se vivesse antes no México, essa mesma mãe-substituta já estaria a ganhar cerca de *vinte vezes* o salário mínimo.[57] Se virmos isto pelo prisma do mercado, a maternidade de substituição deveria ser deslocalizada, muito à semelhança do fabrico de vestuário ou de equipamento informático.

À primeira vista, é claro que esta é uma proposta esdrúxula. Como pode alguém sancionar o aluguer de barrigas estrangeiras para trazer ao mundo bebés nacionais? Como é possível permitir que mulheres jovens e pobres tenham os filhos de desejosos pais mais velhos ou mais ricos? Os críticos da maternidade de substituição tradicional classificariam seguramente tais acordos como exemplos ultrajantes de exploração. Janice Raymond, por exemplo, escreve que "maternidade de substituição internacional" é apenas uma designação eufemística para tráfico da reprodução: "No Primeiro Mundo", comenta ela "chamam-lhe maternidade de substituição … No Terceiro Mundo, [é] plantação de bebés".[58] Gena Corea é igualmente ríspida, descrevendo a maternidade de substituição simplesmente como "tráfico internacional de mulheres".[59]

A um nível instintivo, estes argumentos são difíceis de ignorar. Mas uma análise mais serena sugere que, num determinado ponto, a linha que separa a maternidade de substituição nacional da internacional, e a venda de óvulos do aluguer de barrigas, se torna demasiado ténue para ser mantida. Se as mulheres na Califórnia – e em Inglaterra, Israel, Canadá e Países Baixos – podem legalmente ser portadoras dos filhos de outros, por que motivo há-de ser intrinsecamente condenável que mulheres no México ou na Polónia façam o mesmo? Se uma jovem pode legitimamente dar óvulos seus para gerar o filho de outrem, por que não poderá outra então alugar a sua barriga? Se concordarmos que o princípio básico da maternidade de substituição é aceitável, não fará grande sentido impedir a sua prática internacional.

Ao longo das décadas mais próximas vai, quase seguramente, verificar-se uma maior comercialização de úteros. Se houver procura numa parte do mundo (e há) e oferta mais barata noutra (e também há), tanto a história do mercado em geral como a da reprodução em particular sugerem que o comércio vai prosseguir. A questão é saber que papel vão os governos desempenhar na regulação deste comércio e de que forma irão lidar com a exploração latente que claramente ronda a maternidade de substituição.

Flocos de Neve: O Desenvolvimento do Mercado de Embriões

No Verão de 2001, o Senador Arlen Specter (Republicano da Pensilvânia) fez passar uma pequena emenda na lei de financiamento do Departamento de Saúde e Serviços Humanos dos Estados Unidos. Essa emenda reservava um milhão de dólares para promover a "adopção de embriões", sendo o dinheiro usado para financiar grupos já envolvidos no processo. O primeiro grupo a receber essa verba foi o responsável por um pequeno programa de adopção intitulado *Snowflakes* (Flocos de Neve) – o mesmo programa, na verdade, cujo director havia anteriormente prestado depoimento perante um sub-comité do Congresso sobre a investigação em células estaminais.

Em Novembro de 2002, o *Snowflakes* tinha recebido 500 000 dólares em fundos federais para sensibilizar a consciência pública para a adopção de embriões. Recebera também uma considerável dose de publicidade pela sua própria e crescente actividade: combinar embriões excedentários da fertilização *in vitro* com novos pais adoptivos. As crianças nascidas por este processo não eram verdadeiramente fruto da maternidade de substituição em sentido tradicional e não eram adoptadas pelas vias normais. Resultavam antes de um curioso misto de tecnologia, religião e política – uma estranha mistura que veio, uma vez mais, alterar a noção de "mãe" e trazer embriões congelados à vida.

A história dos *Snowflakes* começou, por estranho que pareça, com uma lei britânica um tanto ou quanto obscura. À luz de um decreto de 1990, todas as clínicas de fertilidade no Reino Unido ficaram obrigadas a destruir embriões congelados após cinco anos de conservação. Tratava-se de embriões criados pela fertilização *in vitro*, embriões que nunca tinham sido transferidos, havendo ficado por isso armazenados a pedido de antigos pacientes (muitos deles agora pais) que não sabiam ao certo que mais fazer com eles. Como o número de embriões aumentou exponencialmente no final dos anos oitenta, as autoridades britânicas insistiram discretamente com as clínicas para que os destruíssem ou usassem para investigação. Estes apelos tornaram-se lei em 1990, e a primeira data-limite para a destruição foi a 1 de Agosto de 1996.*

Durante essa semana, o acontecimento foi alvo de grande atenção mediática, e opositores do aborto em todo o mundo apressaram-se a condenar a acção das clínicas como "uma destruição em massa de vidas humanas".[60] Um desses opositores era Ron Stoddart, fundador da *Nightlight Christian Adoptions*, uma agência cristã de adopções sedeada na Califórnia. Stoddart, um enérgico ex-advogado, dirigia já um reputado serviço de adopção internacional, especializado na colocação de crianças russas mais crescidas em famílias americanas. Quando estava sentado a ouvir as notícias da rádio sobre as clínicas britânicas, foi invadido, segundo recorda, por uma irónica sensação de desperdício. "Estão ali 50 000 embriões", pensou, "e eu a trabalhar com famílias desesperadas por bebés".[61] Lentamente, Stoddart começou a jogar com a ideia da adopção de embriões, combinando potenciais famílias com embriões congelados da mesma forma que combinava já potenciais famílias com crianças existentes.

Tecnicamente, Stoddart estava longe de ser o primeiro a entrar neste domínio. De facto, há já mais de duas décadas que as clínicas de fertilidade andavam discretamente empenhadas na transferência de embriões, pedindo a pacientes que doassem os seus embriões excedentários a outros casais incapacitados de conceber. Regra geral, os médicos especialistas em fertilidade encarregavam-se, eles mesmos, destes acordos, tentando combinar os pais genéticos e os potenciais da forma

* À luz do decreto de 1990, os pais podiam pedir para os seus embriões serem conservados por um período mais longo. Os embriões só deveriam ser destruídos se os pais assim o decidissem, ou se não fosse possível contactá-los.

mais aproximada possível. Quase todas essas transferências se processavam sob sigilo e anonimato, e os médicos aconselhavam os seus clientes a nunca revelar as origens genéticas da criança.

Stoddart, por seu lado, tinha uma ideia muito diferente. Em vez de transferir embriões em segredo, imaginou um processo mais amplo e aberto: um processo de *adopção* de embriões, em que todos os interessados se conhecessem uns aos outros e uma agência externa, em vez de um médico, presidisse à combinação. Em abrindo as portas à adopção, raciocinou ele, mais pessoas poderiam estar dispostas a disponibilizar os seus embriões a outros. Por outras palavras, a oferta aumentaria. E, ao formular o processo na linguagem social da adopção, ele (e presumivelmente outros) poderia(m) orientar o mercado desde o início, aplicando os mesmos procedimentos que eram já usados em casos de adopção mais tradicionais.

Assim, quando Stoddart começou a propor a adopção de embriões através da sua agência, tratou-a muito à semelhança de uma adopção aberta de bebés. Os progenitores, ou pais genéticos, escolhiam, e muitas vezes entrevistavam, os futuros pais das crianças em que os seus embriões se iam tornar. Renunciavam formalmente a qualquer direito sobre a potencial criança e estabeleciam frequentemente um sistema de visitas ou, pelo menos, troca de fotografias. A única verdadeira diferença era subtil, mas imensa: na adopção de embriões, a mãe de nascimento – ou seja, a mulher que se ia encarregar da gestação e parto do filho genético de outra – era agora, legal e socialmente, a "verdadeira" mãe. O que significa que a substituta se convertera, neste caso, no "artigo genuíno".

As perspectivas comerciais desta mudança eram aliciantes. Em 1997, Stoddart lançou o programa *Snowflakes*, recrutando potenciais dadoras entre mulheres cristãs que se submetiam a tratamentos de fertilização *in vitro*. O que lhes propôs era uma saída para o dilema dos embriões "excedentários" – uma maneira de empregarem os seus fetos congelados e desempenharem algum papel na determinação do seu futuro.

No outro lado da equação, Stoddart começou então, discretamente, a procurar casais (os homossexuais estavam excluídos) que pudessem preferir um embrião a um óvulo, um espermatozóide, ou uma criança (para adoptar) já existente. As vantagens que expunha eram muito precisas: nenhum dos pais seria privilegiado por ser o único contribuinte genético; o casal teria ampla informação acerca dos pais genéticos da criança; e a futura mãe teria a possibilidade de trazer, ela mesma, o bebé ao mundo. Com o programa *Snowflakes*, a adopção de embriões também saía consideravelmente menos dispendiosa do que a maioria das alternativas: uma taxa de 5500 dólares para a agência, mais 3000 a 4000 dólares em despesas médicas.

Para muitos casais da classe média que não podiam comportar os elevados custos da FIV ou da adopção, a transferência de embriões era uma proposta atractiva. Além do mais, se acaso esses pais compartilhassem a posição anti-aborto de Stoddart, a adopção de embriões oferecia-lhes uma solução eticamente satisfatória para a sua infertilidade: conseguiam um bebé e salvavam uma criança por nascer. Ou, como JoAnn Davidson, directora do programa *Snowflakes*, explicou: "Se acreditarmos que estão aqui crianças, e nós acreditamos, são órfãos congelados à espera de nascer".[62]

O primeiro "floco de neve" nasceu na véspera do Ano Novo de 1998. Seria oportunamente seguido de dúzias de combinações familiares e um pequeno, mas crescente, número de nascimentos: dezanove bebés até Abril de 2003, trinta e um em Agosto.[63] Enquanto isso, e usando os 500 000 dólares do subsídio concedido pelo Departamento de Saúde e Serviços Humanos, o *Snowflakes* gravou uma série de vídeos educativos em que descrevia a adopção de embriões para três potenciais audiências: pacientes, médicos locais e clínicas de fertilidade. Tal como o programa em si, os vídeos eram subtilmente destinados a um segmento ainda relativamente intocado do mercado da fertilidade: casais de rendimentos médios e fortes convicções religiosas, vivendo frequentemente fora dos grandes centros urbanos. Em 2003, havia nove mil embriões formalmente disponíveis para adopção, e até mesmo clínicas que não promoviam activamente a doação de embriões estavam a registar um interesse significativamente acrescido no processo.[64]

Sob um ponto de vista comercial, a adopção de embriões, nesta fase, era ainda um nicho de mercado. Os clientes eram, em grande parte, cristãos; o número total de nascimentos era ainda diminuto; e as taxas de sucesso eram estimadas em apenas cerca de 21%.[65] Além disso, embora o universo total de embriões congelados fosse enorme – as estimativas de 2003 apontavam para mais de quatrocentos mil, só nos Estados Unidos – o número de pessoas susceptíveis de doar esses embriões continuava a ser consideravelmente menor.[66] Como observa o Dr. Mark Sauer da Universidade de Columbia, "É raro os casais abrirem mão dos embriões. Não querem que outras pessoas fiquem com filhos que foram produzidos por eles".[67]

Teoricamente, porém, não é difícil imaginar que o desenvolvimento do mercado de embriões possa seguir a mesma trajectória dos outros tratamentos de fertilidade. Tal como a inseminação artificial antes dos anos setenta e a maternidade de substituição antes de Noel Keane, também a doação de embriões, neste início do século XXI, se encontra ainda no estádio "família e amigos", que é aquela fase em que muito depende das relações pessoais e pouco dinheiro muda de mãos. Os dadores não estão, manifestamente, a vender os seus embriões: estão a cedê-los a outros pais e (pelo menos no caso dos *Snowflakes*) mantêm alguma ligação directa com as famílias daí resultantes. Mas, uma vez estabelecido este mecanismo, não há grandes motivos para acreditar que interesses mais comerciais não acabem por se instalar no terreno preparado pelo *Snowflakes*. Pois se as pessoas vendem óvulos e esperma, por que não haveriam de vender embriões? Se, no que toca ao material genético, os potenciais pais escolhem os óvulos e os espermatozóides, por que não hão-de adquiri-los em pacote? E se o pacote for, de facto, mais barato e o processo menos invasivo, a transferência de embriões deverá então estar em posição de criar um segmento inteiramente novo no comércio de bebés, um segmento caracterizado pelo mesmo tipo de intermediários e pelo mesmo grau de diferenciação de preços que imperam em outras áreas do mercado.

Mas o que torna a transferência de embriões particularmente digna de nota é o ponto a que tem sido formulada na linguagem específica e no contexto legal da adopção. O programa *Snowflakes* apresenta-se, no fim de contas, como um programa de adopção, e não de transferência ou dádiva. É claramente descrito como um processo social e não um tratamento médico, uma forma de salvar crianças (por nascer) e, ao mesmo tempo, construir famílias. O *Snowflakes* submete explicitamente os seus potenciais pais aos mesmos procedimentos que regulam a adopção nacional de crianças – uma avaliação da família, sessões de formação parental, inspecção dos registos criminais, etc. – e obriga todos os casais dadores a assinar um acordo formal em que renunciam legalmente a todos os direitos sobre os seus embriões.

Stoddart nega modestamente a existência de qualquer agenda política ou comercial: "Não sou assim tão esperto", insiste.[68] Mas, no início de 2004, promoveu um lóbi no estado da Califórnia para tentar obter a aprovação de uma presunção de estatuto de parentalidade que clarificaria a transferência de direitos parentais no processo da adopção de embriões. Planeava também requerer que a dedução fiscal de 10 000 dólares de que beneficiam os pais adoptivos fosse igualmente aplicada à adopção de embriões. Se algumas medidas neste sentido forem aprovadas, as agências de adopção tornar-se-ão um intermediário lógico na transferência de embriões, e o mercado para esta opção específica de fertilidade irá indubitavelmente expandir-se. No decurso desse processo, os embriões terão também sido definidos, num estado pelo menos, como entidades susceptíveis de serem adoptadas – entidades que, por outras palavras, será muito mais difícil destruir.[69]

Quem É a Tua Mamã? Os Múltiplos Significados da Maternidade de Substituição

Em muitos aspectos, as variantes da maternidade de substituição são apenas parte integrante do crescente leque de tratamentos da infertilidade. À semelhança da FIV e das suas congéneres de tecnologia mais avançada, a maternidade de substituição percorreu já o caminho que conduz ao mercado, passando de casos individuais de caridade para um domínio nitidamente menos pessoal e mais comercial. Tal como aconteceu com a FIV, também o mercado da maternidade de substituição apresenta agora o seu próprio quadro especializado de intermediários, os seus próprios profissionais médicos e juristas, e ainda um crescente comércio internacional. Em 2004, o preço global de uma portadora gestacional situava-se algures entre os 30 000 e os 120 000 dólares. Os óvulos eram geralmente vendidos à parte.

Contrariamente, porém, à FIV e a outros tratamentos de fertilidade, a maternidade de substituição com carácter comercial levanta questões que atingem a própria natureza dos conceitos de propriedade e parentalidade. Quando os casais se submetem a uma FIV, apesar de o método de concepção ser novo, as relações sociais subjacentes à concepção permanecem, em larga medida, as mesmas: a criança é produto dos seus pais. Mesmo quando é concebida com óvulos ou sémen doados, as circunstâncias do seu nascimento sustentam o pretendido elo. A criança nasce de uma determinada mãe e pertence (social, legal e emocionalmente) a essa mãe.

A maternidade de substituição veio modificar tudo isto. Neste tipo de maternidade, com efeito, a mulher que dá à luz não é a pretendida mãe do bebé. Daí que, neste caso, a maternidade tenha de ser definida pela intenção e não pela presunção. A mulher que "tem a intenção de procriar a criança", para citar o Supremo Tribunal da Califórnia – a mulher que *planeou* a concepção da criança – torna-se a mãe, substituindo séculos de biologia por uma combinação de tecnologia e contrato. Note-se que, mesmo que estes contratos não sejam juridicamente válidos (o que é muitas vezes o caso), o princípio permanece o mesmo. O nascimento torna-se objecto de negociação e a maternidade é moeda de troca no mercado.

Este deslocamento para o mercado tem explicita e, muitas vezes, publicamente levantado questões de desigualdade económica. Quando as mulheres engravidam e dão à luz sem assistência, são todas basicamente iguais: a rainha do palácio passa pelas mesmas dores de parto que a sua aia. Mas, quando uma mulher tem o filho de outra, esta igualdade fundamental dá lugar a uma assimetria perniciosa. Uma das mulheres pode gestar e dar à luz a criança; a outra não. Uma delas leva a criança para casa; a outra não. É a natureza que cria esta desigualdade, mas o mercado inverte-a e exacerba-a. Porque se for a rainha (ou Raquel, ou a rica e bem qualificada Betsy Stern) a não poder conceber, pode contratar a aia (ou Bilah, ou Mary Beth Whitehead) para produzir o que, por si, não consegue. Trata-se basicamente de uma relação de mercado, mas uma relação que põe quase sempre as mulheres mais pobres ao serviço das mais ricas.

É certo que esta desigualdade caracteriza quase todos os aspectos do comércio de bebés: são os casais ricos e com boa formação académica que dispõem de meios para se submeterem a múltiplos tratamentos de fertilidade com recurso às mais sofisticadas tecnologias, e são também esses os casais que podem despender 25 000 dólares para cobrir os custos de uma adopção na Guatemala. Só que, nestas outras áreas, as desigualdades subjacentes estão mais cuidadosamente dissimuladas. Os tratamentos da infertilidade são, ao fim e ao cabo, procedimentos médicos conduzidos na privacidade de um consultório clínico. E a adopção é um serviço social regulamentado, com pagamentos distribuídos por uma nebulosa série de intermediários. Só na maternidade de substituição é que as desigualdades são tão flagrantes: uma mulher rica paga a uma mais pobre para ter um filho por ela. E o fardo compartilhado do nascimento da criança – talvez a única experiência que liga as mulheres entre si e as distingue categoricamente dos homens – é lançado para o domínio do mercado.

Em termos estatísticos, a maternidade de substituição representa uma pequena fatia do negócio de bebés. Em 2001, havia registo de 571 contratos de maternidade substitutiva nos Estados Unidos, o que equivalia a menos de 0,7% do total de tentativas de reprodução assistida. Fora dos Estados Unidos, onde as leis são mais restritivas, a maternidade de substituição é ainda mais rara. Do mesmo modo, embora a adopção de embriões seja uma tendência crescente, os números absolutos são ainda pouco significativos: houve apenas 25 "flocos de neve" em 2003. Todavia, a essência da maternidade de substituição continua a ser, em muitos aspectos, a essência do comércio de bebés. Emprega mulheres para produzir crianças, criando desse modo famílias, mas também iniquidades.

Aquilo de que o mercado da maternidade de substituição carece é, no entanto, de um qualquer tipo de enquadramento legal claro e coerente. Em vez disso, está ferido de inconsistências jurídicas e jurisdicionais – as flagrantes divisões que persistem entre os estados que proíbem o pagamento de mães-substitutas e aqueles que o permitem; entre os estados que impõem o cumprimento dos contratos de maternidade substitutiva e aqueles que os consideram inválidos; e entre os que têm legislação específica acerca dos termos dos acordos deste tipo de maternidade e aqueles em que a lei se mantém omissa.

Até certo ponto, esta variância pode ser perfeitamente aceitável: se os cidadãos da Califórnia convivem bem com a maternidade substitutiva, mas os do Michigan não, fará então sentido que a Califórnia imponha o cumprimento dos contratos nesta matéria, enquanto o Michigan os proíbe ou considera nulos. Mas a incoerência e a variância conjugadas têm um custo muito elevado, na medida em que tornam a maternidade de substituição uma empresa desnecessariamente mais arriscada: em primeiro lugar, para os pretendidos pais que, mesmo em estados liberais como a Califórnia, não estão inteiramente seguros de os seus contratos serem executórios; e, em segundo, para as mães-substitutas, que não têm o mesmo tipo de protecção existente noutras actividades.

Teoricamente, estes riscos poderiam ser reduzidos por meio de uma regulação federal. As mães-substitutas, por exemplo, poderiam ser tratadas como os voluntários em estudos de investigação científica, cujos direitos básicos e saúde são protegidos pelo Departamento de Saúde e Serviços Humanos dos Estados Unidos. Ou então, poderiam ser tratadas como outros prestadores de serviços remunerados, com exigência de salário mínimo e regulamentação referente à sua saúde e segurança no trabalho. Em qualquer destes cenários, cada estado por si continuaria a ser livre de tratar a maternidade de substituição como os seus cidadãos considerassem mais adequado. As suas disposições específicas estariam, contudo, alicerçadas num mínimo de regulação federal, e num sistema que clarificaria quando, e em que condições, seria a maternidade de substituição autorizada.

É evidente que não será fácil impor regras neste domínio. As pessoas têm opiniões muito vincadas sobre esta prática e o mercado não é ainda suficientemente grande para sustentar qualquer tipo de lóbi comercial. Além disso, nos Estados Unidos, o poder do Congresso para regular a maternidade de substituição pode perfeitamente enfrentar constrangimentos constitucionais. Não é, por exemplo, claro se o Congresso poderá usar os seus poderes à luz da cláusula do comércio para regulamentar os aspectos comerciais da maternidade de substituição, ou se – como tem acontecido com os esforços do Congresso para criminalizar a violência contra as mulheres ou o porte de armas nas escolas – o Supremo Tribunal não acabaria por ver essa regulação como uma interferência inconstitucional em matérias que seria melhor deixar ao critério de cada estado.[70]

Mas a questão central é que também não é claro se a Constituição norte-americana poderá alguma vez ser usada para proteger a procriação através da maternidade substitutiva como um "direito fundamental".[71] À luz de uma doutrina conhecida como "princípio do devido processo legal com carácter substantivo" (*substantive due process*), o Supremo Tribunal foi gradualmente demarcando áreas da actividade privada que se encontram ao abrigo da interferência governamental. Desde 1942 e do paradigmático caso *Skinner v. Oklahoma*, por exemplo, os estados não têm podido interferir no direito de um indivíduo a procriar.[72] E, desde 1965, estão igualmente impedidos de se intrometer na decisão de um casal em usar meios contraceptivos ou, desde 1973, de interferir indevidamente na possibilidade de uma mulher fazer um aborto.[73]

Para a maternidade de substituição, a implicação destas decisões é interessante, embora não inteiramente óbvia. Por um lado, o alargamento dos sectores de actividade protegidos pela aplicação substantiva da lei (ou seja, pelo princípio do devido processo legal com carácter substantivo) poderia significar que estados como o Luisiana ou o Michigan seriam compelidos a abrandar as suas limitações à maternidade de substituição, uma vez que seria bem possível considerar que tais restrições violam os direitos fundamentais à privacidade e à procriação. Por outro lado, a mesma doutrina também poderia, teoricamente, tornar mais difícil a estados como a Califórnia impor quaisquer exigências ou restrições – mesmo que favoráveis ao mercado – que não servissem o que os tribunais definiram como interesse imperioso do estado. Por outras palavras, a mesma doutrina poderia ser usada para abolir tanto uma regulação destinada a acabar com a prática da maternidade substitutiva como uma regulação que visasse promovê-la.

Apesar disso, mesmo uma pequena extensão de direitos neste domínio constituiria, quase seguramente, uma ajuda. Tal como a FIV e a IA, a maternidade de substituição oferece uma nova maneira de fazer bebés e um novo mercado para associar aqueles que querem ter filhos com aqueles que podem ajudar a produzi-los. Continua, no entanto, a ser um mercado pontuado por iniquidades e procedimentos médicos que comportam custos, tanto pessoais como sociais. É, por conseguinte, um mercado que requer, pelo menos, um toque de regulação; que precisa de regras que determinem como é que a maternidade se transfere de uma mulher para outra, regras que protejam todas estas mulheres ao longo do processo, e regras que definam se a maternidade de substituição é um privilégio, uma prerrogativa, ou uma actividade proibida.

Idealmente, estas regras seriam estabelecidas a nível nacional, gerando o mesmo tipo de coerência e segurança que actualmente imperam em áreas como a contracepção e o aborto, que outrora pareciam também tabu. Caso, porém, a acção federal não esteja para breve, deveríamos então, quanto mais não fosse, conseguir uma maior segurança a nível estadual, criando leis e regulações locais que definam os limites da maternidade de substituição e estabeleçam uma plataforma para a sua transacção comercial. Sem essas leis, a maternidade de substituição corre o risco de se converter num irónico resquício da História: uma tecnologia que os mercados acolheram, mas nunca verdadeiramente fomentaram.

Capítulo 4

Design de Bebés

Correcção de Defeitos e Busca da Perfeição

As autoridades competentes levarão os filhos dos pais de boa estirpe para o aprisco ou redil e aí os deixarão depositados ...
mas os filhos dos inferiores, ou até dos superiores, quando aconteça serem deformados, serão postos à parte num qualquer lugar misterioso e incógnito, como convém à sua natureza.

– PLATÃO, *A REPÚBLICA*

O NEGÓCIO DE BEBÉS está repleto de histórias pungentes. Uma das mais tristes diz respeito a duas crianças à beira da morte e à odisseia, em alta tecnologia, para as salvar.

Henry Strongin Goldberg e Molly Nash nasceram ambos com anemia de Fanconi, uma doença genética debilitante que conduz à falência da medula óssea. A maioria das crianças com Fanconi morre por volta dos seis anos, geralmente em consequência de uma leucemia. Ocasionalmente, membros da família ou dadores alheios conseguem salvar os doentes de Fanconi através de um transplante de medula óssea. Para limitar, no entanto, o risco de rejeição, a medula doada tem de ser inteiramente compatível com a da criança. Ora, ninguém na família Strongin-Goldberg ou na família Nash tinha o tipo de medula requerido.

Em 1995, porém, ambas as famílias tomaram conhecimento de uma tecnologia radical que lhes oferecia, quanto mais não fosse, uma réstia de esperança de salvar os filhos. O Dr. Mark Hughes, um geneticista do Instituto de Genética Molecular e Humana da Universidade de Georgetown, estava a introduzir uma nova técnica conhecida como diagnóstico genético pré-implantação (DGPI), em que se procedia à extracção e exame genético de uma das oito células de um embrião recém-formado. Nesta fase, a investigação era predominantemente preventiva, visando identificar embriões portadores de anemia de Fanconi, de Tay-Sachs, ou outras doenças devastadoras. Mas o Dr. John Wagner, um especialista em transplantes que trabalhava com muitos doentes de Fanconi, apercebeu-se de que o trabalho de Hughes também poderia ser utilizado com um objectivo inverso. Se era possível examinar embriões para detectar doenças genéticas, também seria, presumivelmente, possível fazê-lo para procurar marcadores genéticos – neste caso, para medula compatível com a de uma criança já doente. Por outras palavras, se o trabalho de Hughes fosse combinado com as técnicas normais da FIV, os pais de uma criança vítima de Fanconi poderiam produzir um dador perfeito – ou seja, conceber uma criança para salvar outra.

Apesar de saberem que as esperanças de salvação eram escassas, tanto os Strongin-Goldberg como os Nash suplicaram a Hughes que trabalhasse com eles. Laurie Strongin e Lisa Nash submeteram-se a ciclos sucessivos de tratamentos de FIV, na esperança de produzir um embrião cuja medula fosse compatível com a dos filhos. Enquanto isso, Henry e Molly iam enfraquecendo, de forma frequentemente perigosa. Por fim, já perto do final de 1999, Lisa Nash conseguiu. Em Agosto de 2000, foi mãe de Adam. Durante o parto, fez-se uma colheita de sangue do cordão umbilical, usado, nove dias depois, para tratar a irmã. Dali a alguns meses, Molly começou a mostrar sinais de recuperação. Laurie Strongin, porém, não teve a mesma sorte. Ao cabo de nove angustiantes ciclos, terminou o tratamento de FIV, dando à luz, pouco depois, uma criança saudável mas de medula incompatível. Henry continuou a definhar e acabou por morrer em Dezembro de 2002, aos sete anos de idade.

Se confrontados com a perspectiva da morte, quase todos os pais seguiriam, presumivelmente, o exemplo dos Nash. Conceberiam uma criança para salvar outra, não a amando menos por esse motivo. Mas a tecnologia da engenharia genética – a manipulação microscópica que criou este Adam em particular – não se limita a salvar vidas. Com efeito, o diagnóstico genético pré-implantação consegue já determinar se uma criança vai ser afectada por uma grande diversidade de doenças – algumas fatais, outras não. Consegue distinguir entre rapazes e raparigas e entre embriões tendentes a transformar-se em crianças normais e os que são atingidos pela síndroma de Down. E não serão necessários grandes avanços para que esta tecnologia seja, em breve, capaz de identificar outras características menos devastadoras, como o risco de vir a desenvolver cancro da mama em determinada altura da vida, ou uma predisposição para a obesidade.

Com o tempo, estas perspectivas tecnológicas conduzirão, quase inevitavelmente, a um mercado. Especialistas como Jeffrey Steinberg, da Califórnia, montaram já prósperos negócios em torno do DGPI, cobrando aos futuros pais um custo adicional de cerca de 3500 dólares por exame. A maior procura não provém de pais como os Nash ou os Strongin Goldberg, nem tão-pouco de famílias ansiosas por garantir que a sua descendência não sofra de uma determinada doença genética. Vem sim daqueles que querem escolher o sexo do futuro filho ou filha.[1] Com efeito, no Instituto de Fertilidade de Steinberg, nada menos de 70% dos pacientes em 2004 tinham por objectivo seleccionar o sexo do bebé, despendendo um valor na ordem dos 18 000 dólares por um programa completo de aconselhamento, diagnóstico e FIV. Presentemente, Steinberg e os seus colegas oferecem apenas um menu de opções relativamente limitado: podem detectar doenças genéticas (como a Tay--Sachs, a anemia falciforme ou a fibrose quística), seleccionar rapazes ou raparigas e identificar os embriões que parecem mais saudáveis (um método cada vez mais utilizado por mulheres que tenham sofrido repetidos abortos espontâneos). Mas Steinberg está confiante no desenvolvimento do seu negócio, à medida que a tecnologia for evoluindo. "Temos recebido e-mails e telefonemas a pedir [características específicas] ", conta ele. "Dizemos-lhes que ainda não conseguimos fazer isso. Voltem a ligar daqui a cinco ou dez anos".[2]

Pode-se argumentar, como é óbvio, que um mercado para o DGPI – ou até mesmo um mercado para filhos sem asma, com cabelo encaracolado, ou mais altos do que o normal – é uma simples extensão lógica do presente negócio de bebés. Já há, afinal, milhares de clientes a usar métodos menos tecnológicos para conseguir basicamente o mesmo. Quando os pais compram óvulos, por exemplo, estão claramente a fazer uma selecção genética. Por que outro motivo pagariam um valor suplementar por aquela atraente dadora da Ivy League? Também o sémen é comercializado em função dos genes, como o demonstra a informação relativa à altura, peso e passatempos do dador. Sob este ponto de vista, o diagnóstico genético pré-implantação é apenas mais um passo em frente, um meio mais tecnológico para alcançar resultados mais precisos. Se os pais estão dispostos a pagar por óvulos "mais inteligentes" ou espermatozóides "mais altos", por que não haveriam de pagar mais para garantir que a criança resultante desta combinação tão prometedora transporta realmente em si um conjunto ideal de genes? Em termos económicos, as crianças aperfeiçoadas fazem todo o sentido.

E, todavia, há algo nesses bebés de design que perturba a moral de muitas pessoas. Até agora, aqueles que comentaram esta prática têm-no feito em termos predominantemente negativos, afirmando, como o politólogo Francis Fukuyama, que "quando a lotaria [genética] dá lugar à escolha, abrimos uma nova avenida através da qual os seres humanos podem competir entre si, uma avenida que ameaça aumentar a disparidade entre o topo e a base da hierarquia social".[3] Outros argumentam que todas as formas de DGPI são intrinsecamente imorais, na medida em que envolvem tanto a criação como a destruição de embriões. E críticos mais subtis insurgem-se particularmente contra casos como o de Henry e Molly – criar uma criança para salvar outra.

Implícito em quase todas estas críticas está o receio comum de uma rampa muito escorregadia. Se os embriões já são objecto de triagem para evitar doenças como a Tay-Sachs ou a fibrose quística, o que é que nos impede de fazer o mesmo em função de critérios como a beleza ou a inteligência? De permitir que os ricos fabriquem os filhos que querem, deixando os pobres entregues aos caprichos do acaso? Em menos de nada, preocupam-se os críticos, estaremos a comprar e a construir crianças de uma raça superior, desafiando com isso a natureza e avançando em bicos de pés para um futuro de ficção científica em que coexistirão múltiplas expressões da raça humana.

Entretanto, porém, os primeiros estádios desse futuro são já uma realidade. Cerca de um milhar de crianças terão já nascido com a assistência do DGPI, e mais de cinquenta clínicas em todo o mundo oferecem o exame genético de embriões como parte da sua prática normal no domínio da fertilidade.[4] Muitos dos "pacientes" mais recentes destas clínicas não sofrem sequer de infertilidade, nem são portadores de genes potencialmente destrutivos. Em vez disso, optam pelo DGPI como um meio auxiliar da concepção, pagando para obter o tipo de bebé que pretendem.

E não são os únicos. Segundo dados de uma sondagem recente, 25 a 35% dos potenciais pais nos Estados Unidos dizem que usariam técnicas de selecção do sexo se dispusessem dessa possibilidade.[5] Não é pois de crer que, quando estas tecnologias se vulgarizarem, dando origem a toda uma nova série de exames genéticos, um mercado para bebés de design não acabe por surgir. É possível que esse mercado não se torne nunca particularmente ostensivo ou alardeado. Poderá nunca abranger aqueles pais que preferem tentar a sua sorte à maneira tradicional, ou aqueles para quem 18 000 dólares é um preço excessivo pela possibilidade de escolha. Mas haverá outros que quererão escolher, pagando não apenas por um bebé, mas também pela probabilidade genética de um determinado tipo de criança.

Os Primórdios do Apuramento Genético

A busca de uma progenitura mais perfeita tem uma longa e, em larga medida, ignominiosa história. Em parte privada, em parte pública, esta demanda provém de um desejo aparentemente eterno de controlar aquela pequena parcela de destino que os indivíduos efectivamente criam: os seus filhos.

À semelhança de muitas técnicas médicas modernas, o processo de apuramento da raça humana começou na Grécia antiga, onde os bebés indesejados eram habitualmente deixados a morrer e as crianças deformadas mortas à nascença. Estas práticas consuetudinárias atingiram o seu apogeu social em Esparta, onde todos os recém-nascidos eram levados à presença de um Conselho de Anciãos e avaliados em função do seu possível contributo para o Estado: se a criança parecesse débil, seria abandonada aos elementos da Natureza. Platão exaltou estas práticas na *República*, concordando que "a raça dos guardiães ... [tem de se] manter pura".[6] Louvou também a tentativa dos espartanos de incentivar o casamento e a procriação entre as classes superiores, argumentando, na linha de Esparta, que "os melhores de cada sexo se devem unir entre si tão frequentemente, e os inferiores entre eles tão raramente, quanto possível".[7] Para os Gregos, a procriação selectiva era, por conseguinte, uma imposição pública sobre os desejos privados, uma tentativa de moldar a sociedade através da reprodução. Ao incentivar os "melhores" indivíduos a reproduzir-se entre si e a eliminar qualquer descendência "inferior", o Estado podia – pelo menos teoricamente – exercer algum grau de controlo sobre os seus futuros cidadãos, assegurando, como Platão insistia, que "o rebanho" se mantivesse "na mais perfeita das condições".[8]

Esta adesão tão explícita à procriação selectiva desapareceria da vida pública no decurso dos séculos seguintes, dando lugar a práticas mais fortuitas e privadas. As "boas" famílias procuravam casar-se e reproduzir-se entre si; as crianças "indesejáveis" eram discretamente abandonadas à morte ou ocultadas em instituições de clausura. Tratava-se, no entanto, de escolhas puramente pessoais, sem qualquer componente comercial ou intervenção do Estado. Foram prática corrente até às últimas décadas do século XIX, altura em que um homem chamado Francis Galton decidiu controlar a hereditariedade.

Nascido em 1822, Galton era filho de um próspero banqueiro e primo direito de Charles Darwin. Estudou matemática em Cambridge, mas abandonou o curso na sequência de um esgotamento nervoso que atribuiu a excesso de trabalho. À semelhança de outros filhos ricos da sua geração, passou algum tempo a viajar por África e pelo Médio Oriente, entregando-se diletantemente à aventura e ao estudo científico. Regressado a casa em 1852, casou com a filha do antigo reitor de Harrow e instalou-se para cultivar o seu recém-adquirido interesse pela hereditariedade. Mais especificamente, propôs-se descobrir como é que os seres humanos transmitiam certas características aos seus descendentes, e de que modo é que essas características poderiam ser manipuladas ao longo do tempo pela procriação selectiva – determinando, como haviam feito os espartanos, quem se deveria reproduzir e com quem.

Contrariamente, porém, aos espartanos, Galton alicerçou o seu trabalho na nova ciência do seu tempo, inspirando-se particularmente nas teorias evolucionistas propostas pelo seu famoso primo em *A Origem das Espécies*. Segundo Darwin, a evolução de todas as espécies era determinada pela selecção natural, um processo lento em que apenas os membros mais aptos de um dado grupo sobreviviam tempo suficiente para se reproduzirem. Outros intelectuais tinham-se apressado a aplicar as ideias de Darwin à raça humana, afirmando que, com o tempo, apenas os grupos sociais mais aptos sobreviveriam.

Galton adicionou matemática e política a esta mistura, extraindo daí duas conclusões radicais: primeiro, que as tendências humanas podiam ser esquematizadas e compreendidas de uma forma sistemática; e, segundo, que uma ciência da hereditariedade poderia ser usada para controlar a evolução humana. No seu livro de 1869, *Hereditary Genius*, declarou: "Quero sublinhar o facto de que o aperfeiçoamento dos dotes naturais das futuras gerações da raça humana está em grande medida, embora indirectamente, ao nosso alcance ... assim como é fácil ... obter, mediante uma cuidadosa selecção, uma raça permanente de cães ou de cavalos dotados de particular aptidão para correr ou fazer qualquer outra coisa, seria também perfeitamente possível produzir uma raça de homens altamente dotados através de casamentos criteriosos ao longo de gerações consecutivas".[9]

Galton embrulhou as suas ideias numa palavra nova, *eugenia*, que definiu como "a ciência que lida com todas as influências que melhoram as qualidades inatas de uma raça ... [e] as desenvolvem até ao máximo benefício possível".[10] Adoptando a estatística como chave para compreender a evolução, entregou-se a minuciosas análises de características hereditárias, primeiro em ervilhas-de-cheiro e depois em pessoas. Munido desses dois conjuntos de dados, Galton comprovou a existência de tendências estatísticas notórias: tal como as ervilhas-de-cheiro, também as pessoas pareciam transmitir características específicas aos seus descendentes. As ervilhas mais pesadas produziam sementes de ervilha mais pesadas; as pessoas mais altas tinham filhos mais altos.

Com base nestes dados, Galton tirou e avançou a sua conclusão eugenista: para criar uma raça superior, advertiu ele, os indivíduos de "melhor cepa" deviam ser induzidos a procriar com maior frequência. As famílias "dotadas" deveriam unir-se cedo em casamentos criteriosamente escolhidos, ajudadas, se necessário, por competições organizadas pelo Estado para confirmar o "mérito" e por subsídios de nascimento destinados a incentivar a produção de crianças geneticamente superiores. As estirpes menos nobres, pelo contrário, poderiam ser gentilmente encaminhadas para mosteiros e conventos, onde as possibilidades de reprodução seriam rigorosamente coarctadas.[11] Deste modo, a sociedade poderia presidir a uma espécie de selecção natural, permitindo que os "mais aptos" fossem o motor da evolução.*

Nas três décadas que se seguiram, um pequeno mas influente grupo de adeptos de Galton prosseguiu prazenteiramente as suas investigações. Muitos destes adeptos eram matemáticos, precursores do que viria a tornar-se o estudo da biometria, a análise estatística da hereditariedade. Alguns eram reformistas sociais, empenhados em perseguir a perfeição racial que Galton descrevera como uma meta alcançável. Todos estavam firmemente convencidos de que a sociedade poderia ser melhorada pela aplicação da ciência ao sexo.

Em Inglaterra, a causa eugenista foi assumida mais destacadamente por Karl Pearson, outro antigo matemático que via um grande poder na beleza dos números. Pearson fundou uma revista consagrada ao estudo estatístico da hereditariedade, publicou mais de uma centena de artigos académicos sobre hereditariedade e evolução e alargou gradualmente a teoria de Galton a características como a inteligência e a emoção. Tornou-se também muito mais sonoro na sua apologia, proclamando que a Grã-Bretanha estava em declínio e que isso se devia, em grande parte, à excessiva procriação dos "inaptos". "Nenhuma formação ou educação podem criar [inteligência]", declarou. "Temos de reproduzi-la [através da procriação selectiva]".[12] Quando o seu trabalho se tornou conhecido, Pearson acabou por encontrar aliados em reformistas sociais como Beatrice e Sidney Webb e em radicais como George Bernard Shaw. Algumas das feministas mais proeminentes do país aderiram também à causa eugenista, associando-a à sua própria luta pela contracepção.

Desenvolvimentos similares ocorreram nos Estados Unidos, onde seguidores de Galton fundaram um Observatório de Evolução Experimental, em 1904, e uma Secretaria de Registo Eugénico, em 1910.

---

* De um ponto de vista crítico, os pormenores matemáticos dos dados de Galton não encaixavam nas suas conclusões. Demonstravam, pelo contrário, que, com o tempo, as sucessivas gerações retrocediam para a média estatística. Apesar disso, Galton não reformulou as suas opiniões ou recomendações políticas.

Em conjunto, estas duas instituições coligiram um imenso volume de informação proveniente de inquéritos a famílias norte-americanas, como o "Registo de Características da Família". Examinaram também minuciosamente os registos mantidos por prisões, hospitais e instituições para cegos, surdos e doentes mentais. O líder do movimento norte-americano, um biólogo chamado Charles Davenport, interessava-se particularmente por características humanas abstractas, muitas das quais (pauperismo, alcoolismo, insanidade) agrupava sob a designação genérica de "fraqueza de espírito". Entre aproximadamente 1910 e 1920, o trabalho de Davenport reflectiu-se num receio muito generalizado de que estes membros inaptos da sociedade acabassem por conduzir à extinção dos mais aptos. Num famigerado discurso em 1905, por exemplo, o Presidente Theodore Roosevelt advertiu para o "suicídio racial" que em breve se verificaria nos Estados Unidos se as pessoas de melhor estirpe não aumentassem os seus índices de procriação. Para prevenir essa fatalidade, apelou insistentemente às "boas" mães para que tivessem muitos filhos e os educassem "como deve ser".[13]

Outros levaram esta causa ainda mais longe, exercendo pressão para reduzir os programas sociais destinados aos menos aptos, e até mesmo para proibir, nalguns casos, a sua reprodução. Em 1905, por exemplo, o estado de Indiana introduziu legislação que proibia o casamento entre deficientes mentais, pessoas com "doenças transmissíveis" e alcoólicos inveterados.[14] E, passados apenas dois anos, endureceu ainda mais esta lei, ordenando a esterilização obrigatória de todos aqueles que, encontrando-se sob tutela do Estado, fossem considerados "criminosos, idiotas e imbecis".[15] Em 1911, eram seis os estados norte-americanos com decretos semelhantes e, em 1936, já outros trinta e cinco lhes haviam seguido o exemplo.

Durante os anos em que estas políticas imperaram, calcula-se que cerca de sessenta mil americanos "inaptos" tenham sido forçados a esta esterilização imposta pelo estado. Quando uma destas pessoas, uma rapariga de dezassete anos chamada Carrie Buck, recorreu da sua sentença, o Supremo Tribunal rejeitou o apelo como improcedente, apresentando uma enérgica defesa do pensamento eugenista: "É preferível para o mundo inteiro que, em vez de esperar para executar descendentes degenerados pelos seus crimes, ou de os deixar morrer à fome pela sua imbecilidade, a sociedade possa evitar que aqueles que são manifestamente inaptos dêem continuidade à sua espécie ... Três gerações de imbecis já são o suficiente."[16]

Leis semelhantes foram impostas, pela mesma altura, na Suécia, na Dinamarca e na Finlândia, baseadas nas mesmas razões pretensamente científicas estabelecidas por Galton. Nesta fase da eugenia não havia procura, não havia consumidores a recorrer a técnicas reprodutivas. Em vez disso, existia apenas o Estado, usando uma tecnologia ainda brutal para controlar o comportamento dos indivíduos e – assim se julgava – a evolução da sociedade.

Em Busca dos Arianos: A Eugenia Sob o Regime Nazi

Na década de trinta, a eugenia tinha-se tornado um aspecto aceite da política do Estado. Mas foi então que os nazis se apoderaram da eugenia em proveito próprio, levando a busca da perfeição ao seu lógico e terrível extremo.

Sob o governo de Weimar (que regeu a Alemanha de 1919 a 1933), a eugenia desempenhou um papel relativamente menor. Durante esse período, na verdade, os cientistas e os políticos alemães procuraram no Ocidente conselho sobre esta matéria, vendo nos Estados Unidos o principal modelo das políticas baseadas na raça.[17] Em 1933, porém, o partido nazi ascendeu ao poder, impulsionado pelo colapso económico da Alemanha e pelo fervoroso desejo dos seus cidadãos de recuperarem a glória perdida. A eugenia oferecia uma via atractiva para ambos os objectivos: poupava dinheiro em programas sociais (mais valia evitar o nascimento de crianças degeneradas do que ter de as sustentar a vida inteira) e prometia livrar a população alemã de todos os elementos indesejáveis.

Assim sendo, a primeira lei eugenista nazi foi promulgada em 1934. À semelhança da legislação americana em que se inspirara, a Lei para a Prevenção de Doenças Hereditárias nas Gerações Vindouras preconizava a esterilização de nove categorias de "deficientes mentais", incluindo maníaco-depressivos, esquizofrénicos e alcoólicos. A raça não era tida em conta pela lei, e todas as esterilizações tinham de ser analisadas por um tribunal especial. "De um ponto de vista jurídico", proclamava uma das principais publicações norte-americanas sobre eugenia, "nada mais se podia desejar".[18]

No ano seguinte, a lei foi alargada e o número de esterilizações ascendeu a trezentas e sessenta mil. Apesar disso, os observadores externos não viam grande motivo de preocupação. Na verdade, muitos observadores estrangeiros olhavam até com inveja para estas políticas da Alemanha, vendo nelas um meio louvavelmente eficaz de atingir objectivos sociais.[19] Discretamente, então, os nazis começaram a levar as suas políticas ainda mais longe, e os eugenistas americanos continuaram a aplaudir. "Temos assim o exemplo estimulante", regozijava-se um colaborador do *Eugenical News*, "de uma nação que é suficientemente inteligente para ver que a sua primeira necessidade é a necessidade biológica de melhorar a sua qualidade racial".[20]

Em 1939, porém, a esterilização de deficientes tinha-se convertido num programa para a sua eliminação física. Começou com a eutanásia, descrita por Hitler como uma "morte misericordiosa" para "doentes dados como incuráveis".[21] De acordo com uma política secreta conhecida por T4, os médicos podiam optar por matar os doentes que considerassem sem salvação possível, incluindo homossexuais, alcoólicos e qualquer pessoa que sofresse de uma doença mental. Começaram também a marcar todas as crianças recém-nascidas com um sinal de "mais" ou "menos", indicando se deviam viver ou morrer.

Depois disso, os cérebros do regime nazi alargaram a sua política, e as suas câmaras de morte, aos grupos mais extensos de "deficientes" que os seus médicos tinham identificado. O genocídio que teve lugar – calculado em seis milhões de vítimas – foi, em grande parte, abafado. Mas foi também quase inteiramente explicado em termos eugenistas. Explicita e repetidamente, os médicos nazis definiam os judeus (juntamente com os ciganos) como uma "raça doente" cujos problemas apenas podiam ser tratados por "meios médicos".[22] Os nazis consideravam a esterilização como um meio alternativo para o seu fim, mas as câmaras de gás já existiam e estavam em funcionamento.

Saldadas as contas, é difícil apontar precisamente como é que a eugenia afectou a política nazi. Terão décadas de estudo científico e aceitação política empurrado os líderes nazis para a sua solução final? Ou ter-lhes-ão simplesmente proporcionado um cómodo pretexto para o que já tencionavam fazer? E terão geneticistas respeitados fora da Alemanha ajudado a implementar os planos nazis, ou seria o seu papel irrelevante? É possível que nunca o saibamos. Podemos, todavia, seguir o rasto das linhas que intimamente ligaram eugenia, busca da perfeição social e extermínio em massa. São as linhas que partiram de Esparta, passaram por Galton e desembocaram depois, com uma lógica aterradora, nos campos de concentração europeus.

Renascimento: A Ciência da Genética

A seguir às atrocidades nazis, toda a área da eugenia se retirou furtivamente de cena. Associações evolucionistas que haviam florescido durante os anos vinte e trinta evaporaram-se, e o mesmo aconteceu com quase todos os cientistas que trabalhavam sob o agora manchado manto da procriação selectiva. As leis nacionais e estaduais sobre a esterilização obrigatória desapareceram também, ou foram simplesmente ignoradas por sociedades agora temerosas daquilo a que a busca da perfeição podia conduzir. Em 1942, o Supremo Tribunal dos Estados Unidos inverteu basicamente a sua decisão no caso *Buck*, argumentando desta vez que a esterilização obrigatória violava "uma área importante e sensível dos direitos humanos … o direito a ter filhos".[23]

Enquanto isso, e embora o programa da eugenia tivesse sido praticamente enterrado a meio do século, a ciência ia discretamente avançando. Baseando-se no trabalho de Gregor Mendel – um monge agostiniano que partira de experiências com dezenas de milhares de plantas de ervilha na década de 1860 – uma nova geração de cientistas começou a examinar os mecanismos específicos da hereditariedade. Com as suas ervilhas, Mendel havia proposto a tese de que os factores hereditários vinham em pares: um elemento verde-claro de um dos progenitores, por exemplo, e um elemento verde-escuro do outro. O elemento mais forte, ou "dominante", determinaria a cor do descendente daí resultante.

Curiosamente, durante décadas, Galton e os seus discípulos tinham ignorado o trabalho de Mendel: estaticistas de formação, nunca investigaram verdadeiramente os transmissores biológicos do fenómeno que pretendiam controlar. Mas os biólogos começavam a estar atentos e a construir o que se viria a tornar o florescente campo da genética. As diferenças nesta nova ciência eram mais do que simples semântica – enquanto os eugenistas ambicionavam configurar a evolução, os geneticistas pretendiam apenas compreendê-la. E, enquanto os eugenistas procuravam respostas em dados de larga escala, os geneticistas procuravam-nas antes nos mais minúsculos recônditos da vida: na estrutura das células que transmitiam as características herdadas de uma geração para outra.[24]

Na viragem do século, os investigadores tinham já identificado genes e cromossomas, provando em laboratório as hipóteses que Mendel formulara a partir do seu jardim. Os progenitores, demonstraram eles – quer se tratasse de ervilhas, moscas da fruta ou seres humanos – transportavam em si múltiplos conjuntos de genes, cada um deles imbuído dos factores determinantes de características específicas. Os genes estavam combinados em cromossomas e cada progenitor transmitia uma sequência fixa desses cromossomas aos seus descendentes. O conjunto de cromossomas herdado por uma criança, configurado pelo jogo de forças dos genes dominantes e recessivos, determinava a pessoa em que essa criança se iria tornar.

Vejamos, por exemplo, o caso mais simples de uma doença hereditária. Suponhamos que Joe e Alice, um casal saudável, transportam ambos em si um gene recessivo da doença de Tay-Sachs, uma enfermidade rara, mas devastadora, que mata geralmente as suas vítimas antes dos dois anos. O gene da Tay-Sachs, sabemo-lo agora, está contido no cromossoma 15. Se Joe e Alice forem ambos portadores, cada um deles terá uma pequena imperfeição neste cromossoma, um gene inactivo que leva normalmente o corpo a produzir uma enzima crucial, conhecida como Hex-A.[25] Uma vez que ambos têm também um gene Hex-A activo, são perfeitamente saudáveis. Mas, de cada vez que conceberem um filho, Joe e Alice transmitirão, cada um deles, um dos seus dois genes à criança – ou o *A*, o gene dominante saudável, ou o *a*, o gene recessivo da Tay-Sachs. Matematicamente, esta combinação de genes produz quatro resultados distintos e igualmente prováveis: *AA* (uma criança saudável que não é portadora do gene da Tay-Sachs); *Aa* e *aA* (crianças saudáveis, embora portadoras do gene da Tay-Sachs) e *aa* (uma criança com Tay-Sachs). A biologia, por conseguinte, encerra em si uma inelutável aritmética. De cada vez que conceberem, Alice e Joe têm 25% de probabilidades de gerar um filho que morrerá durante a infância.[26]

A matemática da Tay-Sachs é particularmente implacável, e o mesmo se pode dizer de outras doenças igualmente hereditárias, como a fibrose quística e a anemia falciforme. Em todos estes casos, existe um único gene que produz o dano, e uma probabilidade em duas de que um portador transmita esse gene defeituoso a um filho ou filha. Outras doenças (e características) genéticas são mais complicadas – derivadas de múltiplos genes, anomalias cromossomáticas ou mutações aleatórias no código genético de um dos progenitores. A síndroma de Down, por exemplo, é uma condição genética causada pela presença de um vigésimo-primeiro cromossoma adicional. A síndroma de Turner ocorre quando as raparigas recebem apenas um único cromossoma X, em vez dos habituais dois. Em ambos estes casos, a condição da criança é herdada, mas os pais não são necessariamente portadores, como acontece na Tay-Sachs ou na fibrose quística. Do mesmo modo, algumas características físicas básicas, como os olhos azuis, resultam de uma combinação relativamente linear de genes recessivos, ao passo que outras – como a inteligência, o talento musical e a altura – provêm de uma teia consideravelmente mais intrincada em que se imbricam genes e factores ambientais.

Nos anos trinta, a matemática básica da combinação genética tinha sido já identificada. Usando a teoria das probabilidades e conjuntos de dados em larga escala, os investigadores tinham analisado amostras dos diferentes tipos de sangue, demonstrando de que modo esses tipos – os agora bem conhecidos A, B e O – eram hereditariamente transmitidos de geração em geração e estavam representados na população em geral. Tinham assim começado a sondar a natureza da ligação em cadeia, examinando de que forma o co-aparecimento de múltiplas características (cabelo ruivo com olhos azuis, por exemplo, ou certas doenças associadas a determinados tipos de sangue) se relacionavam com o seu posicionamento no cromossoma. Nos anos quarenta, os cientistas conseguiam já esquematizar o modo como os genes individuais controlam reacções químicas específicas no interior do corpo.[27]

A Revolução do ADN

Foi então que, em 1953, James D. Watson e Francis Crick, cientistas da Universidade de Cambridge, descobriram a estrutura interna dos próprios genes, a famosa "dupla hélice" do ADN (ácido desoxirribonucleico) que transforma minúsculas partículas de proteína em instruções do corpo.[28] Outros investigadores avançaram depois o passo lógico seguinte, identificando as mutações no ADN – muitas vezes, a simples falta de um aminoácido, ou a sua substituição por outro na cadeia do ADN – responsáveis por uma diversidade de doenças genéticas.

A princípio, as implicações práticas destas descobertas eram limitadas. Os cientistas compreendiam os alicerces químicos da vida: estavam a decifrar, a nível molecular, o motivo por que uma criança tem olhos azuis e outra olhos castanhos. Mas não havia muito que pudessem *fazer* com este formidável avanço. De facto, e ao contrário da sua prima eugenia, a ciência da genética não tinha quaisquer implicações sociais ou políticas: os investigadores esforçavam-se por compreender a vida, mas não necessariamente por mudá-la.

À medida porém, que a ciência avançava, esta linha inicialmente nítida começou a esbater-se. O ponto de partida foi o "aconselhamento genético", uma pequena indústria "caseira" que nasceu no lado clínico da genética. Nos anos cinquenta, vários dos médicos que estudavam anomalias genéticas nos seus pacientes iniciaram uma pequena actividade subsidiária, a consulta pré-natal, em que ajudavam pais inquietos a determinar se os seus futuros filhos corriam risco de trazer deficiências genéticas graves. A maior parte das pessoas que procuravam estes serviços havia já sofrido o nascimento (ou morte) de uma criança gravemente doente. E a maioria dos médicos que as aconselhavam eram os maiores geneticistas da época. A ciência, como pais e médicos sabiam, era ainda incipiente. Mas os especialistas que trabalhavam nas clínicas podiam, quanto mais não fosse, ajudar a explicar a matemática elementar da genética e, o mesmo é dizer, a probabilidade de um dado casal transmitir uma determinada doença aos filhos. Se Joe e Alice tivessem já tido um bebé com Tay-Sachs, por exemplo, um médico podia avisá-los de que qualquer filho subsequente enfrentaria os mesmos 25% de possibilidades de ter a doença. Apesar de não haver nada que Joe e Alice pudessem fazer para alterar este risco, o médico podia, pelo menos, informá-los das probabilidades estatísticas.

Transcender as probabilidades

Nos anos cinquenta, porém, pequenos avanços na ciência permitiram aos investigadores detectar a presença de alguns genes recessivos, o que tornava possível aos potenciais pais saber se eram ou não portadores de uma determinada doença. Aumentou assim o número daqueles que procuravam aconselhamento genético, desde pais que haviam já sofrido uma tragédia aos que meramente suspeitavam da existência de alguma propensão na família.

Em 1951, havia dez clínicas de aconselhamento genético nos Estados Unidos e cerca de três ou quatro no Reino Unido. No espaço de uma década, estes dois países juntos já possuíam perto de trinta clínicas destas, oferecendo um leque alargado de serviços.[29] Ao longo dos vinte anos seguintes, os investigadores identificaram quase novecentas doenças ligadas a defeitos de um único gene, cerca de cinquenta das quais podiam ser detectadas num exame pré-natal. À medida que a lista aumentava, foi, compreensivelmente, despertando interesse pelos serviços de genética. Grupos que se sabia terem particular propensão para determinadas doenças – os afro-americanos para a anemia falciforme, os judeus para a Tay-Sachs – estavam entre os maiores utilizadores destes testes e os mais activos impulsionadores da sua expansão.

Enquanto isso, os desenvolvimentos na medicina pré-natal tinham modificado profundamente a natureza do aconselhamento genético. No final dos anos sessenta, os médicos tinham aperfeiçoado a técnica da amniocentese, usando uma agulha longa e fina para extrair líquido amniótico do útero de uma mulher grávida. Esse líquido era depois submetido a um teste para determinar se o feto em formação sofria de uma série de doenças, incluindo alterações cromossomáticas. Basicamente, pois, a amniocentese deslocava o foco do exame dos progenitores para a criança, ou seja, dos portadores preocupados com deficiências herdadas para os seus descendentes potencialmente afectados.

A amniocentese distinguia-se, no entanto, do exame pré-natal em dois aspectos cruciais. Para começar, enquanto o exame apresentava apenas probabilidades, a amniocentese apresentava factos. E depois, se o exame dava poucas opções aos pais, a amniocentese confrontava-os com uma única e cruel escolha: manter o feto afectado ou abortá-lo, uma vez que, na altura em que a amniocentese se vulgarizou, o mesmo aconteceu com o aborto. O Reino Unido começou a permiti-lo, em determinadas circunstâncias, a partir de 1967, e os Estados Unidos seguiram-lhe o exemplo em 1973. A Suécia viabilizou o aborto a pedido em 1973, e o mesmo fez a Itália (sob condições mais restritivas) em 1978. Pela primeira vez nestes países, os pais dispunham, pois, de meios legais e clínicos para exercer um certo grau de controlo sobre o seu destino genético. Ou seja, podiam optar por não ter um filho doente.

Em 1974, o número de centros de aconselhamento genético nos Estados Unidos tinha disparado para as quatro centenas. No espaço de dois anos, estes centros estavam a efectuar vinte mil diagnósticos genéticos por ano, um aumento espectacular em relação ao total de quinhentos diagnósticos realizados antes de 1976.[30] Nem todos estes diagnósticos traziam, presumivelmente, más notícias, e nem todos os pais que recebiam más notícias optavam por agir em conformidade com elas. Todavia, a combinação de uma melhor informação com um maior número de opções alterou claramente o panorama da gravidez. Pela primeira vez, os pais podiam escolher não apenas se queriam ter um filho e com quem (a questão central da eugenia), mas também se queriam trazer ao mundo uma criança *específica*, abençoada ou amaldiçoada por um pré-revelado destino genético. Se a eugenia tinha tentado controlar os pais, a genética dava-lhes agora o poder de decidir que filho iriam ter.

Os Efeitos da Ecografia

Novos avanços na detecção pré-natal ocorreram com o aparecimento do ultra-som, uma tecnologia inicialmente usada para detectar submarinos durante a Primeira Guerra Mundial. Depois da guerra, os investigadores começaram lentamente a experimentá-la em outras aplicações, descobrindo gradualmente a sua utilidade na revelação de fetos, mesmo em estádios iniciais de desenvolvimento. Apercebendo-se, como alguém comentou, de que "não havia grande diferença entre um feto *in utero* e um submarino no mar", os investigadores acabaram por se concentrar no diagnóstico pré-natal, usando as ondas sonoras do ultra-som para obter imagens de alta resolução (conhecidas por sonogramas ou ecografias) directamente através do abdómen da mãe.[31] Uma vez que a técnica era simultaneamente eficaz e indolor, rapidamente atraiu a atenção de obstetras e hospitais. Em meados da década de noventa, as ecografias tinham-se já tornado um elemento corrente dos cuidados pré-natais, sendo utilizadas em cerca de 70% das gravidezes nos Estados Unidos e em praticamente 100% na Europa.[32]

Regra geral, esta tecnologia era simplesmente usada como um meio complementar de diagnóstico: os obstetras podiam visionar o feto *in utero* e confirmar se o desenvolvimento se estava a processar normalmente. Ocasionalmente, porém, detectavam também sinais visíveis de futuros problemas – uma determinada prega no pescoço que é, muitas vezes, indício da síndroma de Down, por exemplo, ou a abertura na coluna que pode indicar espinha bífida. Nestes casos, os pais viam-se confrontados com o mesmo dilema angustiante que lhes colocava a amniocentese: prosseguir com a gravidez ou abortar uma criança defeituosa. A maioria optava pela segunda alternativa.[33] Em outros casos, mais discretos, os pais usavam claramente a ecografia, seguida de aborto, como forma relativamente barata de seleccionar o sexo da criança. Em países como a Índia e a China, a ecografia e a amniocentese geraram, de facto, um prolífero negócio de detecção pré-natal, permitindo que os pais descobrissem o sexo do bebé a tempo de abortar.[34]

Perspectivadas no contexto mais geral do comércio de bebés, as ecografias e o aconselhamento genético parecem quase arcaicos. O aconselhamento genético não passa, afinal, de conhecimento aplicado à gravidez, no sentido de advertir os casais do risco de o seu filho nascer com uma determinada doença, muitas vezes fatal. As ecografias (e a amniocentese) alargam este conhecimento à gravidez e, em última análise, à criança. Contrariamente à eugenia, que visava explicitamente o controlo social das escolhas individuais, estes instrumentos genéticos mais tecnologizados puseram de novo o poder nas mãos dos pais, dando aos indivíduos a possibilidade – e, consequentemente, o direito – de determinar pelo menos alguns aspectos do destino dos seus descendentes.

Ao alargar, porém, este domínio de escolha privada, a tecnologia empurrou também elementos dessa escolha para o mercado comercial. As ecografias, por exemplo, já não estão confinadas a um consultório de obstetrícia, sendo antes, e cada vez mais, realizadas no mercado da medicina electiva. Os "estúdios de vídeo" comerciais, por exemplo, fazem, hoje em dia, ecografias com objectivos alheios à medicina, cobrando aos pré-pais entre cem e trezentos dólares pelos vídeos de recordação dos seus fetos.[35] O diagnóstico pré-natal dá igualmente sinais de vigorosa competitividade comercial. Em 2004, por exemplo, a Faculdade de Medicina de Baylor anunciou planos para oferecer aos seus pacientes o maior painel de testes pré-natais disponível: 2000 dólares pelo exame de um feto com pesquisa de cinquenta indicadores de atraso mental. Nesse mesmo ano, a *Quest Diagnostics*, um centro privado de análises clínicas, apontou os testes genéticos e pré-natais como uma das suas áreas em desenvolvimento mais acelerado.[36] Segundo Charles Strom, director clínico do centro de exames genéticos da *Quest*, o desenvolvimento veio em resposta a uma clara necessidade do mercado. "As pessoas vão ao médico", relata ele "e dizem: 'Não quero ter um filho deficiente. O que é que pode fazer para me ajudar?'"[37]

Nestes casos, os pais não tratam a detecção como um serviço médico, mas antes como uma espécie de artigo de luxo – um acessório ao nascimento da criança, não uma necessidade. E, mais importante ainda, alguns deles estão também a usar a detecção pré-natal como via para uma nova forma de eugenia privada: escolher, por um determinado preço, os filhos que querem ter e os que querem evitar.

Henry e Molly: A Procura de um DGPI Pró-Activo

No final dos anos oitenta, Mark Hughes era um biólogo molecular da Faculdade de Medicina de Baylor, em Houston. Homem extrovertido e duplamente formado em bioquímica e medicina, Hughes passara anos a investigar doenças genéticas, centrando-se predominantemente nos receptores de hormonas esteróides – proteínas que ajudam a regular o desenvolvimento dos genes. Uma vez que este trabalho o conduzia directamente ao âmago do diagnóstico genético, passava também muito tempo no hospital de Baylor, aconselhando casais que se sabiam portadores de mutações genéticas, ou que haviam recentemente sido pais de uma criança doente.

Era um trabalho difícil. "Sempre que ia ao hospital", recorda Hughes, "via um casal que acabara de ter um bebé com alguma doença genética horrível. Imagine o que é ter de lidar com isso. E depois tinha de lhes dizer que qualquer outro filho que pudessem conceber teria também uma elevada probabilidade – geralmente uma em quatro – de nascer com a mesma coisa horrorosa."[38]

Mais ou menos por essa altura, Hughes e outros na sua área tomaram conhecimento de um trabalho pioneiro que estava a ser desenvolvido no Hospital Hammersmith de Londres. Robert Winston, um endocrinologista do domínio da reprodução, e Alan Handyside, embriologista, estavam a tentar identificar o género de embriões em estádios muito iniciais de desenvolvimento, na esperança de evitar a transmissão de doenças especificamente ligadas ao sexo. Sabendo-se, por exemplo, que um casal era portador do gene da hemofilia, que só afecta os homens, os cientistas tentariam identificar e transferir unicamente embriões femininos. Desta forma, poderiam garantir antecipadamente o sexo do bebé e assegurar aos casais afectados a vinda de uma criança saudável.

Em 1989, a equipa conseguiu o seu objectivo: extraíram uma célula isolada de embriões com apenas três dias e identificaram cada um deles como masculino ou feminino. Embora nenhum desses embriões tenha sido subsequentemente implantado, os cientistas sentiram-se confiantes para anunciar que "é possível determinar com precisão o sexo dos embriões humanos antes da implantação ... [e] transferi-los para o ambiente uterino no dia do diagnóstico".[39] Realizaram esta exacta operação no ano seguinte, permitindo desta vez que as gravidezes prosseguissem e as crianças – dois pares de gémeas perfeitamente normais – nascessem.[40] Uma tentativa posterior viria, no entanto, a correr francamente mal, quando o diagnóstico errado do minúsculo embrião produziu uma criança que trazia justamente a deficiência que Winston e Handyside pretendiam evitar.

Ao ouvir esta notícia, Hughes teve uma ideia inovadora: os membros da equipa londrina estavam entre os mais habilitados investigadores de FIV do mundo; haviam sido os primeiros a extrair uma célula isolada de um embrião com poucos dias e os primeiros a descobrir como manter um embrião *in vitro* – numa caixa de Petri – por um período até quatro dias. Mas Winston e Handyside não eram geneticistas. Não eram realmente capazes de analisar uma célula isolada com o tipo de precisão milimétrica que esse trabalho requeria. Hughes considerou que a sua investigação poderia ajudar a colmatar essa falha. Se conseguisse ir para Londres, poderia ajudar a identificar a composição genética daquela minúscula célula isolada.

Alguns meses mais tarde, a *Continental Airlines* ofereceu uma série de bilhetes grátis e Hughes começou o seu vaivém transatlântico, calendarizando as suas viagens de forma a coincidirem com os ciclos menstruais das pacientes londrinas. A equipa alargada começou então a trabalhar no que reconheciam ser uma tarefa surrealista: "Todos sabíamos", contou Hughes, " que isto seria ou uma perfeita loucura ou um marco histórico".[41] Avançando para lá da selecção do sexo, a equipa concentrou-se na fibrose quística, uma doença cujo marcador genético havia sido identificado em 1989.

À terceira tentativa conseguiram. Um casal em que ambos eram portadores do gene da fibrose quística deu à luz uma criança saudável, identificada a partir de uma única célula de um embrião de oito. Pouco tempo depois, Winston e Handyside divulgaram publicamente o seu trabalho, anunciando o advento do que ficaria conhecido como diagnóstico genético pré-implantação.[42]

A Prática do DGPI

À semelhança de muitas outras inovações tecnológicas, o DGPI é conceptualmente simples. Pega no procedimento básico da FIV – a criação de um embrião fora do corpo – e adiciona-lhe em seguida uma dose de ciência genética, testando o embrião nos seus estádios mais precoces para despistar o tipo de doenças que, de outra forma, não seriam detectadas até à amniocentese ou ao nascimento. Dito de outro modo, ao combinar a reprodução assistida com a genética, o DGPI faz recuar o momento da detecção até à altura da concepção. Em consequência disso, como explica Hughes, "Os casais de elevado risco genético ... não têm de desafiar a sorte".[43]

Tecnicamente, porém, o diagnóstico pré-implantação é consideravelmente mais complexo do que o teste genético ou a fertilização *in vitro*. A célula que investigadores como Hughes analisam é minúscula, mas carregada de informação genética difícil ou impossível de descodificar. Num DGPI típico, os técnicos examinam o embrião no seu estádio de oito células, um estádio tão precoce que o embrião ainda é formalmente considerado um pré-embrião. Extraem uma única célula que, nesta fase de desenvolvimento, é idêntica a qualquer outra das restantes sete. Não há tempo para erros, pois o pré-embrião tem de ser devolvido ao útero no espaço de vinte e quatro horas. Submetem então esta minúscula célula a uma bateria de testes altamente especializados, procurando detectar a mutação específica – geralmente uma única irregularidade em toda a sequência genética – que atormenta o casal em questão. É extremamente difícil dominar na perfeição estes procedimentos técnicos altamente especializados, dependentes como estão tanto da perícia física como do conhecimento científico. Em 2004, havia apenas um punhado de investigadores em todo o mundo habilitados a fazer um DGPI. No início dos anos noventa, o número era ainda mais reduzido.

Por esta altura, Hughes tinha trocado o Texas por Washington, D.C. Tornara-se director do Instituto de Genética Molecular e Humana da Universidade de Georgetown e chefiava também os serviços de genética reprodutiva no Centro do Genoma Humano dos Institutos Nacionais de Saúde. Em ambas as posições, continuou a investigar os complexos mecanismos das doenças genéticas, tentando identificar os marcadores de outras enfermidades fatais para depois conceber os testes que permitiriam a sua detecção precoce.

Enquanto isso, Handyside e um pequeno grupo de colegas trabalhavam no aperfeiçoamento da operacionalidade clínica do DGPI, oferecendo-o a casais consabidamente portadores de um significativo risco genético: pais de crianças com Tay-Sachs, por exemplo, ou famílias marcadas pela doença de Huntington. Entre 1990 e 2000, mais de um milhar de crianças nasceram na sequência do DGPI, livres, à partida, de qualquer doença genética que perseguisse a sua família. Em muitos destes casos, Hughes foi o génio invisível, o cientista investigador graças ao qual os especialistas em fertilidade conseguiram produzir estes bebés de vanguarda. Pela mesma altura, Yury Verlinski, um cientista russo radicado em Chicago, desenvolvia separadamente uma linha de investigação semelhante, trabalhando com colegas no seu Instituto de Reprodução Genética no sentido de ir discretamente ampliando o alcance do DGPI.

Da Detecção à Selecção

Foi então que, em 1994, Hughes recebeu um estimulante telefonema de John Wagner, um dos mais destacados cirurgiões de transplantes em Minneapolis. Wagner estava a braços com uma onda de doentes que tentava desesperadamente salvar e pensava que havia uma hipótese remota de Hughes poder ajudá-lo.

A maioria desses doentes estava a morrer com anemia de Fanconi, uma doença rara da medula óssea transmitida por um único gene alterado. À semelhança de outras doenças genéticas clássicas – a Tay-Sachs, a anemia falciforme, a fibrose quística – a anemia de Fanconi declara-se quando ambos os pais são portadores do gene e o transmitem aos seus descendentes. Qualquer criança filha de portadores de Fanconi tem 25% de probabilidades de nascer com a doença.

Em regra, estas crianças morrem por volta dos seis anos, quando a sua medula óssea deixa de produzir os glóbulos vermelhos necessários. A sua única esperança reside num transplante de medula óssea, uma intervenção traumática e extremamente arriscada em que toda a medula óssea da criança é extraída e substituída pela de um dador. Se esse dador for um irmão com um sistema imunitário muito análogo, a criança tem cerca de 85% de possibilidades de sobreviver. Se o dador for menos compatível, o organismo da criança tende a rejeitar a medula alheia e a sucumbir. As hipóteses de sobrevivência com um transplante dissemelhante são apenas cerca de 30%.[44]

Durante anos, Wagner dedicara-se a tentar salvar crianças vítimas de Fanconi, procurando dadores compatíveis e submetendo-as, em seguida, a este penoso transplante. Era um processo cruel e doloroso, uma vez que, na maioria dos casos, não se encontrava nenhum dador perfeito e Wagner era forçado a ver os seus doentes morrer. Por vezes, se os pais tinham sorte, conseguiam conceber outra criança a tempo, uma criança que não era portadora de Fanconi e cuja medula óssea podia ser usada para salvar o irmão ou irmã à beira da morte. Algumas vezes também, os pais intervinham mais directamente, testando os seus fetos na décima semana de gravidez e abortando os que tivessem probabilidades de trazer a doença. Num número muito restrito de casos, houve pais que chegaram a abortar um feto saudável mas incompatível com o outro filho doente.[45] Na maioria das vezes, porém, os pais faziam tentativas consecutivas, esforçando-se por conceber rapidamente uma outra criança susceptível de salvar o irmão ou irmã. Mas poucos o conseguiam.

A perspicácia de Wagner foi ter pensado se o DGPI poderia acelerar este horrível compasso de espera. Se o DGPI permitia detectar se um embrião era ou não susceptível de sofrer de uma doença como a Fanconi, não poderia igualmente detectar se um embrião teria condições para salvar uma criança já atingida pela doença? Ou, dito de outro modo, não poderia a detecção transformar-se em selecção? Wagner sabia do caso de um pai que estava a tentar usar esta técnica para uma criança afectada por uma outra deficiência genética. Por que não tentar aplicá-la também à doença de Fanconi?

A princípio, Hughes estava relutante. Para começar, sabia que a genética da Fanconi era particularmente exasperante. Há pelo menos sete genes que podem causar a doença, e certas combinações parentais são extremamente difíceis de detectar. Além disso, Hughes sabia que o seu trabalho em Georgetown estava já à beira de um delicado precipício político. Como instituição católica, a escola era explicita e convictamente adversa a qualquer tipo de investigação em fetos.

Tecnicamente, Hughes estava seguro: os seus aglomerados de células eram mais pequenos e primitivos que os embriões, e não estava a realizar qualquer experiência com eles. Mas, atendendo à acesa controvérsia política em torno dos embriões, Hughes desconfiava que o seu trabalho poderia facilmente ficar sob fogo. Ele próprio se sentia ligeiramente desconfortável, sabendo que escolher um embrião saudável não era o mesmo que escolher um embrião saudável e perfeitamente compatível. Por isso esperou, pensou, e acabou por chegar a uma espécie de compromisso com Wagner. Dispôs-se a seleccionar embriões para pais de crianças vítimas de Fanconi, mas apenas se esses pais fossem jovens, portadores da mutação mais comum do gene da doença, e tivessem sempre planeado ter mais filhos. Hughes não criaria uma criança unicamente para salvar outra.

Duas Crianças, Dois Resultados

Uma vez garantida a colaboração de Hughes, Wagner examinou o registo nacional da doença de Fanconi para identificar duas famílias que preenchessem os seus critérios. Foram elas Lisa e John Nash, pais da pequena Molly, então com vinte meses, e Laurie Strongin e Allen Goldberg, cujo filho Henry tinha apenas cinco meses. Ambas as mães eram jovens, ambos os casais tinham a mutação "certa", e ambos agarraram prontamente a oportunidade de usar o DGPI para aumentar a probabilidade de conceber uma criança perfeitamente compatível. Laurie Strongin, porém, acabara de saber que estava já grávida do seu segundo filho, um rapaz saudável, mas cuja constituição genética era completamente diferente da de Henry. Assim sendo, Lisa Nash começou a FIV quase de imediato, enquanto Laurie Strongin teve de esperar.

Nos anos que se seguiram, ambas as famílias passaram por uma montanha-russa de tratamentos de FIV, testes DGPI e angustiantes abortos espontâneos. Lisa Nash submeteu-se a cinco ciclos de FIV e DGPI, gastando, segundo consta, mais de 100 000 dólares no processo.[46] Laurie Strongin suportou nove ciclos de FIV, produziu 198 óvulos, mas nunca engravidou.

No meio desta frustração, a política interveio para agravar ainda mais a situação. Em 1997, Hughes foi acusado de usar indevidamente fundos dos Institutos Nacionais de Saúde (NIH) para fazer investigação em embriões a despeito da interdição do Congresso. Hughes insistiu que, tecnicamente, não houvera qualquer violação: não estava a trabalhar com embriões e nunca usara fundos federais para financiar sequer o seu trabalho básico no DGPI. Mas demitiu-se da Georgetown e do NIH, desgostado e recusando-se a pôr termo a uma investigação que sabia poder salvar vidas. Acabou por se transferir para a Wayne State, uma Universidade fora de Detroit que lhe proporcionava o que a Georgetown não podia: um laboratório com financiamento privado para prosseguir o seu trabalho. Em Detroit, Hughes enveredou também pelo lado comercial da ciência. Seguindo directamente as pisadas dos pioneiros da FIV nos Estados Unidos, deixou o NIH e rejeitou a possibilidade de financiamento federal em favor do mercado, fundando um laboratório privado, o *Genesis Genetics*, livre dos constrangimentos da regulação governamental. À luz das normas em vigor, o DGPI era (tal como a FIV antes dele) perfeitamente legal. Só não podia ser subsidiado por fundos federais.

Enquanto Hughes se mudava, porém, Henry e Molly estavam a morrer. Em 1998, os Nash, cuja combinação genética era particularmente difícil de decifrar, deixaram Hughes e passaram-se para o Instituto de Genética Reprodutiva de Yury Verlinsky em Chicago. Embora ninguém aí tivesse ainda tentado o que os Nash tinham em mente, Verlinsky e a sua equipa estavam dispostos a experimentar. Em Dezembro de 1999, Lisa Nash produziu vinte e quatro óvulos, dos quais apenas um apresentava perspectivas de saúde e compatibilidade com Molly. Nove meses depois, esse óvulo tornou-se Adam e Molly foi salva.[47]

Laurie Strongin, que nunca conseguiu conceber com o tipo de óvulo adequado, foi forçada a seguir vias mais convencionais. Henry foi submetido a um transplante de medula óssea em Julho de 2000, mas morreu dois anos e meio depois.

O Mercado da Perfeição

Como era de esperar, a história de Henry e Molly fez manchete na imprensa. Tal como Louise Brown duas décadas antes, estas duas crianças tornaram-se o rosto concreto da procriação em alta tecnologia, os miúdos que a ciência corria para salvar. E, à semelhança do que sucedera com Louise Brown, também Henry e Molly desencadearam uma tempestade de críticas e foram prenúncio de um novo mercado.

As críticas eram muito previsíveis. Opositores como o sempre presente Leon Kass, agora ao serviço do Conselho de Bioética do Presidente George W. Bush, proclamaram que o nascimento de crianças como Adam confirmava os anteriores receios de uma rampa muito escorregadia. A FIV, argumentou Kass, já tinha cegado a sociedade para os perigos inerentes à manufactura da vida. E o DGPI vinha agora acrescentar outro passo fatídico, ao permitir que os pais não apenas manufacturassem os filhos, mas também os manipulassem. "Prestem bem atenção", advertiu Kass, "o preço a pagar pela produção de bebés optimizados, ou até geneticamente saudáveis, vai ser a transferência da procriação do lar para o laboratório. O crescente controlo sobre o produto só pode ser adquirido à custa de uma crescente despersonalização de todo o processo e da sua correspondente transformação em manufactura. Uma prática desta natureza será profundamente desumanizante".[48]

Outro crítico proeminente foi Michael Sandel, um filósofo político da Universidade de Harvard que também fez parte do Conselho de Bioética. Tal como Kass, também Sandel tinha um profundo e permanente receio da rampa escorregadia; também ele exprimiu a preocupação de que "o que começou como uma tentativa de tratar uma doença ou prevenir uma anomalia genética" rapidamente se transformasse num "instrumento de melhoria e de escolha do consumidor".[49]

Mas Sandel e outros opositores tinham uma preocupação adicional e mais subtil, relativa a algo que tornava o DGPI mais inquietante que a FIV – mais inquietante, na verdade, do que a inseminação artificial ou a maternidade de substituição, ou até quase todas as outras formas de reprodução assistida. O problema provinha da capacidade do DGPI para expandir o negócio de bebés muito para além dos casais inférteis, dos casais geneticamente em risco, ou até daqueles que tentam salvar uma criança já existente. E isto porque o DGPI estava intrinsecamente vocacionado para a perfeição – e o mercado para a perfeição era potencialmente ilimitado. Estabelecendo um paralelo com as hormonas de crescimento, por exemplo, Sandel perguntava: "Se as hormonas de crescimento não estão forçosamente limitadas àqueles que sofrem de deficiências hormonais, por que haveriam de ser disponibilizadas apenas a crianças muito baixas? Por que não haveriam todas as crianças de estatura inferior ao normal de poder recorrer a um tratamento? E que dizer de uma criança de estatura média que queira ser mais alta para entrar numa equipa de basquetebol?"[50] Assim que a melhoria genética passasse do laboratório para o domínio da escolha do consumidor, profetizaram Sandel e outros opositores, o desejo de enveredar por esses aperfeiçoamentos tornar-se-ia incontrolável. Como um comentador observou: "A selecção é o primeiro passo para o design".[51]

Estes receios não eram infundados. De facto, o mercado para o DGPI surgira quase assim que se soube da história de Henry e Molly, ou seja, quase com a mesma rapidez com que outros pais correram a imitar os Nash. E, tal como em outros avanços das técnicas de fazer bebés, a economia não se perdeu em contemplações: havia pais que fariam tudo, pagariam qualquer preço, para obter um determinado tipo de bebé. Havia um punhado de cientistas e médicos capazes de proporcionar esse bebé ou, pelo menos, alguma hipótese de o conseguir. E havia governos que ou regulavam a transacção (como em certas partes da Europa e da Austrália) ou a remetiam directamente para o sector privado (Estados Unidos). Assim sendo, o mercado desenvolveu-se onde podia. Se as pessoas queriam mesmo o DGPI – e era esse o caso – atravessariam qualquer fronteira internacional para o conseguir.

O mercado inicial do DGPI era, por conseguinte, praticamente idêntico ao da FIV ou da maternidade de substituição. Clientes ansiosos acorriam aos locais de maior destaque, aos médicos e investigadores que haviam introduzido esta tecnologia de ponta. A Universidade do Minnesota, que integrava o departamento de transplantes de John Wagner, era um sítio óbvio[52], assim como o novo laboratório de Hughes e o Instituto de Genética Reprodutiva de Verlinsky.

Em 2002, a Universidade do Minnesota anunciou que recebera mais de quinhentos inquéritos sobre o tratamento DGPI "da América e doutros países".[53] Em 2003, Verlinsky e os seus colegas comunicaram que tinham realizado trezentos e setenta e oito ciclos de DGPI para cinquenta e quatro condições genéticas, incluindo treze ciclos em que o único objectivo era pré-seleccionar embriões susceptíveis de produzir uma criança com medula óssea compatível com a de um irmão ou irmã doente.[54] E Hughes estava a analisar dados genéticos para centenas de casais, cobrando-lhes 2500 dólares por um processo de tratamento que incluía aconselhamento, análise e a criação de testes genéticos individualizados. Graças aos donativos de vários pais agradecidos, Hughes presidia também a uma fundação que oferecia estes mesmos serviços a casais que não podiam pagar os seus preços.

A Expansão do Mercado

Enquanto isso, outros participantes começavam a entrar no que claramente constituía um mercado apelativo. O Instituto de Genética & FIV de Joseph Schulman, por exemplo, estava já profundamente envolvido no diagnóstico pré-natal, oferecendo aos seus pacientes a despistagem de toda uma série de doenças genéticas. Quando o DGPI se tornou prática corrente, o Instituto começou a oferecer também análise pré-implantação. E o mesmo fizeram outros centros de fertilidade de elite, como o Centro de Reprodução Humana, com nove clínicas disseminadas pelos Estados Unidos, e o Instituto Jones na Virgínia.[55] O Instituto de Genética Reprodutiva de Verlinsky expandiu a sua prática, passando a incluir centros-satélite na Ucrânia, na Rússia, na Bielorússia e em Chipre; e clínicas em países com sistemas reguladores permissivos começaram a auto-propagandear-se junto de médicos legalmente impedidos de fazer o DGPI.[56]

Certas clínicas brasileiras, por exemplo, cobrariam alegadamente cerca de 4000 libras a famílias britânicas para efectuar análises que eram ainda proibidas no Reino Unido.[57] E, em Espanha, uma clínica ligada a um conhecido especialista em fertilidade londrino oferecia análises cromossomáticas e de determinação do sexo por um preço de 6000 a 7000 libras.[58] Em 2002, cerca de quarenta clínicas em dezassete países disponibilizavam o DGPI, a um custo de aproximadamente 2500 a 3500 dólares por procedimento.[59] A maioria destas clínicas oferecia o DGPI como complemento normal da FIV, uma forma de analisar todos os embriões criados *in vitro* antes de decidir quais implantar.[60]

Nestes casos, as clínicas usavam geralmente *kits* de análise pré-fabricados que lhes permitiam despistar o tipo de anomalias cromossomáticas que se manifestam em padrões bem definidos: a presença do vigésimo-primeiro cromossoma adicional na síndrome de Down, por exemplo, ou a ausência do cromossoma X, que indicia a síndrome de Turner. Uma vez que para todas estas deficiências cromossomáticas se usavam basicamente os mesmos testes, estes eram relativamente baratos e fáceis de realizar. Como produto para um mercado de massas, faziam, pois, todo o sentido. E como alívio para os aspirantes a pais, revelavam-se quase irresistíveis.

Para casos mais complicados, porém – como os de Tay-Sachs, fibrose quística ou Fanconi – as minudências do DGPI mantinham-se frustrantemente elusivas, tanto em termos financeiros como práticos. Na medida em que o número total destes casos era ainda bastante diminuto e os perfis genéticos ainda pouco seguros, não fazia, economicamente, sentido para as clínicas de fertilidade de primeiro plano investir no conhecimento especializado que a detecção genética ainda requeria. Em vez disso, as clínicas que queriam oferecer estes exames mais especializados – ou os casais que os solicitavam – apoiavam-se discretamente em especialistas como Hughes ou Verlinsky, que providenciavam, na sombra, as análises genéticas para dúzias de clínicas norte-americanas. Em 2003, por exemplo, o Instituto de Genética Reprodutiva de Verlinsky realizou mais de um milhar de DGPI para mais de noventa clínicas externas.[61]

Enquanto isso, um outro grupo de clínicas como o Instituto de Fertilidade de Steinberg ofereciam também o teste para determinar o género, uma análise simples e rentável, com uma procura potencialmente enorme. Nestes últimos casos, a oferta do DGPI impulsionou realmente o mercado dos serviços de fertilidade, uma vez que a maioria dos "pacientes" não era efectivamente infértil. No Verão de 2004, Steinberg informou que a sua clínica estava a atender uma média de dez pacientes por semana para a selecção de sexo. "É uma loucura completa", comentou ele. "Há pessoas a telefonar de todo o lado".[62]

O Papel da Regulação

Este furor, como é óbvio, deveu-se, pelo menos em parte, às lacunas legislativas. Em 2004, o DGPI era oficialmente legal em muitos países industrializados, A França, a Dinamarca, a Bélgica e a Noruega autorizavam o procedimento. O Reino Unido chegava, nalguns casos, a financiá-lo como parte do sistema nacional de saúde.[63] A Austrália Ocidental foi uma excepção a esta tendência, assim como a Alemanha, que continuou a proibir qualquer intervenção no embrião humano.[64] Mas a maioria dos países com serviços de reprodução de alta tecnologia autorizou o uso do DGPI.

O que variava, no entanto, – e levava pacientes a Steinberg – eram os *termos* desse uso. No Reino Unido, por exemplo, os casais não podiam recorrer ao DGPI para determinar o sexo do bebé, a menos que este corresse o risco de herdar uma doença directamente ligada ao género. Nos Estados Unidos e em vários estados australianos, os pais podiam pelo contrário, seleccionar o sexo independentemente de qualquer doença. Espanha era também um dos locais favoritos para essa selecção (embora o processo fosse formalmente ilegal), assim como a Itália, onde a lei se mantinha omissa.[65]

Quase imediatamente, porém, uma série de casos amplamente mediatizados revelou a dificuldade de restringir o DGPI, ou de definir com precisão as condições em que podia ser utilizado. No início de 2002, por exemplo, dois casais apelaram para a Autoridade para a Fertilização Humana e a Embriologia da Grã-Bretanha (HFEA), a entidade encarregada de examinar qualquer uso do DGPI que caia fora das linhas de orientação explicita e especificamente definidas para determinadas doenças. Ambos os casais solicitavam procedimentos praticamente idênticos: tal como os Nash e os Strongin-Goldberg, também eles queriam conceber novos filhos para salvar outros doentes. Uma das crianças, Zain Hashmi, sofria de talassemia, uma doença do sangue rara e hereditária. A outra, Charlie Whitaker, tinha uma doença sanguínea similar, conhecida como anemia de Diamond-Blackfan.

Após meses de deliberação e ampla atenção mediática, a HFEA pronunciou-se com uma decisão binária: autorizava os Hashmi a avançar com o DGPI, mas proibia-o aos Whitaker. Qual a lógica? A doença de Zain Hashmi era resultado de uma conhecida mutação genética, que poderia ser facilmente transmitida a qualquer outro filho do casal. A de Charlie Whitaker não. Deste modo, se no caso dos Hashmi o DGPI podia ser considerado uma forma de prevenir a doença num novo bebé, já no dos Whitaker seria feito unicamente para salvar Charlie.

Os Whitaker acabaram por se deslocar aos Estados Unidos, onde conseguiram conceber um filho para doar medula a Charlie.[66] Os Hashmi viram a decisão da HFEA seguidamente revogada pelo Tribunal da Relação britânico, mas posteriormente restabelecida pelo Tribunal de Apelação.[67] Enquanto isso, também eles viajaram para os Estados Unidos, despendendo 25 000 libras em tentativas infrutíferas de DGPI antes de regressarem à Grã-Bretanha.[68]

Num outro caso pungente, uma família cuja filha de três anos tinha morrido de queimaduras graves viu recusado o seu apelo para usar o DGPI no objectivo de seleccionar um embrião feminino. Deslocaram-se a uma clínica privada em Itália, pagaram 6000 libras por um DGPI que apenas produziu um único embrião masculino (a família já tinha quatro filhos) e decidiram doá-lo a um outro casal.[69] Ao explicar a decisão da HFEA neste caso, a sua presidente mostrou-se inflexível: "É nosso dever, por muito penoso que seja, agir para o benefício de toda a sociedade britânica ... Consultámos o público e o público não gosta – e nós também não – da ideia de bebés por encomenda".[70]

O Dilema do Diagnóstico

Nisto reside o principal dilema do DGPI. Em teoria, quase ninguém quer bebés por encomenda. Ninguém quer viver num admirável mundo novo em que os pais examinam um catálogo de características e seleccionam cuidadosamente o seu filho perfeito: um talentoso violoncelista, talvez, com olhos cor de avelã, cabelo castanho e uma covinha na face esquerda. Ninguém quer – ou, pelo menos, admite querer – um mundo em que os pais ricos possam comprar aperfeiçoamentos genéticos para os filhos, enquanto os pobres ficarão à mercê dos caprichos da natureza. E quase ninguém aceita que se seleccione o sexo unicamente por uma questão de preferência.[71]

Individualmente, porém, e se analisarmos caso a caso, a selecção genética faz muitas vezes sentido. Por que não haveriam os Nash de recorrer à tecnologia para salvar a filha? Por que haveria qualquer família de ter um filho condenado a morrer precocemente da doença de Huntington? E qual o mal de tornar um rapaz de metro e meio apenas um pouco mais alto? Ou de acrescentar uma filha a uma família com cinco rapazes?

Pode-se argumentar, como os críticos fazem, que qualquer passo no sentido da perfeição nos leva de volta ao nazismo e à agenda eugenista que culminou nas câmaras de gás de Auschwitz. Mas, não obstante a enorme carga emotiva destes argumentos, a sua lógica é falaciosa. O horror da eugenia nazi – e, na verdade, dos seus antecedentes mais brandos nos Estados Unidos e noutros países – proveio da conexão entre objectivos sociais e poder do Estado. Proveio do facto de o Estado ter determinado os contornos da "aptidão" e da "pureza" e imposto depois essa decisão –através da persuasão, da esterilização e, por último, do assassínio – aos seus cidadãos.

O diagnóstico pré-implantação inverte esta sequência. Em vez de colocar o governo ao leme da escolha social, deixa essa decisão directamente nas mãos dos particulares, cabendo aos pais tomar as suas decisões íntimas sobre os filhos que vão ter. A maioria desses pais toma, presumivelmente, as suas decisões sem ter grandemente em conta a sociedade ou o Estado. O que lhes interessa é o seu filho. Todavia, a soma de todas essas pequenas decisões pode ter um alcance muito mais vasto: redefinir, como a antiga eugenia, a noção de "aptidão" e transformar as crianças em artigos perfectíveis.

No que se refere ao DGPI e aos seus inevitáveis sucessores, o grande receio prende-se, pois, com o mercado. É o receio de que milhões de consumidores, um a um, façam compras que transformem a humanidade. Ou, como Robert L. Sinsheimer, um eminente biólogo do Instituto de Tecnologia da Califórnia, previu logo em 1969: "A velha eugenia limitava-se a um aumento quantitativo dos melhores exemplares do nosso património genético. Os horizontes da nova eugenia são, em princípio, ilimitados ... Pela primeira vez desde sempre, uma criatura viva compreende a sua origem e pode propor-se desenhar o seu futuro".[72]

E estamos já a dar pequenos passos nessa direcção. Famílias perseguidas por doenças genéticas devastadoras são utilizadoras frequentes do DGPI, detectando os seus genes defeituosos antes de os transmitirem à geração seguinte. Em resultado disso, há quase seguramente menos crianças a nascer com doenças fatais como a Tay-Sachs ou a anemia de Fanconi.[73] Em alguns casos, os investigadores começaram também a procurar sinais de doenças que surgem em fases mais tardias da vida, como o cancro da mama ou o aparecimento precoce da doença de Alzheimer.[74]

Se estas tendências prosseguirem, a frequência de mutações herdadas – e a prevalência de várias doenças genéticas graves – poderá diminuir substancialmente no espaço de apenas algumas gerações.[75] Resultados menos tecnológicos, e seguramente menos desejáveis, são também evidentes em diversas províncias da Índia e da China, onde a difusão da ecografia seguida de aborto conduziu a um visível aumento da proporção de crianças do sexo masculino: em 2000, por exemplo, nasceram 117 rapazes por cada 100 raparigas na China.[76] Enquanto isso, nos Estados Unidos e noutros países, o DGPI básico – ou seja, a despistagem de deficiências genéticas óbvias – tornou-se quase rotina na FIV; e a FIV, combinada com o DGPI, é o método conceptivo de eleição para as famílias marcadas por doenças genéticas. Já estamos, por conseguinte, a escolher os nossos filhos, e a configurar a sociedade com essa escolha.

A questão, porém, é se devemos fazê-lo. Devem os pais ser autorizados a moldar o destino genético dos filhos? Deverão eles dispor, no seu todo, da possibilidade de determinar a constituição genética da sociedade? As questões morais subjacentes a estas perguntas são extremamente complexas e provavelmente insolúveis. Mas as questões políticas exigem resolução. Se evitarmos a política, o mercado e a biologia vão simplesmente assumir o controlo: aqueles que podem escolher e têm motivo para tal, quase de certeza o farão. E as suas escolhas pessoais, mediadas por um mercado impessoal, irão lentamente moldando aquilo em que, enquanto espécie, nos iremos tornar.

Em termos de política prática, há diversas formas de lidar com esta perspectiva. A primeira é usar a política governamental para tirar os pais da rampa escorregadia. Por outras palavras, se nós, enquanto sociedade, receamos as implicações do DGPI e das tecnologias que lhe estão associadas, então, enquanto sociedade, podemos simplesmente bani-las, proibindo os pais de enveredar por qualquer tipo de selecção de embriões. É essa a política já adoptada por países como a Alemanha, e a que críticos como Kass e Sandel geralmente advogam. É claro que uma política desta natureza conduziria a tragédias muito notórias, na medida em que pais como os Nash perderiam a possibilidade de salvar os seus filhos. Mas evitaria, em princípio, as tragédias mais vastas e mais longínquas – da degradação, da mercantilização e da estratificação social – que os críticos tanto temem.

Em alternativa, países como os Estados Unidos poderiam optar por uma atitude de *laissez-faire*, deixando que os pais escolhessem como quisessem e o mercado seguisse o seu curso. Dentro desta óptica, poder-se-ia facilmente argumentar que as questões em causa no DGPI – a possibilidade de os progenitores conceberem uma criança saudável – são tão pessoais e íntimas que têm de ser protegidas contra qualquer forma de intrusão governamental. Assim sendo, o mesmo manto de direitos que o Supremo Tribunal estendeu à procriação e à contracepção poderia também ser usado para cobrir o DGPI e proteger o direito dos pais a fazerem as suas escolhas em matéria de genética e reprodução.

Mas as políticas relativas ao DGPI não têm de estar confinadas a extremos. É verdade que podíamos proibir qualquer forma de exame genético e embrionário, da mesma maneira que podíamos autorizar todas. Mas também podíamos escolher aventurar-nos selectivamente por essa rampa escorregadia que é o design de bebés, traçando pelo menos algumas linhas entre o que é e o que não é admissível. Ainda que, por exemplo, a decisão britânica de autorizar o DGPI a um dos casais mas não ao outro possa parecer demasiado draconiana à maioria dos americanos, não deixa de demonstrar como seria possível definir limites em matéria de instrumentalização. Teoricamente, pelo menos, poderíamos distinguir entre o DGPI que selecciona *contra* mutações genéticas (como a fibrose quística, a Tay-Sachs, etc.) e o DGPI que selecciona *a favor* de características genéticas desejadas. Poderíamos também optar por incluir a primeira forma de DGPI nos planos de seguros existentes, garantindo assim que o seu uso não ficaria restringido aos ricos. E poderíamos, de igual modo, proibir os pais de recorrer ao DGPI ou a outras técnicas afins para escolher o sexo da criança, ou então autorizar essa selecção apenas em determinadas circunstâncias. Em teoria, qualquer uma destas políticas poderia ser imposta pela legislação nacional, pela legislação individual de cada estado, ou através de uma auto-regulação das clínicas e médicos envolvidos.

Não será evidentemente fácil elaborar políticas nesta matéria, tendo sobretudo em conta a controvérsia que, nos Estados Unidos, envolve toda e qualquer discussão sobre o embrião humano. Também é certo que nenhuma destas políticas seria inteiramente estanque, e pais como os Nash ou os Whitaker poderiam, muito possivelmente, contorná-las, na esperança de salvar os filhos. Todavia, as políticas em si poderiam ser adoptadas. E, com o tempo e algumas excepções, poderiam ser igualmente aplicadas.

Tal como muitos outros aspectos do negócio de bebés, a selecção genética implica uma inevitável colisão entre as esferas pública e privada da vida, entre as decisões mais íntimas com que as pessoas se defrontam e uma visão distanciada da evolução das espécies e das sociedades. Quando casais como os Strongin-Goldberg se confrontam com a morte iminente de um filho, fazem naturalmente tudo o que podem para o salvar. Quando uma mãe de quatro rapazes contempla a hipótese de ter mais um filho, é compreensível que queira uma menina. São escolhas profundamente pessoais, e acções que a tecnologia tornou agora possíveis. Os efeitos a longo prazo destas escolhas comportam, no entanto, custos sociais. E daí que a sociedade tenha uma palavra a dizer sobre a forma como estas escolhas são feitas e a medida em que podem ficar entregues às preferências pessoais e às forças de mercado. A única forma de exercer essa voz é através do processo político.

Em última análise, talvez a política do DGPI nem seja assim tão difícil. Apesar do imenso potencial que a selecção genética encerra, apesar dos receios de uma estratificação social decorrente da manipulação genética, não é ainda seguro que mesmo os pais ricos pretendam adoptar essa manipulação como prática corrente. Em vez disso, os pais que se podem dar ao luxo de escolher poderão, não obstante, optar por deixar que a natureza siga o seu curso, confiando antes no seu próprio património genético e na qualidade intrínseca dos seus descendentes.[77] (Afinal, não considera já a maioria dos pais que os seus bebés são perfeitos?) Podem, pois, decidir prescindir do mercado neste caso e acreditar no que Sandel descreve como "uma abertura ao espontâneo".[78] Ou então, podem simplesmente tomar a decisão mais básica que Mark Hughes prevê. Se lhes dessem a escolher entre o DGPI e a natureza, comenta ele, "a maioria das pessoas optaria por ter sexo".[79]

Capítulo 5

Regresso ao Planeta Proibido

Problemas da Clonagem Humana

O mundo das trevas abriu o seu manto.
Começou a guerra dos clones.

– GUERRA DAS ESTRELAS: O ATAQUE DOS CLONES

SEGUNDO TODAS AS OPINIÕES, os Raelianos são um bando de excêntricos. Lançados em França sob a liderança de um ex-jornalista corredor de automóveis conhecido por Raël, o grupo conta histórias de encontros com extraterrestres e defende convictamente a crença do seu líder de que cientistas doutro planeta terão usado ADN para criar vida na Terra. Os seus membros dedicam-se à prática de massagens sensuais ritualizadas e dizem-se devotos da clonagem, que, segundo afirmam, vai garantir a imortalidade graças à preservação do ADN.

Depois de se ter arrastado durante algum tempo pelas raias do absurdo, o grupo saltou para a notoriedade em Dezembro de 2002, quando a Drª Brigitte Boisselier, uma sacerdotisa raeliana e directora-geral da Clonaid, a empresa privada do movimento, anunciou o nascimento de uma menina clonada directamente a partir de uma das células epidérmicas da mãe. Não obstante, porém, as suas reiteradas promessas em contrário, os raelianos nunca apresentaram publicamente a criança.

A Drª Boisselier e a sua pequena pandilha podem ou não ter clonado um ser humano. Tal como Severino Antinori, um especialista em fertilidade italiano apenas ligeiramente menos excêntrico que, em 2002, se declarou prestes a produzir uma criança clonada. A verdade, no entanto, é que já não deve faltar muito para que alguém o consiga, estilhaçando o que resta de um poderoso tabu humano.

Em termos científicos, a clonagem não é assim tão diferente de outras técnicas da medicina reprodutiva. O método actual envolve a extracção do ADN de uma única célula e a sua implantação numa célula-ovo cujo próprio material genético tenha sido removido. Embora o óvulo não tenha sido fertilizado por um espermatozóide, a transferência de ADN, em condições adequadas, consegue "iludir" o óvulo, levando-o a *crer* que foi fertilizado e a desenvolver-se em conformidade. Tecnicamente, a única verdadeira diferença entre a clonagem e a FIV (particularmente nas suas formas mais inovadoras) é a fonte do código genético que, na clonagem, provém de um conjunto de cromossomas, em vez de dois. Conceptualmente, porém, as diferenças são grandes. Na clonagem, com efeito, até a alusão ao sexo desaparece e os indivíduos podem teoricamente fazer o que sempre foi impossível: reproduzir-se a si mesmos.

Do ponto de vista económico, as perspectivas da clonagem comercial são aliciantes. Para quê maçarmo-nos, afinal, com os cálculos da engenharia genética se já sabemos do que gostamos? Poderíamos recriar o nosso marido, a nossa irmã, o nosso tio-avô Max. (Imaginem se todos os miúdos de Manhattan que têm o nome dos bisavós *fossem* realmente os seus bisavós). Poderíamos reencarnar um animal de estimação ou um filho tragicamente perdido.

De uma forma menos espectacular, a clonagem também oferece às pessoas a possibilidade de recriarem partes vitais de si próprias. Recorrendo a técnicas que estão já relativamente bem desenvolvidas, os futuros pacientes poderão usar as suas próprias células para clonar células cardíacas, pulmonares, ou do fígado geneticamente idênticas e, nessa medida, passíveis de serem subsequentemente transplantadas para os seus próprios órgãos doentes. Essa produção resolveria o enorme desequilíbrio no actual mercado de órgãos para transplante, em que a procura excede largamente a oferta.

Presentemente, empresas como a *Advanced Cell Technology* (ACT), sedeada em Massachusetts, estão já a trabalhar em técnicas de clonagem terapêutica, criando células estaminais embrionárias que poderão ser posteriormente manipuladas para produzir novas células ou órgãos mais específicos. Uma vez que o governo norte-americano proibiu qualquer apoio federal à investigação em clonagem humana, a ACT conta unicamente com financiamento privado e espera, presumivelmente, obter lucros privados. A empresa cobra 20 000 dólares por vacas leiteiras clonadas e anunciou que as suas receitas anuais poderão potencialmente ultrapassar os 10 000 milhões de dólares. Na Escócia, dois grupos de prestigiados investigadores constituíram a Rede Escocesa de Células Estaminais (*Scottish Stem Cell Network*), uma associação de cariz comercial, subsidiada por fundos da maior agência de desenvolvimento do país. E na Coreia, Singapura e China há um enorme afluxo de fundos e cientistas para as áreas da investigação em células estaminais e da medicina regenerativa.

Tal como a maternidade de substituição, a FIV e a selecção genética, a possibilidade da clonagem humana levanta também espinhosas questões de ordem moral e filosófica. O que significa recriar uma vida humana? Reproduzir-se sem um parceiro? O que é que define a identidade de pessoas que, geneticamente falando, já viveram anteriormente? É possível que nunca consigamos responder a estas perguntas, mesmo quando as técnicas da clonagem se forem crescentemente banalizando.

Alguns aspectos da clonagem são, todavia, certos. Os avanços tecnológicos vão possibilitar a clonagem humana. Essas tecnologias vão gerar mercados comerciais.[1] E os governos vão ter de regulamentar esses mercados para garantir que os benefícios da clonagem superem os seus eventuais malefícios.

O Impulso de Duplicar

Desde há muito que o fascínio pela clonagem transcendia a possibilidade técnica de a realizar. Muito antes de a palavra *clone* ter sido sequer criada, muito antes de a ciência da clonagem ser até remotamente possível, as pessoas já brincavam com a ideia de se reproduzirem integralmente a si próprias. Imaginavam crianças nascidas não apenas *delas*, mas *como* elas também.

A ideia da clonagem remonta provavelmente ao Génesis, onde Eva surge, inteiramente formada, da costela de Adão.[2] É evidente que Eva não era um clone de Adão, era uma pessoa separada, de sexo diferente. Mas nasceu de uma forma decididamente assexual, a partir de uma única pessoa e sem a complicada intervenção do acasalamento. Esta imagem da reprodução assexual, de filhos nascidos de um único progenitor, encontra-se no âmago do que podemos chamar a fantasia da clonagem. Por vezes, essa fantasia envolve múltiplas cópias de uma determinada pessoa. Outras vezes, como no caso de Adão e Eva, centra-se, mais simplesmente, na reprodução sem parceiros ou sexo. Em todos os casos, porém, a fantasia da clonagem tem uma ressonância apropriadamente mítica, na medida em que envolve uma nova forma de criação e um novo modo de gerar vida à imagem do Criador. Se a engenharia genética permite aos pais desempenhar o papel de Deus, a clonagem, então, torná-los-á análogos a Deus, ao possibilitar que se recriem a si mesmos no corpo dos seus descendentes. "Façamos o homem à nossa imagem", declara Deus no Génesis, "e à nossa semelhança".

Este desejo cala fundo. É a atracção da por demais conhecida história de Frankenstein, dos renascimentos dos contos de fadas e de todo um género de literatura de ficção científica. Em *Frankenstein*, um cientista solitário procura descobrir o segredo da vida ressuscitando os mortos. Constrói uma criatura nova a partir de bocados soltos de cadáveres, insuflando-lhe vida com uma descarga eléctrica. E vive depois para assistir à sua desgraça, quando a criatura, numa busca desesperada pelas suas próprias origens, começa a cometer uma série de crimes.

Uma temática semelhante atravessa o best-seller de Aldous Huxley, *O Admirável Mundo Novo*, e até filmes populares como *The Boys from Brazil** (em que um médico perverso cria noventa e quatro clones de Hitler) e *Multiplicity* (em que um pai muito atarefado se clona a si mesmo para conseguir mais tempo). Comum a todas estas abordagens é o sedutor apelo da mesmidade: o desejo de criar, uma vez e outra,

---

* NT: Intitulado em português "Os Comandos da Morte".

a réplica perfeita de um determinado espírito. É a secreta aspiração à imortalidade, ou a atracção óbvia de recuperar algo perdido, seja esse algo uma criança amada ou a própria juventude que se esvai. No final, porém, há também sempre um preço a pagar pelo benefício obtido, e um preço que não é geralmente menos terrível que o poder em si. O "monstro" de Frankenstein mata o irmão, o melhor amigo e a mulher do seu criador; um dos clones de Hitler manda os seus Doberman esfacelar o médico maléfico. Num plano íntimo, a ideia da clonagem parece desafiar as nossas expectativas em relação à vida e à morte, em relação aos nossos filhos e a nós próprios. À semelhança de Deus, queremos reproduzir-nos. Mas receamos terrivelmente fazê-lo.

Girinos sem Pai

Durante séculos, estes receios foram puramente ficcionais. A clonagem era uma ânsia indefinida sem uma palavra que a descrevesse ou uma ciência que a possibilitasse. Nos últimos anos do século XIX, porém, quando a mecânica celular da reprodução se tornou mais evidente, um pequeno grupo de cientistas começou a observar as diferenças entre os humanos e outras espécies, diferenças que se concentravam, em grande parte, em torno da prática do acasalamento. Fora do mundo dos mamíferos, constataram eles, a reprodução é frequentemente um acto solitário: as bactérias, por exemplo, dividem-se simplesmente em duas partes idênticas; as leveduras criam pequenos brotos que acabam por se separar como descendentes. Mesmo animais mais complicados, como os lagartos e certos peixes, podem ocasionalmente reproduzir-se sozinhos, através de um processo conhecido como *partenogénese* (termo de origem grega para "nascimento virgem"). Mas os humanos, à semelhança de outros mamíferos, dependem do sexo: não podemos reproduzir-nos sozinhos. E também nos reproduzimos de um modo em grande parte invisível, uma vez que nem a concepção nem o desenvolvimento fetal podem ser vistos a olho nu.

Tal como descrevemos no capítulo 2, a ciência levou centenas de anos para compreender a mecânica da reprodução, para ultrapassar a antiga ideia de seres humanos minúsculos enroscados em sementes e investigar, em vez disso, o processo pelo qual o óvulo e o espermatozóide se combinam para formar um feto. Mas, à medida que este misterioso processo ia sendo revelado, foi levantando um não menos misterioso conjunto de questões, muitas das quais obsidiam ainda a medicina reprodutiva moderna. Como é que, por exemplo, o espermatozóide induz o óvulo a dividir-se? Como é que a informação genética do óvulo fertilizado se auto-replica sucessivas vezes? E como é que este simples conjunto de instruções – e um simples aglomerado de células – acabam por produzir um admirável *corpo* de células, cada uma das quais com a sua própria função separada?

Na tentativa de esclarecer estes enigmas, os cientistas começaram a estudar actos de procriação mais simples, esperando sobretudo desvendar o segredo da diferenciação, o processo pelo qual células polivalentes desenvolvem funções altamente específicas. Para o fazer, começavam geralmente com rãs e outros anfíbios, animais relativamente simples que produzem habitualmente largas quantidades de ovos muito grandes.

Um destes cientistas era Hans Spemann, um embriologista alemão que viria a ganhar o Prémio Nobel da Medicina em 1935. Em 1902, Spemann usou um fio de cabelo do seu filho bebé para dividir ao meio um embrião de salamandra de duas células. Ambas as metades continuaram a desenvolver-se normalmente, produzindo dois embriões de salamandra idênticos que se transformaram em duas salamandras idênticas.

Experiências subsequentes demonstraram que as salamandras tinham uma versatilidade quase única, traduzida na capacidade de auto-reconstituir diversas partes do corpo. Mas Spemann estava interessado nas possibilidades mais vastas que esta divisão sugeria, possibilidades que ultrapassavam largamente a espécie das salamandras. Em 1938, aventou ludicamente essas possibilidades num livro intitulado *Embryonic Development and Induction*. Se as células embrionárias se podiam reproduzir a si mesmas e dar origem a um organismo completo, pensou ele, poderiam células adultas fazer, de algum modo, o mesmo? Poderia o núcleo mesmo de uma célula avançada ser induzido a gerar algo de novo? Em termos práticos, Spemann não sabia como executar esta "experiência fantástica". Conceptualmente, porém, delineou o que teria de ser feito: os cientistas teriam de isolar o núcleo de uma célula e introduzi-lo no "protoplasma ovular" de outra. Por outras palavras, fariam crescer um embrião a partir de uma única célula adulta.[3]

Onze anos após a morte de Spemann em 1941, dois investigadores do Instituto de Investigação do Cancro em Filadélfia conseguiram um resultado surpreendentemente semelhante, provando, pela primeira vez, que a clonagem era fisicamente possível. Os cientistas – Robert Briggs e Thomas King – não estavam, na verdade, a tentar testar o conceito de Spemann ou a ensaiar a reprodução assexual. Não estavam sequer a trabalhar na área da reprodução, mas sim concentrados na mecânica básica da activação dos genes. Para compreender este processo acabaram, no entanto, por fazer exactamente a experiência que Spemann havia proposto. Pegaram num ovo infertilizado de rã, retiraram-lhe o núcleo e injectaram-lhe em seguida o núcleo de uma célula extraída de um outro embrião de rã. E repetiram esta operação microscópica sucessivas vezes.

Na maioria dos casos, descobriram eles, o ovo "pegava" – ou seja, a injecção do núcleo estranho iludia de algum modo o ovo, induzindo-o a iniciar o processo de desenvolvimento. Os ovos dividiam-se, *apesar de não terem sido fertilizados*, e começavam a formar embriões. Alguns dos ovos passaram por diversos processos de divisão; outros tornaram-se embriões completos que posteriormente pereceram. Mas uma parte – vinte e sete em cento e noventa e sete tentativas – transformou-se em girinos aparentemente normais, réplicas genéticas das células isoladas que lhes tinham dado origem. King celebrou o feito num poema que escreveu para Briggs:

Era bochechudo e roliço, folgazão e compincha como outro não há
E nós fomos para aquele girino, ao mesmo tempo, Mamã e Papá.[4]

Nos anos seguintes, outros investigadores dedicaram-se a repetir o que Briggs e King haviam descoberto. Também eles conseguiram clonar girinos, mas depararam com a mesma barreira com que se confrontara a primeira equipa. Eram aparentemente capazes de clonar rãs a partir de células embrionárias de rã, ou de células de girinos muito jovens. Mas não conseguiam realizar plenamente o objectivo da experiência de Spemann – usar uma célula adulta para desencadear o processo de duplicação. As células adultas pareciam demasiado velhas para serem clonadas, ou demasiado especializadas.

Sonhos de Clonagem

Em 1962, porém, John Gurdon, um especialista em biologia do desenvolvimento da Universidade de Oxford, conseguiu clonar girinos a partir de células intestinais de rãs adultas. Os resultados foram difíceis de interpretar, na medida em que só uma pequena percentagem das transferências de Gurdon conduziu ao desenvolvimento de girinos, e esta espécie particular de rã tinha células intestinais que, por vezes, actuavam quase como espermatozóides. Todavia, a perspectiva de sucesso era suficientemente auspiciosa para atrair pelo menos um pequeno grupo de cientistas ao caminho seguido por Gurdon, pacientemente empenhados em induzir um qualquer tipo de células adultas de um dado animal a reproduzirem-se a si mesmas num óvulo. O objectivo destas experiências era demonstrar que o mapa genético de um indivíduo – fosse ele uma rã, um rato ou um ser humano – não ficava irreversivelmente alterado no decurso da diferenciação celular. Tratava-se de demonstrar, por outras palavras, que a clonagem era, pelo menos teoricamente, possível. Mas, durante mais de vinte anos, os cientistas não obtiveram praticamente nenhum sucesso.

Por ironia, no entanto, justamente quando a ciência estava a estagnar, o interesse do público despertou. Em 1963, J. B. S. Haldane, um dos biólogos mais eminentes do mundo, consagrou um discurso público às rãs de Gurdon. Usando pela primeira vez a palavra *clone*, Haldane dissertou entusiasticamente sobre o futuro desta tecnologia. Com técnicas de clonagem avançadas, profetizou ele, "pessoas de capacidade comprovada", poderiam reproduzir-se a si próprias assexualmente, "elevando [com isso] as possibilidades de realização humana".[5]

Embora nenhum destes resultados fosse sequer remotamente possível na época, o entusiasmo de Haldane, juntamente com o seu prestígio, atraiu considerável atenção fora do mundo da biologia. O *New York Times* noticiou as suas previsões e um editorial do *Wall Street Journal* amaldiçoou-as, afirmando que Haldane poderia bem ser acusado de "pregar o racismo".[6] Alvin Toffler especulou sobre as perspectivas da clonagem em *Choque do Futuro*, um best-seller publicado em 1970, e Woody Allen glosou memoravelmente o tema no seu filme de 1973 *O Herói do Ano 2000*, em que um grupo de cientistas tenta clonar o líder da nação a partir de células do seu nariz. Já nessa altura a clonagem surgia como algo simultaneamente sedutor e assustador, matéria tanto de comédia como de pesadelo. E, no entanto, apenas girinos haviam sido clonados até aí, não muitas vezes e sem um sucesso verdadeiramente significativo.

No decurso das duas décadas seguintes, a clonagem continuou a ser uma preocupação pública e um aparente impasse científico. Romances como *The Boys from Brazil* e *Do Androids Dream of Electric Sheep* (em que se inspirou o filme de culto *Blade Runner*) exploraram as implicações humanas da clonagem, e um crescente grupo de bioeticistas começou a auscultar a filosofia. Mas os progressos no laboratório eram escassos e a biologia mais convencional concentrou a sua atenção noutras áreas. O debate sobre a clonagem manteve-se num plano assaz abstracto, desenrolando-se mais no âmbito da ficção científica e da filosofia do que nos mercados e laboratórios. Podíamos querer clonar-nos mas, simplesmente, não conseguíamos.

Dolly: A Breve e Triste História de uma Ovelha

As coisas mudaram abruptamente em 1984, quando um veterinário dinamarquês chamado Steen Willadsen conseguiu clonar três cordeiros. À semelhança de Briggs e King, também Willadsen usara células embrionárias em vez de adultas. Mas tinha clonado mamíferos – um feito sem precedentes – e os seus cordeiros pareciam perfeitamente normais. Discretamente, Willadsen revelou também o potencial comercial da clonagem de mamíferos. Trocou o Gabinete Britânico de Investigação Agrícola, em Cambridge, pelo *Granada Biosciences*, no Texas, onde começou a trabalhar em vacas.

Cientistas de outros laboratórios estavam já tacitamente de acordo com a perspectiva da clonagem animal – já não limitada a rãs nem ao objectivo de testar as fronteiras biológicas da reprodução. Havia, em vez disso, uma crescente percepção de que, se a clonagem fosse possível, iria revelar-se particularmente rentável no mundo do gado, onde touros premiados ou vacas altamente produtivas atingiam frequentemente preços exorbitantes. Se fosse possível produzir múltiplas cópias de um touro de excelente qualidade, por exemplo, os benefícios financeiros seriam consideráveis, uma vez que simples embriões destes animais podiam chegar a atingir os 3000 dólares cada.[7]. Assim, enquanto os bioeticistas debatiam os malefícios da clonagem humana e os realizadores de cinema teciam argumentos em torno do tema, várias equipas de veterinários desconhecidos iam labutando na tarefa mais mundana de clonar vacas, ovelhas e cabras.

Era neste grupo que se integrava Willadsen, um cientista brilhante e audaz que passara a primeira parte da sua carreira a aprender a congelar embriões de ovelha. No decurso da sua investigação, reconfirmara também a experiência da salamandra de Spemann, mas agora com embriões de mamíferos, provando que era possível dividir embriões, numa fase inicial, em duas ou até quatro partes e produzir descendentes perfeitamente normais a partir dessas divisões.* Em 1984, Willadsen deu o passo lógico seguinte com os seus embriões de ovelha. Em vez de se limitar a implantar cada parte no útero de uma ovelha "hospedeira", extraiu uma única célula do embrião e inseriu o seu núcleo num óvulo não fertilizado. Os cordeiros que daí resultaram eram clones, os primeiros mamíferos nascidos por reprodução assexual.

O avanço de Willadsen teve um enorme impacto no mundo científico. Provara que a clonagem era possível mesmo em mamíferos grandes e que as crias não sofriam, aparentemente, qualquer dano em consequência dela. Do ponto de vista comercial, os seus cordeiros sugeriam que animais mais rentáveis podiam também ser clonados, gerando um negócio em que o retorno financeiro era literalmente multiplicado. Imaginemos, por exemplo, que um touro premiado (ou um cavalo de corrida, ou uma vaca leiteira) era leiloado por 10 000 dólares. E imaginemos agora que esse mesmo animal era cruzado com outro para produzir um único embrião. Com a técnica de Willadsen, esse embrião único podia ser dividido em oito embriões idênticos, cada um deles destinado a tornar-se um adulto igualmente valioso. Ou então, os oito embriões poderiam ser, eles mesmos, divididos, produzindo um total de sessenta e quatro embriões idênticos com o mesmo valor final. E assim sucessivamente.

Uma vez que as células eram jovens, poderosas e ainda indiferenciadas – *totipotentes*, em termos biológicos – podiam, em teoria, ser incitadas a produzir um número potencialmente infinito de descen-

* Este processo é agora geralmente referido como partição. Pode também ocorrer naturalmente, produzindo gémeos idênticos.

dentes. Já se sabe que esta multiplicidade era justamente a matéria de pesadelos ficcionais como *The Boys from Brazil*. Mas, enquanto os embriões eram bovinos e não humanos, a preocupação social era consideravelmente menor.

De facto, a notícia do sucesso de Willadsen quase nem chegou à imprensa pública. Tratava-se, afinal, de simples cordeiros, e a ciência em causa era difícil de explicar. Além do mais, os clones de Willadsen não eram, tecnicamente, muito diferentes dos embriões divididos que os haviam precedido. Willadsen estava ainda a copiar um aglomerado de células em estádio inicial e não um ser adulto.

Doze anos passariam ainda até esta última barreira ser transposta. Foi então que a clonagem irrompeu na consciência comercial e social.

Dolly era um Cordeirinho

Uma vez mais, a ciência teve como protagonista uma ovelha: uma Finn Dorset chamada Dolly, que depressa se converteu no animal mais famoso do mundo. Tal como os cordeiros de Willadsen, Dolly nasceu no Reino Unido, fruto do labor de cientistas relativamente obscuros no sector agrícola da sua profissão.

O que catapultou Dolly para a celebridade foi a conclusão final da "fantástica experiência" de Spemann. Contrariamente aos cordeiros – ou às rãs, ou às salamandras – Dolly foi criada a partir de uma única célula *adulta*, neste caso, uma célula mamária de uma ovelha plenamente desenvolvida. Durante anos, os criadores de Dolly – Ian Wilmut e Keith Campbell do Instituto Roslin da Escócia – tinham-se esforçado por descobrir um meio de reprogramar células adultas, i.e., de conseguir que células maduras e altamente diferenciadas regressassem, de alguma forma, ao seu estado mais primitivo e generalista.

Finalmente, em 1995, tropeçaram numa insólita fonte de juventude. Durante cinco dias, privaram as células seleccionadas de nutrientes, cultivando-as num meio desprovido dos habituais factores de crescimento.[8] Por razões que não são ainda inteiramente compreendidas, as células reagiram à sua fome com a regressão a um estado inactivo, suspendendo diversas funções-chave. Em consequência disso, quando Wilmut e Campbell injectaram essas células na célula-ovo isolada para esse fim, elas não se comportaram como células mamárias, mas sim como óvulos. Começaram, pois, a dividir-se, desencadeando o processo que acabaria por conduzir – numa de duzentas e setenta e sete tentativas – a Dolly.[9]

Quando a notícia de Dolly foi divulgada, a imprensa entrou em polvorosa. De um momento para o outro, o focinho emoldurado de lã branca da ovelha surgiu estampado em jornais e revistas de todo o mundo, acompanhado por títulos que variavam entre as previsões apocalípticas e os trocadilhos sem piada: "Um Clone na Pradaria", por exemplo, "Regrééé-ésso ao Futuro" e "A Queda do Homem".[10] Wilmut e Campbell tornaram-se celebridades instantâneas e, durante um breve período, os biólogos e bioeticistas dominaram o circuito dos *talk-shows*. A ovelha em si era, obviamente, uma questão secundária no meio de todo o frenesim, um exemplo silencioso do que a ciência havia engendrado.

Somente alguns meses após o anúncio do nascimento de Dolly, o Presidente norte-americano Bill Clinton reprovou a clonagem humana como "moralmente inaceitável".[11] A Organização Mundial de Saúde e a Sociedade Americana de Medicina Reprodutiva condenaram igualmente a perspectiva, e o mesmo fizeram as Nações Unidas, o Grupo dos Oito e o Papa.[12] Outros opositores saltaram também para a ribalta mediática, declarando, por exemplo, que "a perspectiva da clonagem humana ... é a ocasião de decidir se vamos ser escravos de um progresso desregulado e, em última análise, seus artefactos, ou se vamos permanecer seres humanos livres".[13] Os apoiantes eram menos, mas igualmente inflamados: "Agora não há limites", exultava o biólogo Lee Silver no que se tornaria uma frase frequentemente citada: "Agora toda a ficção científica se tornou realidade".[14]

Enquanto isso, a excitação em torno do feito de William e Campbell fazia muitas vezes esquecer o objectivo mais prosaico que os tinha motivado. Os dois homens, ao fim e ao cabo, não estavam verdadeiramente a tentar decifrar o enigma da clonagem. Nunca haviam trabalhado com humanos nem tinham qualquer intenção de vir algum dia a fazê-lo. Eram, muito simplesmente, investigadores em fisiologia animal ao serviço de uma empresa farmacêutica que pretendia encontrar uma forma de levar ovelhas a produzir insulina. Para eles, a clonagem fora apenas um meio razoavelmente eficaz para um fim muito diferente. Dito de outro modo, a clonagem era um instrumento e não o Santo Graal da ciência. E não tinha nada a ver com as perspectivas da reprodução humana. "A clonagem humana", escreveu Wilmut mais tarde, "está muito longe ... dos meus pensamentos e ambições, e preferíamos que ninguém tentasse nunca fazê-la".[15] Para os analistas externos, porém, esta distinção era irrelevante. Wilmut e Campbell tinham isolado uma célula de uma ovelha adulta. Tinham desenvolvido essa célula até ela se transformar num animal completamente formado, descendente idêntico e incontestável de uma única progenitora, não acasalada. Se tinham conseguido fazer isso com ovelhas, podiam – eles e, presumivelmente outros – fazê-lo com seres humanos também.

Em 2002, os cientistas de Roslin informaram pesarosamente que Dolly estava a a ter um envelhecimento prematuro, sofrendo de uma forma aguda de artrite que só afecta normalmente ovelhas muito mais velhas.[16] A 14 de Fevereiro de 2003, apenas seis anos e meio após o seu nascimento, a equipa que criara Dolly acabou, relutantemente, por abatê-la. A sua morte, porém, foi muito menos noticiada do que o seu nascimento. Os cientistas sabiam que esse fim precoce levantava sérias questões acerca da biologia da clonagem. E muitos leigos na matéria suspeitavam do mesmo.[17] Mas, no mundo pós-Dolly, isso não tinha grande importância. As guerras dos clones tinham começado.

O Mercado dos Múltiplos

Se fossemos a julgar a clonagem unicamente pelas manchetes a que deu origem, poderíamos facilmente concluir que estamos perante uma área da ciência e da ética geradora de um debate social sobre até onde poderemos levar a ciência e até onde deveremos fazê-lo. A procura efectiva da clonagem parece comparativamente atrofiada, um pequeno mercado constituído por milionários que desejam recriar-se a si mesmos.

Na prática, porém, o mercado potencial da clonagem é não só substancialmente maior como menos extravagante. Não provém de pessoas desejosas de se auto-reproduzirem em massa, ou aos seus filhos, mas antes daquelas que vêem na clonagem um outro instrumento procriativo de alta tecnologia, uma forma de produzir não clones *per se*, mas bebés. E são acompanhadas no mercado por aquelas que reclamam derivados tecnológicos da clonagem: os medicamentos que poderão, um dia, ser produzidos por ovelhas clonadas como Dolly, as células estaminais capazes de combater doenças, o gado criado com características optimizadas. No fim, a procura do produto mais óbvio da clonagem – múltiplas cópias de um único ser – é provavelmente bastante diminuta, inibida por oportunidades menos espectaculares, mas mais comerciais.

Todavia, porque o produto óbvio é tão controverso, o processo da clonagem em sentido mais amplo tem estado envolto na mesma suspeição. Existe já um mercado para diversas formas de clonagem, que vai inevitavelmente crescer. Mas tem sido, até aqui, um mercado discreto, empurrado, pressionado e silenciado por clamorosas preocupações sociais. É perfeitamente possível que, com o tempo, essas preocupações acabem por asfixiar completamente o mercado da clonagem. Os investidores afastar-se-ão de qualquer aplicação desta tecnologia e os cientistas virar-se-ão para outros objectivos. Mas também pode acontecer que o mercado force os seus oponentes a recuar. Se a procura de produtos derivados da clonagem for suficientemente grande e persistente para alimentar uma indústria rentável, é bem possível que a combinação entre procura e oferta faça o que outras tecnologias controversas, mas lucrativas, fizeram no passado: restabelecer o funcionamento normal do mercado.

"Fármaco-pecuária": O Mercado dos Animais Domésticos e Outros

O maior mercado actual para a clonagem reflecte as origens agrícolas desta tecnologia. Embora os criadores de gado não tenham conseguido produzir as manadas de animais de qualidade superior e perfeitamente equiparável que almejavam no início dos anos oitenta, a procura de gado clonado mantém-se forte. E o mesmo acontece com o objectivo de usar animais clonados para produzir medicamentos destinados a seres humanos.

Mesmo antes do nascimento de Dolly, uma série de empresas – a maioria das quais sedeada nos Estados Unidos, Reino Unido, Canadá e Austrália – estavam já a trabalhar activamente na clonagem de gado comercial. Tal como descrevemos anteriormente, os atractivos nesta área eram óbvios: multiplicar o número de embriões de alta qualidade que podiam ser vendidos até 3000 dólares o exemplar, e garantir que cada um deles comportava um conjunto preciso de características hereditárias. Uma vez que as preocupações éticas eram mais limitadas – poucos bioeticistas se preocupavam com a ideia de as vacas leiteiras terem alma – o mercado agrícola desenvolveu-se sem grande alarido.

Nos anos noventa, quatro empresas dominavam o comércio nascente. A *W. R. Grace & Company*, uma empresa especializada em substâncias químicas, financiava um laboratório na Universidade de Wisconsin dedicado à clonagem de gado e responsável por alguns dos maiores avanços nesta área durante a década de oitenta. No Texas, a *Granada Biosciences* trabalhava também na clonagem de embriões de vaca. A *Genmark*, sedeada em Salt Lake City, procurava identificar marcadores genéticos para características comerciais como o potencial para produzir leite, ou o teor de gordura láctea.[18] Na Escócia, a *PPL Therapeutics* dedicava-se à comercialização do trabalho do *Roslin Institute*, centrando-se essencialmente no uso de animais geneticamente aperfeiçoados – galinhas, ovelhas e vacas – para produzir proteínas como a AAT (que trata a fibrose quística) e a insulina.

Durante cerca de uma década, estas empresas, juntamente com um punhado de rivais de menor dimensão, gastaram consideráveis somas na criação de gado "farmacológico". Investiram milhões de dólares e produziram muita da ciência que acabaria por ser aplicada a outras formas de clonagem. Mas a ciência da clonagem, nesta fase, não quadrava bem com a economia. Era simplesmente demasiado dispendioso investir na infra-estrutura necessária – os cientistas, os técnicos, o equipamento, o gado – e demasiado difícil produzir um número suficiente de nascimentos.[19] Em 1992, a *Granada* vendeu as suas operações de clonagem à *W. R. Grace*. Dois anos depois, a *W. R. Grace* saiu também da indústria, transferindo a sua unidade de clonagem para um grupo externo de investidores.

Depois do nascimento de Dolly, porém, a fármaco-pecuária renasceu. Em 1999, investigadores da Escola de Medicina Veterinária da *A&M*, no Texas, anunciaram que tinham conseguido clonar um vitelo saudável a partir das células de um bovino adulto. Várias empresas comerciais anunciaram então a sua intenção de repetir o feito, prometendo recriar alguns dos animais mais premiados da indústria pecuária. E, desta vez, a ciência satisfez as expectativas. A *Infigen*, por exemplo, uma empresa sedeada no Wisconsin, produziu um touro clonado a partir de células fetais geneticamente modificadas em Março de 1997 e, depois disso, o clone de um campeão Holstein em Outubro de 2000.[20] Este último atingiu rapidamente 82 000 dólares na Feira Mundial da Indústria Leiteira.[21] O *Cyagra*, o departamento pecuário da *Advanced Cell Technology*, ofereceu os seus serviços de clonagem de vacas aos rancheiros em 2001, e o mesmo fez a *ProLinia*, uma pequena empresa emanada da Universidade da Geórgia. Em 2001, havia pelo menos três empresas a competir activamente no mercado de gado clonado, expedindo os seus produtos – geralmente touros extra-grandes ou vacas leiteiras prodigiosas – para todos os Estados Unidos. O preço corrente para vacas clonadas situava-se entre os 20 000 e os 25 000 dólares, colocando-as no segmento mais alto do mercado pecuário.[22]

Enquanto isso, os desenvolvimentos no campo agrícola levaram rapidamente à investigação em outras espécies. Os investigadores estudaram os métodos que haviam conduzido a Dolly, adoptaram-nos, refinaram-nos e reformularam-nos, e em breve estavam a produzir um verdadeiro cortejo de mamíferos clonados: coelhos em França, porcos no Reino Unido e nos Estados Unidos, ratos no Japão e no Havai.

Embora alguns destes animais tenham sido criados simplesmente para provar a possibilidade, muitos resultaram de um claro intuito comercial. Os coelhos franceses, por exemplo, foram criados por duas empresas de biotecnologia, ambas as quais especializadas no uso de animais para a produção de proteínas humanas.[23] Os porcos foram concebidos como potenciais dadores de órgãos, dotados de modificações genéticas que tornavam os seus fígados, corações e rins menos susceptíveis de serem rejeitados por receptores humanos.[24] Havia também empresas comerciais a trabalhar na clonagem de galinhas geneticamente modificadas, assim como na das agora vulgarizadas ovelhas. Em todos estes casos, o intuito era comercial: clonar animais para uso ou para venda.

Mas a evidência de um mercado ainda mais amplo surgiu em 2002, quando a gata *CC* entrou subitamente em cena. CC, abreviatura de "cópia de carbono" (ou seja, a papel químico), foi criada no âmbito do projecto "Missyplicity", lançado em 1997 para produzir clones de cão – mais especificamente, clones de uma cadela em particular chamada Missy.[25] O dono de Missy, um milionário solitário da Califórnia, convencera uma equipa de investigadores da *Texas A&M* a trabalhar no seu animal de estimação, financiando depois duas empresas associadas: a *BARC* (*Bio-Arts and Research Corporation*) e a *Genetic Savings and*

Clone. Mas, tirando o facto de atestar a relação aparentemente próxima entre a clonagem e os jogos de palavras, o Missyplicity não resultou. A equipa do Texas conseguiu extrair e renuclear dúzias de óvulos, mas nunca foi capaz de fazer outra Missy.[26]

E assim Lou Hawthorne, director da *Genetic Savings and Clone*, decidiu diversificar, experimentando antes os gatos. CC nasceu depois de uma única tentativa falhada de clonagem felina, impelindo muitos apaixonados por gatos a bombardear a empresa com ansiosos pedidos.[27] A *Genetic Savings and Clone* anunciou a sua intenção de investir 3,7 milhões de dólares no negócio da clonagem de gatos e de cobrar aos clientes, pelo menos nos primeiros tempos, um valor "na casa dos cinco algarismos" (i.e., algumas dezenas de milhares de dólares).[28] Enquanto isso, os amigos dos animais podiam criopreservar tecidos do seu cão ou gato por apenas cerca de 1000 dólares – 895 para animais saudáveis e 1395 para animais mortos.[29] Em 2004, a empresa tinha oito clientes em fila de espera como parte do seu "*Nine Lives Extravaganza*", um pacote comercial de 50 000 dólares que incluía um gato clonado, um vídeo do processo de clonagem e uma viagem à Califórnia.[30]

Era obviamente fácil rir da Missy e da CC, com os seus excêntricos apoiantes e fervorosos compradores. A generalidade dos comentadores fez pouco da "gatinha de carbono" ou do desejo de recriar um gato. "Para quê clonar um gato?", perguntava fleumaticamente um douto analista. "Para quê clonar um estúpido gato? Por que não, simplesmente, arranjar outro?"[31] Os grupos defensores dos direitos dos animais ficaram mais indignados, mas argumentar contra um gatinho – mesmo um gatinho clonado – não se revelou politicamente sensato.

As pessoas podiam, aparentemente, discordar da desejabilidade de se clonarem animais de estimação, ou recusar-se a beber leite de vacas clonadas. Mas a oposição a estes procedimentos permaneceu em surdina. E assim, o mercado da clonagem de animais continuou sem grandes entraves.

O Mercado para o Tratamento da Infertilidade

Em tratando-se de pessoas, a questão já era, sem dúvida, muito diferente. Mas a distinção não era inteiramente clara e as preocupações acerca da clonagem humana não se estendiam tão obviamente a todas as potencialidades do mercado. E isso porque existe uma área da clonagem humana que não parece clonagem *per se*, uma área em que o processo técnico da clonagem colide com o mercado mais tradicional do tratamento da infertilidade. Nesta parte do mercado, por conseguinte – a parte onde a clonagem é apenas mais um instrumento de reprodução de alta tecnologia – a procura está já a fazer-se sentir.

Para compreender esta imbricação, temos de retornar brevemente à ciência. Na clonagem, o núcleo de uma célula-ovo isolada é destruído de maneira a que nenhum material genético permaneça.[32] Em seguida, o núcleo de uma outra célula é injectado no óvulo enucleado, substituindo os genes retirados com os seus próprios. Por fim, e em condições cuidadosamente controladas, o óvulo é sacudido por uma pequena descarga eléctrica, apenas o suficiente para desencadear uma série de intrincadas reacções químicas e induzir o óvulo a comportar-se como se tivesse sido fertilizado. O embrião resultante desta manipulação é filho de um único progenitor: a pessoa (ou, mais precisamente, a célula) que forneceu o ADN inserido.

Este parece ser, à primeira vista, um processo único, totalmente afastado da reprodução sexual e da omnipresente mistura de dois conjuntos de genes. Na prática, porém, a diferença é mais subtil. Para começar, nem mesmo um verdadeiro clone é uma réplica idêntica do seu progenitor, ou progenitora. Em vez disso, e de formas que não estão ainda inteiramente esclarecidas, o embrião em desenvolvimento é afectado tanto pelo útero que o alimenta como pela mitocôndria (as parcelas auto-replicantes de uma célula que processam os nutrientes e fornecem energia) que permanece no óvulo enucleado. A gata CC, por exemplo, não era exactamente igual à sua mãe genética. Era um clone genético mas não, de facto, uma cópia de carbono. Logo, os clones não são necessariamente réplicas idênticas e podem possuir algum material genético de um segundo progenitor (mitocondrial). Segundo, algumas áreas da reprodução assistida partilham já algumas semelhanças técnicas com a clonagem, mesmo que os tratamentos nesses casos tenham uma designação diferente, e mesmo que os pais não estejam particularmente interessados na produção de sósias.

Consideremos, por exemplo, o caso de Sharon Saarinen, uma cabeleireira de trinta e quatro anos desesperada por ter um filho. Após ter esgotado os habituais ciclos de tratamento, decidiu, em 1998, tentar a transferência de citoplasma, um método experimental em que o citoplasma de uma mulher mais jovem é injectado num óvulo da candidata a mãe. (O citoplasma é a substância que envolve o núcleo de todas as células humanas.) O método funcionou com Saarinen e ela em breve deu à luz uma filha. Ora esta menina não era, claramente, um clone: desenvolveu-se a partir de um óvulo da mãe, fertilizado por um espermatozóide do pai. Mas, no decurso do processo, adquiriu também o ADN de uma terceira pessoa, a dadora anónima que forneceu o citoplasma. A filha de Saarinen ficou pois com o ADN de três pessoas.[33] E o mesmo acontecerá, presumivelmente, com pelo menos algumas das outras trinta crianças que, no final dos anos noventa, nasceram por meio da transferência de citoplasma.[34]

De modo análogo, em 1998, médicos da Faculdade de Medicina da Universidade de Nova Iorque começaram a fazer experiências com a transferência de núcleos, tentando salvar por outra via os óvulos de mulheres tecnicamente inférteis. Neste método, em vez de transferirem citoplasma fresco para um óvulo recalcitrante, retiraram o núcleo de um óvulo fertilizado e transferiram-no para um óvulo doado cujo próprio núcleo havia sido já removido. Embora os médicos nova-iorquinos tenham interrompido as experiências antes de obter uma gravidez, trabalharam posteriormente com uma equipa de investigadores chineses que, em 2003, conseguiu de facto a primeira gravidez humana com recurso à transferência de núcleos. Os gémeos resultantes desta operação acabaram por morrer no útero, por razões não necessariamente relacionadas com o método da sua concepção.[35] Caso tivessem, no entanto, vivido, ou se outros bebés viessem a nascer por meios semelhantes, também eles seriam então híbridos genéticos, fruto de um cruzamento inédito de material genético.

Poder-se-ia, obviamente, argumentar que existe uma diferença substancial entre o método *high-tech* da FIV e a clonagem reprodutiva. Ambos os procedimentos que acabámos de descrever ainda implicam, ao fim e ao cabo, a utilização de espermatozóides e a consequente mistura genética da reprodução sexual. A fonte do núcleo em ambos os casos é também um óvulo fertilizado e não uma célula adulta, o que significa, pelo menos, que não há simplesmente razão para algumas das preocupações de segurança levantadas pela clonagem reprodutiva. Alem disso, o objectivo destes processos de transferência é geralmente a concepção de *uma* criança, e não de uma criança com um determinado programa genético.

Na prática, porém, tanto a transferência de citoplasma como a transferência de núcleos que foi feita na China coincidem, em grande parte, com o lado técnico da clonagem. Potencialmente, abrem também caminho a outras técnicas ainda mais estreitamente relacionadas com esta. Em casos, por exemplo, em que o elemento masculino seja incapaz de produzir espermatozóides, os cientistas poderiam, teoricamente, extrair-lhe uma outra célula do corpo e injectar o respectivo núcleo numa célula-ovo da sua mulher (ou de uma outra substituta). Se o óvulo "pegasse", acabaria por produzir um embrião, e depois uma criança, que transportaria apenas o ADN do elemento masculino. De um modo mais simples, casais que recorressem à FIV tradicional, mas que produzissem apenas um reduzido número de embriões viáveis, poderiam usar técnicas de clonagem para dividir esses embriões em múltiplos idênticos, criando assim gémeos artificiais. Esta técnica, oficialmente designada "partição do embrião", envolveria apenas pequenas modificações da prática corrente.[36]

Do ponto de vista do comércio de bebés, o aparecimento destas técnicas experimentais revela, uma vez mais, quão profunda é a necessidade de filhos. Sharon Saarinen não optou pela transferência de citoplasma porque estava curiosa para tentar o novo método. Fê-lo porque queria um filho geneticamente relacionado com ela e com o marido. Se a clonagem pode trazer filhos a outros como Sharon – aspirantes a pais para quem nada mais funciona – então, tanto a História como a Economia indicam que vai surgir, muito provavelmente, um mercado para a clonagem reprodutiva. Poderá não se centrar, como muitos prevêem, em bilionários megalómanos, ou em ditadores desejosos de clonar um exército. Em vez disso, e tal como acontece na maior parte do negócio de bebés, poderá vir simplesmente daqueles que procuram ansiosamente uma maneira, seja ela qual for, de ter um filho geneticamente relacionado consigo.

O Mercado da Recriação

Uma procura análoga provém de um segmento ainda mais triste do mercado: os pais que tentam substituir um filho em concreto. É essa a procura que, em grande medida, alimenta grupos como os raelianos e está na base de muita da oposição pública à clonagem. Na prática, porém, é uma procura bastante diminuta. Permanece irrealista do ponto de vista científico e pouco atractiva em termos comerciais. Mas representa, não obstante, uma fracção do mercado da clonagem, sendo um tipo de procura que não tende a desaparecer.

O caso prototípico é fácil de imaginar. Um jovem casal perde o filho num acidente trágico. Ou um casal de meia-idade vê o seu filho, um talentoso violinista ou jogador de futebol, sucumbir a uma doença. Destroçados, estes pais não querem apenas outro filho. Querem o *seu* filho de volta. Guardam uma madeixa de cabelo dele, ou congelam células da sua epiderme, e procuram um cientista disposto e habilitado a cloná-lo.

Histórias destas são, obviamente, matéria de telenovelas e romances de ficção científica. Mas já se tornaram bem reais. Depois do nascimento de Dolly, por exemplo, Ian Wilmut viu-se cercado de casais destes, todos eles suplicando que lhes clonasse um filho morto.[37] E o mesmo aconteceu com Richard Seed, um cientista renegado de Chicago que é quase universalmente desprezado pelos membros da medicina convencional. Em 1998, Seed anunciou que estava preparado para clonar seres humanos e que várias famílias o haviam já abordado com pedidos.[38] O dinheiro, nestes casos, raramente é obstáculo.

O que se afigura mais problemático é a ciência em causa. Por um lado, os desenvolvimentos em outras áreas da clonagem sugerem que a clonagem reprodutiva humana está perfeitamente ao nosso alcance. Em termos biológicos, as ovelhas e os gatos não são, afinal, muito diferentes dos seres humanos, e reproduzem-se de um modo bastante similar. Se conseguimos, pois, recriar gatos, acabaremos por conseguir recriar seres humanos. Só que os humanos, por outro lado, colocam problemas que os gatos (e as ovelhas e as vacas) não colocam. O envelhecimento prematuro, por exemplo, seria mais problemático em seres humanos do que em vacas. E o mesmo se pode dizer de taxas de deficiências congénitas superiores ao normal (que geralmente se verificam nos animais clonados) e de tentativas que podem envolver centenas de óvulos e dúzias de úteros hospedeiros.

Além disso, um olhar mais aproximado sobre os animais clonados sugere que nem mesmo a clonagem recriativa bem sucedida necessariamente "funciona". A gata CC, por exemplo, não era uma cópia a papel químico do animal a partir do qual foi clonada, apresentando uma distribuição de cores visivelmente diferente no seu pêlo tigrado. E o mesmo se verificou com Cedric, Cecil, Cyril e Tuppence, quatro carneiros Dorset que Ian Wilmut e os seus colegas clonaram a partir de uma cultura de células de embrião. Embora os animais fossem geneticamente idênticos, a sua aparência física e os seus padrões de comportamento não eram.[39] Deste modo, mesmo que os cientistas conseguissem clonar um determinado ser humano, não haveria qualquer garantia de que o clone se assemelhasse ao original. Donde se conclui que o profundo desejo de recuperar um filho perdido poderá nunca ser satisfeito pela clonagem.

Não obstante isso, relatos esparsos dão-nos fortes indícios de que um pequeno grupo de clientes persegue o objectivo da clonagem recriativa, ajudados por um ainda mais pequeno bando de cientistas aventureiros. O primeiro destes últimos foi Seed, que saltou para a notoriedade quando declarou que era capaz de clonar seres humanos e estava decidido a fazê-lo. Passou vários anos a angariar fundos e a esquivar-se à FDA, mas acabou por se retirar de cena sem ter produzido outra coisa para além de controvérsia. Seed afirma, no entanto, que tinha imensos clientes, algures entre as duas e as sete centenas.[40]

O senhor que se seguiu foi o flamejante Severino Antinori que, em 1994, se tornara famoso por ter ajudado uma mulher de sessenta e três anos a ter um filho. Em 2001, Antinori anunciou que contava produzir o primeiro clone humano do mundo no espaço de dezoito meses. Declarou também que tinha mais de mil e quinhentos clientes em fila de espera, a maioria dos quais tentando resolver problemas de infertilidade.[41] Enquanto isso, Panayiotis Zavos, que trabalhara durante algum tempo em parceria com Antinori, proclamou que também ele estava em vias de produzir o primeiro clone humano.[42] Tal como Antinori e Seed, também Zavos referiu uma lista de clientes que ascendia aos "milhares", assim como fundos substanciais provenientes de fontes não reveladas.[43]

Alegações idênticas foram feitas pelos raelianos, o culto futurista que mencionámos anteriormente. Em 2001, o grupo anunciou que tinha recebido 500 000 dólares de um casal americano que esperava recriar o seu bebé morto.[44] Depois, em 2002, os raelianos participaram o nascimento de Eva, uma criança alegadamente produzida a partir de uma célula da epiderme da mãe. Nenhuma destas declarações foi alguma vez comprovada, e a maioria dos cientistas recusa-se a levar os raelianos a sério. "Não creio que haja uma única pessoa qualificada com experiência em medicina reprodutiva que acredite que eles fizeram o que dizem", afirma um reputado especialista. "Se a *Clonaid* clonou realmente uma pessoa, por que não divulgou a sua investigação numa publicação científica?"[45] O facto de o fundador dos raelianos se apresentar numa túnica branca esvoaçante, sempre rodeado de belas mulheres, não contribui muito para a credibilidade do grupo, nem tão-pouco a sua crença fundamental de que os seres humanos são, eles próprios, clones de uma raça avançada de extraterrestres.[46]

Mas alguns cientistas suspeitam que a expressão do avanço tecnológico torna cada vez mais possível que até grupos como os raelianos acabem por produzir um clone humano. "Quando pensamos no que seria absolutamente indispensável para clonar um ser humano", diz Gregory Stock, do Programa sobre Medicina, Tecnologia e Sociedade da Universidade da Califórnia, "mães-portadoras e um grande número de óvulos são ingredientes-chave – e os raelianos têm-nos".[47] Uma opinião semelhante é a de Michael Bishop, presidente da *Infigen*, a empresa de clonagem de animais. "Está [a clonagem humana] a ser feita", insiste. "Não tenho a mínima dúvida. Seria estúpido e ingénuo pensar o contrário."[48]

Em termos científicos, é difícil prever se algum investigador – aventureiro ou convencional – conseguirá produzir um clone humano. É difícil saber quantas pessoas desejariam realmente ressuscitar entes queridos mortos, e quantas teriam meios financeiros para o fazer. Mas, mesmo com todas estas incertezas, está lentamente a surgir uma nítida procura de clonagem reprodutiva, apostada na busca da ciência que possa, finalmente, criar uma oferta.

O Mercado das Células Estaminais

No maior mercado actual da clonagem, a ciência encontra-se, pelo contrário, consideravelmente mais avançada. Este mercado tem pouco a ver com bebés, fertilidade ou imortalidade. Em termos puramente comerciais, é um mercado ainda marginal e tem levantado uma enorme controvérsia política. Mas quando ganhar ímpeto – e isso vai acontecer

– o negócio que gera e a política que afecta irão provavelmente ditar o desenvolvimento em toda a área da clonagem.

Estamos a falar, obviamente, do mercado de células estaminais embrionárias, as células indiferenciadas e pluripotentes que desencadeiam o início da vida. São elas que compõem o embrião antes de este atingir aproximadamente o estádio das sessenta e quatro células – as células que subsequentemente se transformam em todo o sistema de órgãos complexos que constitui o corpo: sangue, cérebro, fígado, coração.

Na medida em que dispõem da capacidade de se transformarem em praticamente tudo, as células estaminais embrionárias encerram também a promessa – pelo menos em teoria – de tratar algumas das doenças mais devastadoras da nossa sociedade. Uma criança com diabetes, por exemplo, poderia ser injectada com células estaminais embrionárias convertidas em células beta, os cruciais reguladores do açúcar no sangue de que os doentes de diabetes carecem. Um doente de Parkinson poderia receber células nervosas produtoras de dopamina, a substância química cuja ausência provoca esta doença.

Embora estes tratamentos estejam ainda longe de ser desenvolvidos, quanto mais testados, o seu potencial científico é enorme. E o mesmo se pode dizer do seu mercado potencial. Em 2002, por exemplo, os norte-americanos gastaram 132 000 milhões de dólares em tratamentos para a diabetes e uns estimados 25 000 milhões em custos relacionados com a doença de Parkinson.[49] Se pelo menos uma parte dessa despesa fosse substituída pelas tecnologias de células estaminais, os benefícios económicos seriam significativos – maiores, com toda a probabilidade, do que os decorrentes de qualquer outro avanço da medicina moderna.[50]

É óbvio que as aplicações directas das células estaminais têm pouco a ver com a reprodução – prendem-se com o tratamento de doenças ou a regeneração de tecidos, e não com a concepção de filhos. Todavia, a ligação entre estas duas áreas é cientificamente intensa, e o negócio e a política em torno das células estaminais vão inevitavelmente afectar e ser afectados pelo comércio de bebés.

Uma vez mais, temos de regressar brevemente à ciência. As células estaminais embrionárias humanas derivam, como o nome indica, de embriões humanos. São, na verdade, as células do próprio embrião, colhidas durante os primeiros estádios do seu desenvolvimento. Tecnicamente, este tipo de célula é tão velha como a humanidade. Mas, na medida em que, ao longo da História, a procriação se processou sempre no interior do corpo humano, o acesso às células embrionárias era impossível e a informação escassa. Com o advento da FIV, porém, o embrião humano começou a ter uma existência fora do corpo. Os cientistas puderam ver de perto o embrião vivo; puderam manipulá-lo e assistir ao seu desenvolvimento. Uma vez que alguns desses cientistas estavam envolvidos no comércio da fertilidade, tornaram-se igualmente peritos na criação e divisão de embriões, induzindo o óvulo e o espermatozóide a juntarem-se, e depois a dividirem-se. No decurso desse processo, começaram também a produzir milhares e milhares de embriões. Alguns desses embriões eram transferidos para pacientes inférteis, onde se convertiam em fetos e, posteriormente, em crianças. Outros, os excedentários, eram armazenados em cubas de nitrogénio líquido para pacientes que nunca viriam, provavelmente, a usá-los.

Em 1998, James Thomson, um investigador da Universidade do Wisconsin, pegou num destes embriões, retirou-lhe a massa celular interna e induziu essas células a auto-replicarem-se repetidamente no seu laboratório.[51] Criou, por outras palavras, o que é agora conhecido como uma *linha* de células estaminais, um grupo de células basicamente imortal. Na medida em que estas células eram também indiferenciadas, podiam ser, teoricamente, induzidas a transformar-se em quase todas as células do corpo humano.

O anúncio de Thomson, provando que as células estaminais podiam ser não só colhidas como conservadas, abalou a comunidade científica. Quase instantaneamente, outros investigadores começaram a lançar-se no mesmo caminho, tentando replicar o sucesso de Thomson e ensaiar as vastas permutações que este possibilitava.[52] Mas, assim que a ciência começou a dar os primeiros passos, de imediato se viu envolta em acesa controvérsia. Com efeito, ao criar linhas de células estaminais, Thomson e os seus colegas tinham-se também metido em dois imbróglios políticos. Primeiro, tinham destruído um embrião; segundo, tinham clonado as suas células.

O primeiro destes problemas é mais fácil de ver: quando os cientistas retiram a massa interna de um minúsculo embrião, estão a destruir o embrião em si. As suas células continuam a viver, mas o embrião não. Por esse motivo, aqueles que acreditam que a vida começa na concepção tinham necessariamente de ver o processo de Thomson como algo semelhante a um aborto. Ele pegara num embrião e roubara-lhe a possibilidade de uma vida autónoma.

O segundo ataque era mais subtil mas, em última análise, mais importante. Ao induzir as células embrionárias a auto-reproduzir-se, Thomson tinha efectivamente criado uma reserva praticamente infinita de células idênticas – clones, na verdade, criados a partir de um embrião que, em si mesmo, nunca iria nascer. Ainda que Thomson, por ele, não tivesse qualquer interesse na clonagem reprodutiva, e embora os cientistas que prosseguiram o seu trabalho estivessem também quase exclusivamente preocupados com o tratamento de doenças e não com a concepção de crianças, a demarcação entre clonagem reprodutiva e clonagem terapêutica perdeu-se no debate que se seguiu. Thomson tinha clonado células humanas e, teoricamente, as suas técnicas podiam ser adaptadas e aplicadas a fins reprodutivos.*

Em termos comerciais, existe uma enorme distância entre células estaminais embrionárias e clonagem reprodutiva. Se as células estaminais embrionárias tiverem nem que seja uma fracção do potencial clínico que muitos cientistas lhes atribuem, vão transformar a prática em vastos segmentos da medicina, incluindo a forma de tratar determinadas doenças.[53] À medida que a ciência for avançando, empresas do sector privado vão inevitavelmente lançar-se neste mercado, produzindo os medicamentos ou tratamentos possibilitados por esse avanço. Na verdade, e tal como descrevemos anteriormente, as primeiras fases desta escalada estão já em curso.

Em comparação, o mercado da clonagem reprodutiva é, quase de certeza, muito menor. Embora as tecnologias de células estaminais embrionárias pudessem ser aplicadas a certos casos de infertilidade, o número total desses casos é provavelmente diminuto, e o seu impacto no comércio de bebés basicamente nulo. Dito de outro modo, o advento das tecnologias de células estaminais não terá um impacto significativo nem na oferta nem na procura de serviços de clonagem reprodutiva. Todavia, e porque os debates públicos sobre as clonagens terapêutica e reprodutiva estão intimamente relacionados, a política das células estaminais vai inevitavelmente afectar o mercado da reprodução de alta

* As células estaminais embrionárias, em si, não podem, no entanto, dar origem a um embrião, na medida em que não são capazes de produzir uma placenta.

tecnologia. E a política da clonagem, por seu turno, poderá bem conduzir o desenvolvimento comercial das células estaminais.

A Política da Clonagem

Tal como sucedera com o nascimento de Dolly, as linhas de células estaminais de Thomson desencadearam uma tempestuosa controvérsia e um surto de acção política. Alguns anos antes, em Dezembro de 1994, o Presidente norte-americano Bill Clinton promulgara uma norma executiva que proibia os investigadores de usar fundos federais para criar embriões humanos. E reiterou esta interdição depois do nascimento de Dolly, declarando, ainda mais enfaticamente, que nenhuns fundos federais poderiam ser canalizados para a clonagem humana.[54] Atendendo, porém, a que o presidente não estendeu a interdição federal à clonagem de animais ou ao ADN das células, as empresas privadas (ou investigadores com financiamento privado) continuavam a poder criar linhas de células estaminais, e os investigadores financiados pelo erário público podiam continuar a usá-las no seu trabalho.[55]

Basicamente, pois, a proibição de 1997 visara traçar uma cómoda linha negra através de uma área cinzenta. Clinton reconhecia o potencial das tecnologias de células estaminais e não proibiu, de facto, a investigação nesse domínio; mas retirou o apoio do governo federal a esses esforços de investigação. A sua interdição veio, aliás, na linha de restrições semelhantes impostas, décadas atrás, à FIV: o trabalho podia prosseguir, mas apenas em clínicas privadas e sem subsídios governamentais.

Os críticos, porém, não se deixaram apaziguar pela interdição, argumentando que a clonagem era suficientemente perigosa para requerer restrições muito mais enérgicas. Entre 1998, o ano em que as células estaminais de Thomson foram criadas, e 2000, foram apresentados ao Congresso onze projectos-lei nesse sentido, todos eles propondo uma qualquer forma de proibição ou de regulamentação severa da clonagem humana.[56] Nenhum deles foi aprovado.

Depois, em 2001, a recém-eleita administração Bush remodelou a política da era Clinton. Argumentando que "enquanto sociedade, não devemos desenvolver vida para a destruir", o Presidente George W. Bush emitiu uma norma executiva que impedia os cientistas financiados pelo governo federal de trabalhar em quaisquer recém-criadas linhas de células estaminais.[57] Só poderiam usar fundos federais para investigar as cerca de sessenta linhas de células estaminais disponíveis até 9 de Agosto de 2001 (data do decreto do Presidente).

Em teoria, a investigação em células estaminais financiada pelo governo federal poderia prosseguir sob estas restrições. Mas, na prática, ficou severamente limitada, especialmente quando se tornou claro que muitas das sessenta linhas elegíveis não podiam, na verdade, produzir réplicas viáveis. De facto, o número de linhas que podia ser realisticamente usado rondava as vinte.[58] Além disso, apenas uma parte dessas linhas se encontrava nos Estados Unidos, a maioria delas na Universidade do Wisconsin e na Universidade da Califórnia em S. Francisco.[59] Em 2004, amostras destas linhas estavam a ser vendidas a 5000 dólares cada, estreitando ainda mais as oportunidades de muitos candidatos a investigadores.[60]

Enquanto isso, as políticas da investigação em células estaminais estavam a tornar-se cada vez mais controversas. Em Julho de 2002, o Conselho de Bioética do Presidente apresentou "Clonagem Humana e Dignidade Humana", um relatório bipartidário destinado, em princípio, a resolver as questões éticas em torno da clonagem. Mas não resolveu. O que o relatório fez foi antes abrir um caminho sinuoso em torno da controvérsia, recusando-se a condenar a clonagem terapêutica (o que enfureceu os seus opositores), ao mesmo tempo que defendia uma moratória de quatro anos à investigação (o que enfureceu, de igual modo, os seus apoiantes).

Frustrados, grupos de defensores como a Coligação para o Progresso da Investigação Médica (*Coalition for the Advancement of Medical Research* – CARM) entraram em acção, argumentando que "uma moratória não é menos – talvez mais – prejudicial que uma interdição. Paralisa por completo a investigação.[61] Activistas individuais juntaram-se também ao combate, incluindo conservadores famosos como Nancy Reagan e o Senador Orrin Hatch (Republicano do Utah), cujas próprias vidas haviam sido afectadas por doenças que as tecnologias de células estaminais poderiam potencialmente tratar. Ao longo do país, vários estados decretaram as suas próprias leis, passando por cima das restrições federais, enquanto outros promulgaram legislação ainda mais restritiva.[62] E, no meio da agitação, um grupo de cientistas de primeiro plano anunciou a sua própria intenção de criar novas linhas de células estaminais. Na Universidade de Harvard, por exemplo, Douglas Melton, co-director do programa universitário *Stem Cell Initiative*, fez saber, na Primavera de 2004, que ele e os seus colegas tinham usado embriões doados da FIV para produzir dezassete linhas novas que seriam, todas elas, gratuitamente distribuídas por qualquer investigador qualificado.[63]

Nem sempre era fácil decifrar o debate da clonagem, dada a subtileza dos argumentos e a curiosa transversalidade dos que os advogavam. Alguns dos objectores mais veementes da clonagem, por exemplo, provinham, como seria de esperar, da direita religiosa, que define a vida como tendo início na concepção. Alguns destes críticos (na sua maioria católicos romanos) opunham-se também a todas as formas de fertilização *in vitro*, mas outros (incluindo muitos cristãos renascidos) apoiavam a FIV como meio de construir famílias. Consequentemente, um subconjunto destes críticos era, na verdade, menos contrário à clonagem reprodutiva do que à terapêutica. Como escreveu James Q. Wilson, um proeminente intelectual conservador: "Se a clonagem for levada à prática, o problema central será garantir que seja feita unicamente para famílias biparentais que queiram um filho para seu próprio benefício. Se a criança clonada nascer da mesma forma que uma criança gerada por relações matrimoniais, será que os pais se importam com a forma como foi concebida?"[64] Em contrapartida, muitos opositores intransigentes da clonagem reprodutiva defendiam as tecnologias de células estaminais, sobretudo quando estas eram vistas (ou apresentadas) como detentoras da chave para potenciais curas médicas.

Em 2004, estes objectivos conflituais tinham atirado a investigação em células estaminais nos Estados Unidos para uma estranha forma de limbo. O governo federal cortara todo o financiamento à investigação em células estaminais embrionárias, mas continuava a financiar investigações em células estaminais provenientes de fontes adultas. Alguns governos estaduais, pelo contrário – incluindo, com particular destaque, o da Califórnia – tinham empenhado os seus próprios fundos públicos na investigação em células estaminais, ao passo que, do sector privado, apenas um pequeno grupo de empresas se aventurara a entrar na área.[65] Enquanto isso, e apesar de as sondagens indicarem que a maioria dos norte-americanos apoiava a clonagem terapêutica, a oposição à clonagem reprodutiva mantinha-se inabalável.[66] E, na medida em que a linha de demarcação entre estes dois campos era pouco nítida na percepção do público, não havia grande empenhamento político a favor da clonagem. A ciência estava a emergir, a procura era clara, mas o mercado não tinha condições para avançar.

Estratégias do Lado da Oferta

Se os Estados Unidos tivessem sido o único país a desenvolver tecnologias de células estaminais, é muito possível que a oposição política americana lhes tivesse posto termo. Os críticos da clonagem poderiam ter empurrado investigadores prometedores para outras áreas de investigação e forçado potenciais beneficiários a procurar outras soluções. E podem ainda fazê-lo. Mas dois factores sugerem que a oposição neste domínio vai acabar por se render à ciência. O primeiro é a procura; o segundo, a oferta.

O lado da procura nesta equação é óbvio. Estima-se que, nos Estados Unidos, 4,5 milhões de idosos sofram da doença de Alzheimer. Mais de 200 000 crianças têm diabetes juvenil. Cerca de 1,5 milhões de pessoas são vítimas da doença de Parkinson e perto de 200 000 estão entrevadas ou paralisadas por lesões da medula espinal. Se as tecnologias de células estaminais puderem ajudar a tratar mesmo que uma pequena fracção destes doentes, a procura de investigação nesta área será colossal. Tendo pois, e além do mais, em conta que esta procura decorre de razões tão fundas, não é de crer que possa desvanecer-se ou ceder, a longo prazo, à crítica política.

E com isto somos levados ao outro lado da equação. Se a procura das tecnologias de células estaminais é simultaneamente forte e ampla, e se o conhecimento científico está cada vez mais perto de desenvolver produtos susceptíveis de satisfazer essa procura, será então simplesmente ingénuo supor que a oferta não vai aparecer. Os governos podem tentar proibir ou constranger este mercado. Podem, talvez, empurrá-lo para a clandestinidade ou para outros países; mas ser-lhes-á impossível, a longo prazo, estancar o crescente fluxo de oferta. O que vai acontecer é que a pressão dos lucros latentes tentará as empresas a entrar no mercado e depois, lenta mas seguramente, no combate político também. É provável que os primeiros a avançar sejam renegados – empresas ou empreendedores que gostam de operar à margem da lei. Mas, se esses renegados forem bem sucedidos – se descobrirem, quanto mais não seja, um tratamento prometedor para uma doença grave – então outras empresas, mais poderosas e bem estabelecidas, depressa lhes seguirão as pisadas. E, se essas empresas depararem com obstáculos políticos a bloquear-lhes o acesso ao mercado, vão exercer a máxima pressão que puderem para os remover.

Esta progressão está já em marcha, na maioria dos casos, fora das fronteiras dos Estados Unidos. Na China, por exemplo, o governo nacional injectou capital na biotecnologia, centrando-se nas tecnologias de células estaminais e tentando atrair de volta cientistas de etnia chinesa radicados no Ocidente.[67] Na Coreia do Sul, onde os cientistas obtiveram células estaminais a partir de um clone humano, em Fevereiro de 2004, a Universidade Nacional de Seul já avançou para a patenteação do processo de produção de clones.[68] Em Singapura, o governo anunciou, em 2001, planos para o Biopolis, um parque científico vanguardista de 300 milhões de dólares centrado nas tecnologias de células estaminais.

Mais ambicioso, talvez, é o Reino Unido que, em 2000, decidiu incluir a investigação em células estaminais na sua HFEA (Autoridade para a Fertilização Humana e a Embriologia), a entidade reguladora responsável por outras áreas da investigação e tratamento da fertilidade. Em 2004, as autoridades britânicas concederam a sua primeira licença para a clonagem terapêutica e superintenderam a abertura de um banco de células estaminais financiado pelo governo.[69] Israel manifestou também a sua intenção de incentivar a investigação em células estaminais com intuitos comerciais, e o mesmo fez a República Checa.[70]

Em resposta a estes incentivos, empresas privadas começaram a consorciar-se. Na Escócia, por exemplo, (pátria de Dolly e sob a alçada da HFEA), o número de investigadores na área das biotecnologias cresceu de dois mil e quinhentos em 1999 para cerca de oito mil em 2003.[71] A China tem assistido a uma afluência de investigadores de células estaminais e ao crescente interesse de capitalistas empreendedores, e Singapura conseguiu já atrair participantes do mundo da alta tecnologia como o Centro Nacional de Células Estaminais da Austrália.[72]

No seu conjunto, estes esforços preliminares marcam o início de uma indústria global de células estaminais. Trata-se, obviamente, de uma indústria que ainda está na sua infância, não tendo produzido para já quaisquer resultados tangíveis. Mas é, não obstante, uma indústria, suportada em muitos casos pelo financiamento do Estado, ainda que de olhos claramente voltados para o sector privado. À medida que se for desenvolvendo, esta indústria irá satisfazendo e configurando a procura de tecnologias específicas em células estaminais. E continuará também a concentrar-se nos países que incentivam a investigação nesta área.

Daqui se conclui que proibições impostas por um qualquer país – mesmo por um país com a influência e o capital dos Estados Unidos – não têm grandes hipóteses de se manterem válidas por muito tempo. Em vez disso, quando a ciência das células estaminais se desenvolver e a oferta destas tecnologias aumentar, um mercado vai inevitavelmente surgir. E os governos confrontar-se-ão com uma de duas opções: ou mantêm as suas proibições, reconhecendo simplesmente que esta indústria de alta tecnologia vai ser canalizada para outros países; ou abrandam as suas restrições e tratam de regulamentar o comércio que anteriormente proibiam.

Nos Estados Unidos, a História sugere vivamente que a segunda opção prevalecerá. É certo que a oposição às tecnologias de células estaminais se vai manter. É certo que continuará a haver críticos para quem qualquer investigação em embriões é uma espécie de assassínio e qualquer forma de clonagem um inaceitável resvalamento para o caos. Mas críticas semelhantes foram desferidas contra a contracepção nos anos vinte e a FIV nos anos setenta. Ambas estas tecnologias foram pintadas pelos seus opositores como verdadeiras afrontas à natureza. Ambas foram privadas de qualquer financiamento federal e, até certo ponto, constrangidas pela lei.[73]

Todavia, em ambos os casos, o mercado acabou por se sobrepor à moralidade. Com o tempo, os virtuais clientes e vendedores tanto da contracepção como da FIV conseguiram tirar as suas respectivas tecnologias da sombra e transformá-las, de tabus sociais, em produtos respeitáveis e até mesmo desejáveis. Os preservativos, por exemplo, passaram de artigos ilícitos e embaraçosos a instrumentos vitais de saúde pública; os bebés-proveta, de monstruosidades biológicas para os miúdos da porta ao lado. À medida que as tecnologias evoluíam e a procura aumentava, os fornecedores em ambos os casos (os fabricantes de preservativos e as clínicas de FIV) foram adquirindo progressivamente força para fazer frente aos seus inimigos públicos e congregar apoios na sociedade para as suas indústrias. É provável que uma dinâmica semelhante se verifique com as células estaminais, acelerada neste caso pela profunda necessidade que se faz já sentir e pela avidez de outros países em se apropriarem desta nova tecnologia.

Mercados e Monstros

No início do século XXI, é impossível descrever um mercado geral para a clonagem. Não há empresas em larga escala que pudessem descrever-se a si mesmas como agentes no comércio da clonagem, nem nenhuma indústria estabelecida. Em vez disso, existem apenas bolsas interligadas de procura e de tecnologia: pais enlutados que tentam recriar um filho; casais inférteis determinados a conceber; e vítimas de uma série de doenças que poderiam ser tratadas com células estaminais. Em termos concretos, todas estas pessoas querem coisas muito diferentes. Mas as suas esperanças estão conjuntamente depositadas na clonagem: reprodução da vida celular no seu estádio mais elementar.

Na medida em que a tecnologia da clonagem é tão visceral – porque parece desafiar a nossa compreensão básica tanto da identidade como da reprodução – a ciência que lhe está subjacente tornou-se também política. Os críticos, como observámos anteriormente, têm atacado a clonagem como uma tentação monstruosa ou sacrílega – como uma "empresa macabra", por exemplo, baseada na "criação de vida humana incipiente com o único objectivo de a explorar e destruir".[74] Esta condenação tem sido reforçada pela legislação que proíbe ou restringe determinados tipos de clonagem e pela desconfiança generalizada do público.

Nestas circunstâncias, não é de admirar que a procura de clonagem reprodutiva se mantenha diminuta e subversiva, concentrada em torno de grupos marginais como os raelianos ou de um punhado de websites que lhe são dedicados.[75] Nesta fase não há simplesmente muitas pessoas interessadas em clonar-se a si mesmas ou a membros das suas famílias. É até perfeitamente possível que essa procura nunca chegue a surgir, nem mesmo com o aperfeiçoamento da ciência ou a mudança da lei. Quantas pessoas quererão realmente uma cópia extra de si próprias? Quantas substituiriam voluntariamente a reprodução sexual pela sua forma solitária?

Em contrapartida, o comércio institucionalizado de bebés oferece uma via mais provável para a clonagem. As técnicas mais avançadas de fertilização *in vitro* começam já a abeirar-se da clonagem e, em casos de infertilidade extrema, os médicos (e os seus pacientes) podem bem sentir-se tentados a utilizar técnicas de clonagem, particularmente aquelas que se limitam a transformar um embrião único em gémeos artificiais. A FIV, no fim de contas, já produz um número de gémeos muito superior ao normal. Quem poderia saber se nascesse um outro par? E, uma vez o processo em marcha, quem quereria detê-lo? Deste modo, a clonagem – ainda que de embriões, e não de adultos – poderia perfeitamente introduzir-se na ciência corrente.

Ao mesmo tempo, a pressão comercial proveniente de outras áreas da clonagem irá em direcção semelhante. Aqueles que trabalham no sector da fármaco-pecuária, por exemplo, vão continuar a apurar a criação de gado, enquanto empresas como a BARC e a PerPETuate se dedicam aos animais de estimação. Se algum destes grupos conseguir, pelo menos, um sucesso parcial, o impacto será triplo: as técnicas laboratoriais serão aplicadas ao domínio da clonagem humana; haverá um afluxo mais generalizado de capitais para empresas de clonagem; e o público terá provas concretas do potencial da clonagem.

O sucesso das tecnologias com células estaminais seria ainda mais espectacular, potencialmente capaz de atrair milhares de milhões de dólares em novos investimentos e também novos apoiantes para a causa da clonagem. É claro que existem grandes diferenças entre as tecnologias das células estaminais e a clonagem reprodutiva, e entre a clonagem de ovelhas ou gatinhos e a clonagem de seres humanos. Enquanto sociedade, poderíamos perfeitamente decidir que é admissível clonar embriões para produzir células estaminais, mas cloná-los para produzir crianças já não. Poderíamos desenvolver técnicas de clonagem, mas mantê-las à margem do negócio de bebés.

Mas, sem uma legislação explícita neste sentido, esta solução é improvável. E isso porque as técnicas usadas na clonagem de embriões são demasiado parecidas com as da clonagem animal para que os dois métodos se mantenham inteiramente separados. Se os cientistas souberem como reproduzir um embrião humano, e se conseguirem fazê-lo com um grau razoavelmente alto de segurança e eficiência (decididamente, um grande "se"), então algum cientista, algures, entrará no negócio da clonagem de bebés e pô-lo-á em movimento. Ao mesmo tempo, alguns casos de infertilidade poderão revelar-se particularmente receptivos a técnicas derivadas da clonagem – como, por exemplo, o do homem que não produz esperma, ou o do casal de homossexuais que quer um filho geneticamente seu. (Seria, teoricamente, possível colher células estaminais de um homem homossexual e induzi-las depois a desenvolver-se numa célula-ovo.)[76]

Se a clonagem possibilitar que estes pais concebam, é de contar que alguns se sintam tentados a experimentar. Como disse uma mulher infértil: "Eu sei que nem toda a gente concorda. Mas ... se a única maneira de uma pessoa ter um filho seu for essa, e ela estiver disposta a tentar a sua sorte, então devia ser-lhe permitido fazê-lo."[77] Deste modo, e se as outras áreas do negócio de bebés nos dão aqui alguma indicação, o desenvolvimento das técnicas de clonagem vai conduzir, com o tempo, a um mercado para esta tecnologia e, por fim, à criação de um produto a que poucos conseguem resistir: um bebé. Um bebé clonado que não parecerá um monstro ou um anormal, nem sequer, necessariamente, o clone de qualquer outro. Será simplesmente um bebé, com o seu nome estampado em todos os jornais e a sua concepção defendida pelos que anseiam produzir outros.

A clonagem deixará de ser ficção científica e os seus criadores não serão loucos. Serão, pelo contrário, eminentemente respeitáveis, ocupando o segmento de mais alta tecnologia do presente comércio da fertilidade e vendendo uma nova esperança àqueles que desejam ter um filho.

Capítulo 6

Troca de Família, Troca Comercial

A Prática e a Política da Adopção

Não tenhais medo, pois eu estou convosco;
trarei os vossos filhos do leste e irei buscar-vos a oeste.

– ISAÍAS 43: 4-6

A PÁGINA DE APRESENTAÇÃO dos Rainbow Kids foi concebida para nos despedaçar o coração. Quando entramos no site – www.rainbowkids.com – vemos imediatamente fotografias coloridas de lindas crianças, geralmente com ar sombrio. Há alguns bebés e uns miúdos mais crescidos. Mas a maioria são crianças de um ou dois anos, agarradas a brinquedos ou enfeitadas com enormes laçarotes no cabelo. Todas elas estão disponíveis – esperando, como depressa ficamos a saber, pelas suas "famílias definitivas".

À medida que avançamos na página, vemos como pesquisar: por país, por sexo, por idade. A referência mais penosa é a "data acrescentada" que mostra, por ordem inversa, há quanto tempo algumas crianças estão à espera. Numa visita recente, por exemplo, podíamos encontrar Bulat, um menino de seis anos que já estava na lista há três e meio.

"É descrito como sossegado e meigo", informa o site, "e adora praticar desporto". Yamile, de dez anos, "gosta de escrever e de desenhar ... e sonha ser médica quando for grande". No precious.org, um outro catálogo com fotografias de crianças para adopção, podemos conhecer a Sofia – "doce e esperta, viva e engraçada, gentil e curiosa" – ou o Rafael, um "aluno com notas excelentes" que "sonha ter uma família". Todas estas crianças, tal como todos os Rainbow Kids, são órfãs. E todas se encontram, basicamente, à venda.

Oficialmente, a venda de bebés é obviamente ilegal. Os pais que visitam os Rainbow Kids não pretendem *comprar* filhos: o que querem é adoptá-los. Na prática, porém, a adopção é um verdadeiro mercado, particularmente na sua dimensão internacional. Há uma enorme e insaciada procura de crianças, a mesma procura que impele os aspirantes a pais a demandar as clínicas de fertilidade e os agentes da maternidade de substituição. Há, por outro lado, uma oferta tragicamente grande de crianças "à espera" e uma panóplia de intermediários – agências de adopção, assistentes sociais, advogados – que trabalham para combinar os dois lados.

E há também preços no comércio da adopção, "taxas" diferenciadas que claramente distinguem uma criança de outra. A pequena Anita da Europa de Leste, por exemplo, é uma "rapariguinha doce e afectuosa" que sofre de síndrome alcoólico fetal. As suas taxas de adopção são reduzidas. Yi-Wei da Coreia, um rapaz de onze anos que foi encontrado abandonado na rua, traz uma bolsa privada de 7500 dólares.

Em termos puramente económicos, Anita e Yi-Wei são apenas pequenas peças do comércio global de bebés, substitutos dos descendentes genéticos que os aspirantes a pais não conseguem produzir por outros meios. Embora alguns desses pais escolham a adopção em vez (ou como complemento) da reprodução tradicional, muitos só percorrem o site dos Rainbow Kids depois de haverem esgotado todas as outras possibilidades de ter filhos – depois de, como escreveu uma mãe, "sentirmos ... que nunca íamos conseguir ser pais".[1] Nestes casos, o mercado das crianças existentes funciona como um substituto quase perfeito para as que não existem, para as crianças que não nasceram em resultado da IA, da FIV ou do sexo. Tal como sucede com as formas mais mecânicas de reprodução, a adopção comporta, por vezes, um custo pesado, podendo ir de praticamente zero – na adopção de um adolescente do sistema de acolhimento norte-americano – a mais de 35 000 dólares, o preço global por um bebé russo branco e saudável.

O que, no entanto, separa a adopção de outros aspectos do comércio de bebés é a diferença óbvia no "produto" em causa. Na reprodução assistida, os pais estão a adquirir a *potencialidade* de uma criança, a esperança de que a intervenção tecnológica conduza ao nascimento de um bebé vivo. Os produtores, por seu lado, estão a vender óvulos e espermatozóides, serviços e promessas, juntamente com a probabilidade de que a sua "bricolagem" de alta tecnologia gere uma criança. Na adopção, pelo contrário, a criança já existe. Ela, ou ele, é uma pequena pessoa, desprovida de pais mas plenamente dotada dos direitos, sonhos e memórias de qualquer ser humano. E daí que as políticas e práticas da adopção sejam ainda mais complexas do que aquelas que envolvem as formas mais mecânicas de reprodução. Uma coisa (já de si suficientemente má, na opinião de alguns) é vender um espermatozóide ou um óvulo. Outra, completamente diferente, é vender uma criança.

Em consequência desta distinção, as perspectivas normativas sobre a adopção dividem-se nitidamente em dois campos. De um lado estão aqueles que vêem a adopção como uma interacção puramente social: o objectivo é construir famílias, salvar crianças e mitigar a dor pelas que não existem. Nesta perspectiva, não existe qualquer imbricação entre adopção e comércio, nem qualquer noção de que se coloquem preços em crianças. Como comenta Adam Pertman, um conhecido defensor da adopção: "De cada vez que juntamos dinheiro e seres humanos na mesma frase, é um problema: aviltamos as crianças e aviltamos o processo."[2]

Para o outro lado, porém, a adopção é não apenas um mercado mas, na verdade, um mercado da pior espécie possível. É um mercado que vende crianças inocentes, afixando-lhes um preço na cabeça sem qualquer consideração pelo seu bem-estar ou pelos danos que sofrem ao serem tratadas como mercadoria. Outra das acusações dos opositores é a de que a própria possibilidade da adopção, e particularmente da adopção internacional, funciona como aliciante para mulheres grávidas pobres. Se essas mulheres souberem que podem pôr os filhos para adoptar, recebendo possivelmente algum pagamento pelo seu trabalho de gestação e parto, serão tentadas ou induzidas a fazê-lo – a vender os seus bebés pelo lucro, na versão mais dura desta crítica, e a expandir um mercado intrinsecamente ilícito.[3] Em termos menos dramáticos, os críticos da adopção internacional também argumentam que ela compromete os direitos humanos das crianças envolvidas ao lançá-las para um contexto cultural diferente daquele a que pertencem.[4]

Os debates nesta matéria são inflamados, com famílias adoptivas e agências de adopção a digladiar-se com aqueles que condenam o processo. Nos Estados Unidos, os defensores da adopção têm-se mostrado mais fortes: as famílias norte-americanas adoptam mais de cem mil crianças por ano, cerca de 15% das quais oriundas de outros países e quase todas sob a égide de um sistema abrangente e sancionado pelo Estado.[5] A maioria das famílias adoptivas é inspeccionada por assistentes sociais licenciados, pelo FBI (Agência Federal de Investigação) e por um tribunal local. Os seus lares são avaliados, as suas finanças examinadas, e os seus amigos solicitados a escrever cartas de recomendação. A adopção nos Estados Unidos está, de facto, regulamentada de uma forma muito mais rigorosa do que qualquer outra área do comércio de bebés. Na Europa, onde cerca de dezasseis mil crianças foram adoptadas internacionalmente em 2003, a adopção também está sujeita a uma grande quantidade de normas reguladoras.[6]

Em alguns aspectos, o debate sobre a adopção é simultaneamente restrito e altamente pessoal. Aqueles que descrevem a adopção como uma actividade íntima, admirável e não comercial são geralmente pais adoptivos ou agências de adopção. Os que a rejeitam como um negócio ilícito não são nem uma coisa nem outra. O mundo da adopção não é alvo de grande atenção pública (para além das ocasionais histórias de cordel ou relatos de horror) e não há grande imbricação entre a sua política e as outras áreas do negócio de bebés. No entanto, as questões que envolvem a adopção são simultaneamente fundamentais e abrangentes. Porque na adopção, e à semelhança do que sucede na maternidade substitutiva, na FIV e nos tratamentos de fertilidade em geral, existe uma séria discrepância entre as forças de mercado e a percepção do público, entre o que está a acontecer em concreto e o modo como escolhemos descrevê-lo.

Um olhar para os Rainbow Kids, por exemplo, sugere-nos que algo próximo do comércio se está efectivamente a passar. E o mesmo se pode dizer dos seminários que as agências de adopção periodicamente organizam para explicar a sua actividade, bem como das histórias de "crianças disponíveis" apresentadas em revistas glamorosas. Todavia, estes indícios de comércio não significam necessariamente que a adopção seja ilícita ou imoral, ou que as crianças estejam a ser tratadas como artigos de consumo. Em vez disso, as forças de mercado poderão ser exactamente aquilo que faz com que a adopção funcione em muitos casos, ao permitirem que uma vasta oferta de crianças seja direccionada para a não menos vasta procura dos seus potenciais pais. E, se um pouco mais de comércio fosse injectado nesta área, mais Yamiles e Bulates à espera poderiam deixar o mundo dos Rainbow Kids e encontrar finalmente um lar.

Encontrar Famílias: A Evolução da Adopção

Como método para obter filhos, a adopção tem um longo e respeitável passado.[7] Tradicionalmente, era o único meio de os casais inférteis conseguirem filhos, a forma de apaziguarem desejos insatisfeitos e preservarem objectivos sociais. Os casais sem filhos da Grécia Antiga, por exemplo, adoptavam muitas vezes herdeiros. Em Roma, até casais com filhos decidiam frequentemente adoptar, escolhendo por vezes crianças mais atraentes para substituir os seus descendentes genéticos. Em ambos os casos, a motivação subjacente era, em grande parte, económica: os pais precisavam de filhos adequados para proteger as suas fortunas e preservar os seus nomes de família. E, se não conseguiam gerá-los por si próprios, iam simplesmente buscá-los a outro sítio.

Durante a Idade Média, esta relação económica assumiu um matiz um pouco diferente. Na medida em que as autoridades europeias conferiam maior preponderância aos laços de sangue do que os romanos, as famílias evitavam um processo formal de adopção, optando, em vez disso, por "acolher" crianças de outras famílias. Essas crianças – pobres, ilegítimas, ou simplesmente em maior número do que os seus pais podiam sustentar – eram frequentemente "mandadas para fora", i.e., instaladas em casa de pessoas mais abastadas como aprendizes ou criadas. Embora alguns destes tutelados fossem tratados como filhos, a maioria assumia uma posição consideravelmente inferior, labutando nos estábulos, oficinas ou cozinhas das suas novas famílias. Permaneciam geralmente nessa situação até aos dezoito ou vinte e um anos, altura em que a lei consuetudinária os devolvia à independência.[8] Em algumas zonas da Europa, o sistema de "mandar para fora" era suficientemente dinâmico para abranger a maioria das crianças "excedentárias" da sociedade. Mas a transferência não funcionava em alguns dos casos mais problemáticos: crianças pequenas de mães solteiras, filhos de amores ilícitos, ou órfãos da fome e da guerra. Muitas dessas crianças eram silenciosamente mortas ou abandonadas.

Enquanto isso, do outro lado do Atlântico, a necessidade económica ditava que os órfãos e outras crianças "excedentárias" fossem regularmente entregues a parentes mais afastados ou a outras famílias interessadas em aproveitar o seu trabalho. Já em 1627, por exemplo, mil e quatrocentas crianças pobres ou órfãs foram directamente colocadas como aprendizes na Companhia da Virgínia. Em 1740, um fazendeiro rico da Geórgia recebeu sessenta e um órfãos para se juntarem à sua "família" e trabalharem nas suas plantações.[9] Numa escala menor, famílias individuais assumiam simplesmente o cuidado dos seus parentes órfãos, umas vezes usando-os como recursos económicos, outras tratando-os como seus próprios filhos ou filhas.[10]

Esta situação – uma combinação acidental de necessidade económica e laços informais de família – reinou até meados do século XIX, altura em que a adopção se começou gradualmente a tornar uma transacção à distância. Os primeiros sinais desta transição foram subtis. Para começar, alguns casos de adopção começaram a subir à barra dos tribunais estaduais, envolvendo geralmente questões de contestação de heranças. Em 1858, por exemplo, as sobrinhas e sobrinhos de um homem recentemente falecido no Luisiana intentaram uma acção para herdar a sua propriedade, alegando que a filha adoptiva não tinha legalmente direito aos bens. Mas o tribunal estadual discordou e recorreu ao dicionário *Webster* para definir adopção como o acto de "acolher alguém que não é filho, mas tratá-lo como se o fosse, conferindo-lhe título aos direitos e privilégios de um filho".[11] Deste modo, o tribunal decidiu a favor da filha adoptada e rejeitou a pretensão dos primos. Uma linguagem idêntica foi usada nas leis da Pensilvânia mais ou menos por essa altura, clarificando o estatuto de um filho adoptivo como o de um pleno e legítimo herdeiro.[12]

Em segundo lugar, quando a adopção se tornou uma questão do foro jurídico, os governos estaduais começaram serenamente a rodeá-la de legislação mais explícita. Massachusetts promulgou a primeira lei abrangente sobre a matéria em 1851, no que foi seguido, em rápida sequência, por vinte e quatro outros estados. Apresentando embora alguma variância entre si, todas estas leis da adopção partilhavam uma característica comum e inédita: faziam da adopção um acto jurídico e submetiam o processo de adopção ao escrutínio do estado. Em Massachusetts, por exemplo, o estado reservou-se o direito de determinar se os propostos pais teriam "capacidade suficiente para criar a criança".[13] Em Washington, D.C., uma lei do Congresso definiu os meios pelos quais os filhos adoptivos adquiriam direito a herdar e conferiu aos juízes locais autoridade para transferir a custódia.[14]

Em consequência destas leis, a adopção nos Estados Unidos foi-se tornando crescentemente aceite. As famílias levavam crianças órfãs para casa e criavam-nas como suas. As crianças ganhavam novos pais e o Estado equiparava relações contratuais – o compromisso de um casal em criar uma determinada criança – a relações genéticas. Mas, na maioria dos casos, a adopção ocorria ainda dentro das fronteiras da família, em sentido amplo: os pais adoptavam crianças que já conheciam e órfãos em relação aos quais sentiam já um laço de parentesco.

Ao mesmo tempo, porém, as mudanças sociais que se faziam sentir por todos os Estados Unidos iam gerando uma nova classe de órfãos: crianças que não tinham, frequentemente, família que as sustentasse. Eram crianças filhas de imigrantes que afluíam às cidades em desenvolvimento como Boston, Nova Iorque e Chicago. Crianças nascidas na miséria urbana, fora dos laços matrimoniais, ou então de pais casados que sucumbiam a doença, acidente, ou simplesmente à pressão de terem demasiadas bocas para alimentar. Em épocas anteriores, estas crianças eram transferidas pelas autoridades locais ou reunidas em asilos públicos. A meio do século, contudo, a concentração acrescida de crianças urbanas pobres tinha sobrelotado as instituições públicas: a maioria delas recebia apenas cuidados mínimos e muitas morriam sozinhas.[15] Quando a sua triste situação se tornou conhecida, estes órfãos públicos converteram-se num óbvio objecto de atenção para os reformistas sociais de meados do século, um exemplo confrangedor dos malefícios gerados pela imigração, pela industrialização e pela enorme instabilidade económica da época.[16]

Primeiras Experiências

Face a este cenário sombrio, seria de esperar que os reformistas acolhessem a adopção como uma solução quase perfeita. Havia, afinal, milhares de casais inférteis ansiosos por filhos e milhares de crianças sem lar. Apesar disso, os primeiros reformistas não consideravam essa combinação possível, pois achavam que as crianças disponíveis não eram de um "tipo" que pudesse alguma vez desenvolver-se nos lares típicos da classe média. E daí que, em vez de procurar famílias, tenham começado a criar agências privadas para as crianças, instituições filantrópicas que cuidariam dos órfãos ou abandonados, oferecendo-lhes o que o Estado não oferecia. Todos os grupos que formavam estas instituições eram fervorosamente dedicados à causa das crianças órfãs. Mas poucos viam a adopção formal como uma solução viável.[17]

A mais célebre entre os primeiros promotores da adopção foi a Sociedade de Auxílio às Crianças de Nova Iorque, fundada em 1853 por um pastor protestante chamado Charles Loring Brace. Tal como outros no movimento reformista, Brace estava chocado com a sordidez e miséria que via alastrar nos núcleos urbanos do país. Estava particularmente consternado com as hordas de crianças sem abrigo na cidade de Nova Iorque – uma "sociedade", escreveu ele, "de pequenos vagabundos inveterados" – e firmemente convencido de que a única maneira de salvar essas crianças seria retirá-las das ruas e enviá-las para o "Reformatório de Deus".[18]

Para ajudar a esta transformação, Brace criou um programa inédito de comboios de órfãos. Durante mais de cinquenta anos, ele e os seus colaboradores pegaram literalmente em crianças (órfãs, abandonadas, ou simplesmente pobres) das zonas mais problemáticas de Nova Iorque e enfiaram-nas em comboios dirigidos ao Midwest.[19] À chegada, essas crianças eram repartidas por famílias camponesas protestantes e "saudáveis", ficando assim destinadas a passar o resto da sua infância numa situação que oscilava entre a adopção e a servidão forçada.[20]

Os comboios de Brace foram muito falados. Calcula-se que a sua Sociedade de Auxílio às Crianças tenha colocado cerca de cem mil crianças, inaugurando assim a prática da colocação em famílias adoptivas muito distantes.[21] Brace divulgou a situação aflitiva de muitos órfãos americanos e converteu a sua reforma numa bem financiada actividade em larga escala. Em grande medida, os comboios de Brace provaram que crianças nascidas de pais "indesejáveis" podiam crescer e até prosperar em novos lares. Provaram, por outras palavras, que a adopção por desconhecidos podia funcionar. E, todavia, estes comboios também tinham um lado incómodo que, durante anos, iria ensombrar a adopção nos Estados Unidos. Brace, no fundo, pouco fez para fiscalizar as combinações que eram feitas quando os seus tutelados desembarcavam. Nunca se interessou pelo lado formal da adopção, ou pelo seu potencial para constituir famílias de qualquer outra forma que não fosse puramente funcional.[22] Os críticos levantaram também a acusação de que alguns dos "órfãos" de Brace não eram verdadeiros órfãos, mas apenas crianças pobres, na sua maioria católicas romanas, arrancadas das suas respectivas casas sem qualquer consideração pelos pais que ficavam para trás.[23]

Enquanto isso, outras agências iam surgindo na esteira de Brace, tentando emular o seu sucesso, ou criar um modelo melhor. As agências católicas romanas, por exemplo, procuravam oferecer uma alternativa religiosa ao devoto protestantismo de Brace, enquanto as agências judaicas se ocupavam do crescente fluxo de imigrantes judeus. Havia agências consagradas aos pequenos ardinas e "garotos da rua", bem como ao permanente caudal de crianças nascidas de mãe solteiras.[24] A maioria destas agências comungava, no entanto, da suspeição primária dos reformadores acerca dos seus tutelados, limitando-se, nessa medida, às duas soluções básicas por eles propostas: ou cuidavam das crianças mais novas dentro das próprias instituições, ou então esforçavam-se, como Brace, por salvar as mais velhas, enviando-as para fora ou distribuindo-as por famílias do Midwest.

Poucas destas crianças chegaram a ser adoptadas. Durante este período, na verdade, a maioria das agências manteve-se contrária à adopção formal, vendo-a como uma intrusão anti-natural numa família formada por laços de sangue. Adoptar parentes, consideravam eles, era perfeitamente aceitável, assim como receber um par de braços extra para trabalhar na quinta, ou acolher temporariamente um bebé órfão. Mas as crianças estranhas eram uma carga perigosa: verdadeiros objectos de dó, talvez, mas não matéria com que se construísse uma família.[25]

Com o tempo, porém, uma mão-cheia de intermediários bem colocados começou a considerar opções mais directas. Em grandes centros urbanos como Nova Iorque e Boston, por exemplo, um pequeno círculo de mulheres da classe alta decidiu encarregar-se de "salvar" os bebés nascidos de mães solteiras.[26] Pegavam discretamente nessas crianças e entregavam-nas a amigos ou conhecidos que andassem à procura de uma. Estes recém-nascidos eram posteriormente adoptados segundo a lei do estado, integrando-se nas famílias como se, por assim dizer, "fossem mesmo delas".

Esta actividade depressa se alargou a outros agentes: enfermeiras, maternidades privadas, funcionários dos tribunais locais. Todos eles operavam com intuitos comerciais e fora da alçada da lei.[27] Em 1907, uma conhecida revista feminina deu mais um passo neste negócio, lançando uma "campanha de salvação infantil" que traçava o perfil de crianças carenciadas e as oferecia aos leitores interessados. Logo após a primeira publicação, a revista recebeu três centenas de pedidos para as duas crianças retratadas, vindo posteriormente a encontrar lares para quase duas mil outras – "resgatadas", como comentou uma mãe adoptiva, "de uma vida de miséria e desgraça".[28]

As agências maiores desdenhavam obviamente estes arranjos. Inquietavam-se com os riscos de colocações precipitadas ou sentimentais e avisavam que as crianças filhas de mães pobres ou solteiras tendiam a ficar marcadas para toda a vida. Como observou o director dos Serviços de Filiação Ilegítima de Boston em 1920: "Os filhos de pais não casados, que constituem, sem dúvida, uma grande parte das adopções, podem vir a revelar uma enorme percentagem de anomalias mentais."[29] A maior esperança para essas crianças, insistiam muitas agências, residia em educá-las fora do ambiente familiar e prepará-las para uma vida de trabalho. Mas, apesar destes argumentos das agências, e não obstante um crescente coro de especialistas insistir na ideia de que a hereditariedade determinava, de facto, o destino, os casais sem filhos acorriam às poucas agências dispostas a colocar crianças. Em 1919, um juiz do tribunal das sucessões de Boston declarou publicamente que "há por aí imensas pessoas ansiosas por adoptar crianças – e o número parece estar a aumentar cada vez mais".[30]

Nesta fase, por conseguinte, as principais instituições de assistência às crianças viam-se perante um dilema. Por um lado, estavam genuinamente convencidas de que muitos dos seus protegidos eram impróprios para adopção. Acreditavam que essas crianças precisavam de cuidados institucionais e de um tipo de tratamento que só os profissionais da área estavam aptos a providenciar. O mercado, por outro lado, revelava algo muito diferente. Famílias com um bom nível de vida estavam de tal forma interessadas nestas crianças "inadoptáveis" que corriam para agências menos profissionalizadas ou para intermediários duvidosos, sem qualquer crédito no mundo da recuperação de menores. Ao deixarem-se ficar à margem, as agências profissionais estavam, pois, a perder terreno.

Em retrospectiva, é difícil dizer se a mudança de atitude das agências se terá ficado a dever à alteração de mentalidades, ao progresso da ciência ou ao receio da concorrência de arrivistas pouco idóneos. Fosse como fosse, entre aproximadamente 1920 e 1935, muitas das maiores organizações nacionais de auxílio à infância começaram a proporcionar e, por fim, a promover a adopção.[31] Ainda que muitos dos mais proeminentes reformadores continuassem a insistir que a "má hereditariedade" colocava uma criança adoptada em risco, invertiam agora esta lógica com o argumento de que, justamente por ser uma empresa tão arriscada, a adopção devia ser conduzida por profissionais competentes – nomeadamente pelos assistentes sociais que dirigiam e administravam as instituições nacionais de auxílio à infância. Deste modo, quando estes profissionais entraram no negócio da adopção, validaram, e ajudaram depois a impor, uma distinção muito clara entre agências "autorizadas" e provedores "independentes", i.e., entre aqueles que eram reconhecidos pelo Estado e os que operavam à margem do seu controlo.

A Evolução da Adopção

Ao longo das décadas seguintes, a adopção nos Estados Unidos tornou-se simultaneamente mais regulada e mais regular.[32] O Instituto da Criança (*U.S. Children's Bureau*) começou a coligir e a publicar estatísticas sobre as práticas de adopção nos Estados Unidos, e muitos estados promulgaram as suas próprias leis na matéria, centrando-se geralmente nos procedimentos envolvidos na distribuição das crianças disponíveis por lares adequados. Os governos estaduais começaram também a regulamentar mais formalmente a prática, concedendo licenças às agências de adopção aprovadas e instituindo processos para examinar tanto as agências como os pais.[33]

À luz da lei de 1917 do Minnesota, por exemplo, os candidatos a pais tinham de se submeter a uma "investigação social" antes de lhes ser concedida a custódia de um menor. No Delaware, a lei previa também um período experimental de dois anos antes de uma adopção poder ser formalizada e levava em conta as recomendações feitas por assistentes sociais e outros especialistas ao tribunal responsável pela decisão final.[34] Note-se que, em ambos os casos – e, na verdade, em quase toda a legislação da adopção promulgada durante este período – os assistentes sociais e as agências licenciadas pelo Estado surgiam como parte integrante do processo de adopção, actuando como supostos guardiães tanto da criança como do Estado.[35] Os agentes independentes eram, pelo contrário, excluídos, relegados para uma área obscura geralmente considerada mais de venda do que de adopção de bebés.

O mercado, todavia, não parecia importar-se. Em vez disso, nos anos trinta, a crescente procura de bebés conferira uma proeminência inédita às agências de adopção independentes. Contrariamente às suas congéneres ligadas ao Estado, estas agências recrutavam agora abertamente mães biológicas, anunciavam os seus serviços aos candidatos a pais e cobravam-se principescamente pelo seu trabalho. Garantiam também às mães biológicas que as suas identidades permaneceriam secretas e recebiam – e entregavam – muitas vezes bebés com apenas algumas semanas de vida. Esta atitude displicente estava em flagrante contraste com as regras da maioria das agências autorizadas.[36] Mas tornava os "lares" privados extremamente atractivos para as mães biológicas, muitas das quais queriam desfazer-se dos seus bebés o mais rápida e discretamente que pudessem, assim como para os candidatos a pais, que queriam, por seu turno, crianças "o mais novas possível" e preferiam geralmente *não* conhecer a identidade da mãe.[37] Ao oferecer algo a ambos os lados da equação, os provedores independentes podiam, pois, cobrar-se pelos seus serviços e transformar a adopção num empreendimento rentável. No segmento mais alto, o preço corrente para um bebé arranjado por uma agência privada – idealmente, uma menina de cabelo louro e olhos azuis – andava na ordem dos 1000 dólares durante os anos trinta, ascendendo aos 5000 nos anos quarenta.[38]

Repetidas vezes, as agências de adopção autorizadas insurgiram-se contra este comércio, argumentando que os "viveiros de bebés" e os círculos de venda de bebés prejudicavam as crianças que serviam e exploravam os pais envolvidos. E é praticamente certo que o faziam. Num asilo de Montreal, por exemplo, o proprietário acolhia regularmente mulheres grávidas, mantinha-as na mais sórdida miséria, e transferia depois os seus bebés – imundos e desnutridos – para as mãos de americanos ricos, dispostos a abrir os cordões à bolsa.[39] Em Nova Iorque, um advogado chamado Marcus Siegel colocou mais de noventa crianças para adopção, pagando às mães biológicas, em cada caso, entre 1500 e 2500 dólares para renunciarem aos filhos.[40] Mas nem mesmo a divulgação pública de tais escândalos conseguiu estancar a procura. Em vez disso, e como exclamava um artigo da época: "O mercado de bebés vai de vento em popa ... Estamos a assistir a um fenómeno espantoso: por todo o país, uma luta renhida de casais sem filhos para adoptar uma criança".[41] Dados estimativos compilados pelo Instituto da Criança sugerem que cerca de metade das adopções norte-americanas nos anos quarenta se terão processado à margem das agências de adopção autorizadas.[42]

E assim, uma vez mais, as agências viram-se num dilema. Por um lado, não queriam copiar práticas tão manifestamente comerciais, uma vez que o seu objectivo declarado era servir as crianças. Mas, ao mesmo tempo, viam que o seu modelo estava sob ataque. Como pesarosamente reflectia um relatório de 1937 da Liga Norte-Americana para o Bem-Estar das Crianças (*Children's Welfare League of America*): "O facto de uma tão larga percentagem do trabalho de adopção se processar fora do alcance das agências sociais organizadas parece indicar que fomos, de algum modo, incapazes de responder às necessidades da comunidade – por que razão nos deixámos ultrapassar pelo rumo dos acontecimentos?"[43]

Levaria ainda algum tempo até as agências responderem a esta interrogação mas, no espaço de uma década, chegaram a uma espécie de compromisso, respondendo ao mercado sem verdadeiramente se integrarem nele.

Publicamente, as agências e os seus aliados políticos continuavam a martelar nas suas críticas contra os abusos da adopção independente.[44] Havia histórias na comunicação social, denúncias iradas quando os escândalos rebentavam, e chegou até a haver uma investigação do Congresso. Discretamente, porém, as agências começaram também a modificar a sua forma de agir. Para começar, inverteram basicamente a sua arreigada desconfiança da hereditariedade. Em vez de suspeitarem que as crianças ilegítimas ou abandonadas possuíam genes intrinsecamente "maus", e em vez de submeterem mesmo as mais pequenas a baterias de testes emocionais e cognitivos, as agências de adopção começaram a partir do princípio de que, na maioria dos casos, os seus tutelados eram perfeitamente normais. Esta mudança de atitude fazia, até certo ponto, parte de uma conversão intelectual mais vasta, um movimento que se afastava da visão rígida do determinismo genético (ou "natureza") em favor do ambiente (ou "educação").[45] Mas era também profundamente estratégica. Pois se a maioria das crianças tendia a dar-se bem nos seus lares adoptivos, as agências não tinham já de se preocupar em encontrar a criança perfeita para um determinado casal. Não precisavam de colocar bebés "médios" ou "inferiores" unicamente em lares igualmente tidos como tal. Por outras palavras, ao modificarem as suas próprias teorias da adopção, as agências podiam expandir o universo de combinações possíveis.[46]

Uma segunda mudança centrou-se na relação das agências com mães jovens e solteiras. Nas décadas anteriores, a maioria das agências autorizadas desprezara as mães solteiras, considerando-as criminosas, fracas de espírito, ou simplesmente más. Até ao ponto em que se interessavam pelo bem-estar destas mães, era hábito insistirem com elas para que ficassem com os filhos que haviam gerado, fosse porque a maternidade redimiria as pecadoras, ou porque o laço entre mãe e filho era considerado demasiado precioso para se cortar.

Na sequência da Segunda Guerra Mundial, porém, o número de nascimentos fora do casamento disparou dos 88 000 de 1938 para 201 000 em 1958.[47] A ilegitimidade já não comportava o mesmo estigma de outrora, e o desenvolvimento dos produtos lácteos industrializados significou que as mulheres podiam deixar até mesmo bebés muito pequenos sem forçosamente temerem pela sua saúde.[48] Em consequência disso, as agências convencionais começaram a lidar mais directamente com as mulheres grávidas, proporcionando-lhes, em muitos casos, cuidados e aconselhamento, bem como um lugar seguro onde largar os filhos. É possível que esta mudança de atitude oferecesse às mães solteiras uma alternativa mais compassiva.* Mas também permitia às agências alargar as suas listas de crianças disponíveis, entrando

* Para aliciar estas mães, que provinham cada vez mais de "boas" famílias, as agências começaram também a prometer que as suas identidades se manteriam secretas. Foi essa atitude que conduziu, nos anos cinquenta, ao "encerramento" da maioria dos registos de adopção.

assim frontalmente em competição com os viveiros de bebés que há muito vendiam os seus serviços a "mulheres em apuros".

Finalmente, durante o período pós-guerra, a comunidade da adopção começou a redefinir a sua ideia de criança adoptável. Ultrapassada a obsessão da genética, as agências tornaram-se consideravelmente mais abertas à possibilidade de integrar crianças em famílias com outras religiões e culturas. Começaram por colocar crianças mais velhas e deficientes e depois – lenta e polemicamente – a incentivar a adopção por famílias de outras raças.[49] Tal como sucedera em relação aos "maus genes" e às mães solteiras, o salto para a adopção inter-racial reflectiu, em grande parte, a mudança de mentalidades do período pós--guerra. Os cientistas estavam a desmistificar as teorias eugenistas, os adolescentes da classe média tinham relações sexuais, e as divisões raciais começavam finalmente a esbater-se. Mas permitiu igualmente às agências de adopção autorizadas fazer frente à ameaça da adopção independente. Ao alargarem a sua definição de crianças adoptáveis, ao acolherem mães solteiras, e ao distribuírem os bebés por um universo racial mais amplo, as agências estavam também a contribuir para um visível realinhamento do mercado, aumentando a oferta de crianças para responder à crescente procura.[50] Entre 1938 e 1965, o número de adopções nos Estados Unidos disparou de 16 000 para 142 000 por ano.[51]

Choques do Lado da Oferta e Procura Global

Visto em retrospectiva, este período depressa se revelou o apogeu da adopção nacional nos Estados Unidos. Os anos do pós-guerra trouxeram uma nova prosperidade ao país e uma recentralização na vida doméstica. Quando os soldados regressaram a casa e as mulheres deixaram as fábricas cuja manutenção tinham assegurado durante os anos de guerra, os americanos abraçaram um ideal de domesticidade que quase sempre incluía um marido trabalhador, uma mulher dona de casa e um par de miúdos a correr pelo jardim dos subúrbios. Uma vez que as crianças eram parte integrante deste ideal, os casais sem filhos lançavam-se aos tratamentos de fertilidade com um fervor inaudito. E, quando esses tratamentos se revelavam inúteis ou demasiado dispendiosos, avançavam rapidamente para a adopção.[52] Ao mesmo tempo, as relações extra-conjugais estavam também a aumentar por esta altura, conduzindo a mais nascimentos não planeados e a um maior número de mulheres jovens dispostas a entregar os filhos para adopção. Pela primeira vez, a oferta e a procura atingiam um frágil equilíbrio e muitos casais inférteis tinham finalmente a possibilidade de encontrar uma criança a quem chamar sua.[53]

Em 1955, o Congresso Norte-Americano lançou a sua primeira investigação sobre o comércio ilícito de bebés, acabando por encontrar provas de um mercado interestadual que gerava lucros na ordem dos 15 milhões de dólares por ano. Chocado, o Senador Estes Kefauver (Democrata do Tennessee), que conduzira a investigação, elaborou uma legislação que tornaria ilícito a qualquer entidade comercial colocar crianças em outros estados.[54] Apenas as agências autorizadas ficavam isentas. Só que a lei nunca chegou a ser aprovada pela Câmara dos Representantes, em parte porque vários deputados influentes sabiam que os seus eleitores preferiam a adopção independente.[55]

Em consequência, a lei da adopção nos Estados Unidos permaneceu deliberadamente vaga. Não havia qualquer regulamentação federal nesta matéria, nem nenhuma distinção jurídica entre práticas lícitas e ilícitas. Em vez disso, a adopção continuou quase inteiramente sob a jurisdição dos estados individuais, a maioria dos quais manteve uma atitude de relativo *laissez-faire*. A adopção era legal em todos os cinquenta estados; as adopções eram formalizadas perante os tribunais locais; e os candidatos a pais tinham geralmente de se submeter às investigações sociais impostas nos anos vinte. Mas apenas um punhado de estados estabeleceu uma distinção entre agências de adopção autorizadas e praticantes independentes.[56] Nos outros sítios, um leque de intermediários – advogados, médicos, agentes – eram livres de arranjar acordos de adopção. A venda de bebés era explicitamente ilegal na maioria dos estados, mas poucos eram os que se davam ao trabalho de definir os limites dos custos associados, dos serviços de consultoria, ou da compensação pela gravidez de uma mãe.[57]

Entre, aproximadamente, 1946 e 1970, por conseguinte, o mercado da adopção nos Estados Unidos funcionou relativamente bem. Mais de dois milhões de crianças foram adoptadas durante esse período, através de uma combinação de agências autorizadas e mediadores independentes.[58] Embora os registos de adopção estivessem envoltos num secretismo crescente, a adopção em si era um fenómeno bastante público, amplamente aceite como a forma ideal de combinar crianças com famílias.

Aborto, Pílula e Adopção

Muito rapidamente, porém, esta situação mudou. Em 1960, a pílula contraceptiva tornou-se amplamente acessível. Depois, em 1973, o histórico caso *Roe v. Wade* legalizou o aborto nos Estados Unidos. O impacto destes acontecimentos foi simultaneamente complexo e abrangente: emancipação das mulheres, liberalização dos costumes, separação entre procriação e sexo recreativo.

Mas, para a adopção, a combinação entre contracepção e aborto revelou-se desastrosa. Para começar, a mecânica da contracepção, juntamente com a liberdade sexual que permitia, parece ter contribuído para uma maior incidência de infertilidade. As mulheres esperavam mais tempo para ter filhos e tinham um crescente número de parceiros sexuais, uma prática que, com o tempo, podia conduzir a doenças inflamatórias pélvicas e consequentes dificuldades em engravidar. Mais directamente, o acesso ao aborto legal e seguro traduziu-se numa acentuada queda no número de nascimentos não planeados e, nessa medida, no número de crianças entregues para adopção.

Entre 1970 e 1975, o número de adopções sem relação de parentesco nos Estados Unidos caiu abruptamente, passando de mais de 89 000 por ano para apenas 50 000.[59] As mulheres jovens faziam abortos em números recorde e recorriam cada vez mais aos métodos contraceptivos.[60] E aquelas que optavam por ter os filhos decidiam mais frequentemente ficar com eles, em parte porque a facilidade em abortar significava que o facto de se prosseguir com uma gravidez involuntária se tornara uma escolha pública e consciente. Como explicava um manual: "Se a rapariga decide ter o bebé em vez de fazer um aborto, entende-se que fica obrigada a cuidar da criança."[61] Antes de 1973, 20% das mães solteiras brancas entregava os filhos para adopção; em 1982, só 12% dessas mulheres faziam a mesma escolha.[62]

Pela primeira vez no período pós-guerra, a oferta de crianças disponíveis – particularmente de bebés brancos saudáveis – estava muito longe de satisfazer a persistente procura. E os pais, embalados agora por uma geração de adopções relativamente fáceis, sentiam-se exasperados. Em 1975, muitas agências autorizadas tinham deixado de aceitar candidaturas para bebés brancos saudáveis, enquanto outras informavam os candidatos de que o tempo de espera provável por uma criança com essas características era de três a cinco anos.[63]

À medida que o mercado da adopção se ia evaporando, os pais frustrados começaram a procurar novas fontes de oferta. Algumas famílias brancas insistiam em adoptar crianças negras ou mestiças, reacendendo um debate vicioso sobre os méritos da adopção inter-racial.[64] Outras pugnavam por mudanças no sistema de acolhimento institucional, alegando que este mantinha demasiadas crianças adoptáveis num estado de quase eterno limbo. A maioria, porém, começou a olhar para os países em desenvolvimento, onde a oferta de crianças excedentárias se mantinha tristemente inalterada.

Adopções do Estrangeiro

Por esta altura, começava já a registar-se um pequeno número de adopções de crianças estrangeiras. Logo no rescaldo da Segunda Guerra Mundial, por exemplo, os americanos tinham adoptado alguns dos órfãos gerados pelo conflito: algumas crianças alemãs, outras gregas, e cerca de mil e quinhentos sobreviventes órfãos de Hiroxima e Nagasaki. Depois de estes países terem estabilizado, os pais adoptantes viraram-se para a Coreia, onde a devastação da guerra civil deixara milhares de crianças órfãs e sem abrigo.

Entre 1953 e 1962, os americanos adoptaram cerca de quinze mil crianças de outros países, criando, pela primeira vez, uma população considerável de adoptados estrangeiros.[65] Bateram-se também por mudanças subtis na estrutura legal da adopção, mudanças que permitiram a entrada e posterior naturalização nos Estados Unidos dessas crianças nascidas noutros países.[66] Em 1984, os americanos estavam a adoptar uma média de nove mil e quinhentas crianças estrangeiras por ano.[67]

A grande vaga seguinte de adopções internacionais começou no início dos anos noventa, quando a queda do comunismo trouxe uma nova e vasta oferta de crianças disponíveis. Na Roménia, por exemplo, havia perto de cem mil bebés e crianças pequenas a definhar em orfanatos horríveis. Na China, milhares de meninas bebés eram abandonadas todos os anos, largadas por mães que se esforçavam por obedecer à política estatal do filho único.[68] E, na Rússia, havia milhares de crianças a viver em hospitais pediátricos do Estado, ou a crescer em asilos de infância. Para os seus governos locais, estas crianças constituíam um embaraço político, evidência flagrante do que o comunismo não fora capaz de providenciar. Para os pais ocidentais, pelo contrário, eram uma fonte ímpar de esperança – um novo suprimento de potenciais filhos adoptivos.

O primeiro país a abrir-se por completo foi a Roménia. Em Dezembro de 1989, o brutal ditador romeno, Nicolai Ceausescu, foi executado juntamente com a mulher. Quando as equipas de filmagem acorreram a filmar o rescaldo, transmitiram também cenas de pesadelo de crianças pequenas amarradas a camas, ou maltratadas pelos seus pretensos cuidadores.[69] Chocadas com estas imagens, as organizações de ajuda internacional precipitaram-se para a Roménia em 1990, seguidas, a breve trecho, de pais ansiosos por arrancar aquelas crianças dali. Inicialmente, muitos desses pais estavam ligados às organizações humanitárias ou aos grupos religiosos que tinham ido prestar auxílio voluntário no país. Não eram necessariamente pessoas que já tivessem alguma vez pensado em adoptar – estavam simplesmente a reagir à tragédia que viam à sua volta.

Mas, assim que a notícia destas adopções se espalhou, a comunidade da adopção em geral viu os atractivos da Roménia: milhares de crianças sem lar, taxas de apenas cerca de 2000 dólares e um sistema jurídico basicamente em colapso. Em 1991, uma legião de intermediários, conselheiros e agências de adopção tinha aterrado na Roménia, colocando 2594 crianças em famílias americanas, e elevando o custo de uma adopção romena para, em alguns casos, mais de 11 000 dólares.[70]

Aproximadamente por esta altura, a China e a Rússia começaram também a abrir os seus orfanatos a potenciais pais estrangeiros. Em 1991, a China alterou leis que anteriormente proibiam os estrangeiros de adoptar. Em 1992, a Rússia instituiu uma secção à parte no seu Ministério da Educação para a adopção por estrangeiros e criou uma base de dados de todas as crianças potencialmente adoptáveis. Com estes sistemas em funcionamento, as agências de adopção afluíram a ambos os países e as crianças começaram a sair. Em 1996, só os americanos estavam a adoptar mais de 2400 crianças russas e 3300 chinesas por ano.[71]

Enquanto isso, as agências que serviam este mercado global tinham começado também a multiplicar-se, e o punhado de grupos de solidariedade que antes dominava o campo dera lugar a um conjunto de agências muito mais vasto e diversificado. Em 1999, cerca de oitenta agências norte-americanas dedicavam-se às adopções russas, e cento e cinquenta tinham programas na China.[72] Outras trabalhavam no Vietname, na Guatemala ou no Peru; e muitas ofereciam um leque de países à escolha dos potenciais pais.

Todas estas agências funcionavam dentro do híbrido quadro normativo que se desenvolvera em torno da adopção internacional, um quadro em que, basicamente, se avaliava os pais em ambos os lados de uma transacção entre países. Todas elas trabalhavam também com agências congéneres nos seus países de origem, que se ocupavam da legislação local e sinalizavam crianças disponíveis. Juntos, estes dois segmentos tinham acabado por constituir um vasto e florescente negócio na adopção internacional: em 2003, mais de 42 000 crianças foram adoptadas em países estrangeiros, 21 616 das quais só nos Estados Unidos.[73]

Estrutura de um Comércio

Em termos puramente económicos, a adopção é a faceta mais racional do comércio de bebés. Há uma imensa procura insatisfeita de crianças e uma oferta pronta a responder-lhe, espalhada pelo mundo. Ao conciliar oferta e procura, a adopção seria, aparentemente, a solução ideal para a infertilidade, uma combinação de incomensurável valor para ambos os lados da transacção.

Existem, no entanto, manifestos problemas com este mercado. Os "clientes" não pretendem *verdadeiramente* comprar os seus bebés. Os "fornecedores" não pretendem vendê-los. E os governos do mundo inteiro condenam firmemente a venda de bebés como um crime análogo à escravatura. Mas o facto é que existem crianças excedentárias no mundo e aspirantes a pais interessados em adoptá-las. Assim sendo, a adopção gerou uma espécie de sucedâneo do mercado, um sistema estruturado de negócios em que a oferta de crianças é canalizada para a procura dos que esperam por uma. Neste sistema de trocas, a regulação substitui o comércio e os preços transformam-se em taxas, intermediação e caridade.

Há dinheiro a mudar de mãos neste mercado sem nome, mas o dinheiro raramente compra as crianças em si e o sistema está sujeito a um labirinto de controlos formais – muito mais, na verdade, do que os que existem em quase qualquer outro sector do negócio de bebés. É um sistema global, apesar de marcado por significativas diferenças nacionais, que abrange tanto um (grande) sector legal como um (pequeno) ilegal. Só nos Estados Unidos, o sistema de adopção coloca mais de 120 000 crianças por ano, a um custo que varia habitualmente entre os zero e os 35 000 dólares.[74]

Estas crianças entram geralmente numa de três categorias: são mais velhas ou têm necessidades especiais, são recém-nascidas saudáveis, ou então são estrangeiras.[75] Embora algumas agências lidem com estes três tipos de adopção, a maioria está crescentemente virada para um nicho em particular.

Comércio Nacional

O primeiro destes nichos, para miúdos mais crescidos ou com necessidades especiais, aproxima-se muito do modelo original da adopção nos Estados Unidos. As crianças aqui vêm quase todas do sistema de acolhimento norte-americano; foram abandonadas pelos pais ou retiradas por lei da sua custódia. Esta é, infelizmente, a única área da adopção em que não deparamos com falta de oferta: pelo contrário, em 2002 havia 534 000 crianças no sistema de acolhimento dos Estados Unidos, cerca de 126 000 das quais formalmente elegíveis para adopção.[76] Na medida em que estas crianças estão legalmente à guarda do Estado, só as agências estatais podem tratar da sua colocação em famílias adoptivas. E o processo é habitualmente exasperante: os direitos parentais têm de ser legalmente extintos, é preciso contactar os familiares mais afastados, e ainda há frequentemente factores raciais a ponderar. Enquanto isso, as crianças vão crescendo e as suas necessidades, muitas vezes, aumentando.[77]

Do ponto de vista financeiro, o mercado da adopção no sistema de acolhimento é completamente diferente do mercado dos recém-nascidos ou das crianças estrangeiras. Para começar, uma vez que as crianças são tuteladas e colocadas pelo Estado, os pais adoptivos não pagam nada. Em vez disso, é o Estado que paga às famílias de acolhimento uma quantia mínima para que cuidem das crianças até elas serem adoptadas ou reintegradas nas suas famílias biológicas. Em alguns casos, os pais de acolhimento decidem posteriormente adoptar as crianças que lhes foram confiadas, obtendo, para todos os efeitos, uma adopção gratuita. Em termos económicos, a adopção no sistema de acolhimento é, por conseguinte, uma operação totalmente isenta de lucros para as instituições envolvidas e uma relativa benesse para os pais adoptivos.

A segunda distinção, contudo, é muito mais melindrosa, na medida em que aponta inequivocamente para a variação de preço das crianças. Pois o facto é que as crianças que vêm do sistema de acolhimento são simplesmente consideradas menos desejáveis que as outras: são mais velhas, muitas vezes marcadas por passados difíceis e, frequentemente também, crianças de cor. Em 2002, 73% das crianças no sistema de acolhimento norte-americano tinham mais de cinco anos e 37% eram afro-americanas.[78] Tradicionalmente, a procura destas crianças tem sido escassa, cerceada a princípio por assistentes sociais que se recusavam a colocar crianças negras em famílias brancas, e depois pela relutância dos próprios pais em adoptar miúdos que a maioria das pessoas descreveria como tendo necessidades especiais.[79]

Entre os meados das décadas de oitenta e noventa, o número de crianças anualmente adoptadas no sistema de acolhimento norte-americano situou-se persistentemente entre as 17 000 e as 21 000, o que representava apenas 10% do número de crianças disponíveis em qualquer um desses anos.[80] Em 1997, porém, o Congresso promulgou a Lei da Adopção e das Famílias Seguras, um pacote legislativo que visava acelerar a passagem das crianças do sistema de acolhimento para a adopção.[81] À medida que as disposições da lei iam sendo implementadas, as taxas de adopção começaram a subir: em 2000, cerca de 46 000 crianças foram colocadas em lares adoptivos; em 2001, 47 000; e, em 2002, 53 000. Estes números sugerem que a procura de crianças do sistema de acolhimento é substancialmente mais elevada do que as percentagens de colocações anteriormente indicavam, e que o mercado nesta área poderá bem crescer com o tempo. Mas, por enquanto, a colocação de miúdos mais velhos ou com necessidades especiais continua moderada e não comercial, do exclusivo foro das instituições públicas que se ocupam unicamente dos menores à guarda do Estado.

O mercado dos recém-nascidos é, pelo contrário, mais vigoroso e comercial. Calcula-se que, actualmente, entre vinte e quarenta mil bebés nascidos nos Estados Unidos sejam colocados todos os anos para adopção. Os números variam muito devido à inexistência de um mecanismo centralizador da informação.[82] Quase todas estas adopções são tratadas a nível particular, estimando-se que dois terços sejam conduzidas por intermediários independentes (isto é, não autorizados).[83] Numa adopção nacional típica, os futuros pais começam por pagar uma taxa prévia (geralmente entre 100 e 500 dólares) à agência escolhida. Desembolsam depois de 700 a 3000 dólares para cobrir o custo de uma avaliação do lar, a investigação social que determina se os candidatos a pais estão aptos a adoptar. Caso se consiga encontrar uma criança, os pais pagam então uma taxa de colocação extremamente variável – que pode ir dos 6 500 dólares indicados no quadro 6-1 a mais de 50 000. Também pagam geralmente as despesas médicas da mãe biológica, assim como os seus custos de manutenção durante a gravidez.[84]

O que complica o quadro financeiro da adopção de bebés é o cálculo básico da oferta: o compreensível receio de que a escassez de bebés (brancos e saudáveis) signifique que um determinado casal terá de esperar meses, ou até mesmo anos, até encontrar uma criança a quem possa chamar sua. Para algumas pessoas – sobretudo solteiros, casais mais velhos ou homossexuais – a espera pode bem tornar-se infindável, dado que muitas agências impõem critérios que funcionam explicitamente em seu detrimento. Em consequência disso, os candidatos a adoptantes estão a tentar, cada vez mais, desafiar as probabilidades, geralmente mediante processos de cariz nitidamente comercial.

Alguns pais, por exemplo, põem anúncios directamente em jornais ou revistas universitárias, descrevendo em termos edificantes o seu desejo de adoptar. "Casal unido e feliz deseja ardentemente adoptar recém-nascido branco", reza um anúncio típico. "Daremos ao seu bebé um lar pleno de calor e afecto, com sólidos valores familiares e segurança financeira." Outros tentam a sorte na Internet, visitando sites como o www.adoptionetwork.com ou o www.parentprofiles.com, onde se inscrevem em listas de famílias à espera e apresentam as suas credenciais a potenciais mães biológicas. "Imaginamos uma vida que inclui leitura de histórias antes de adormecer", escreve um casal fidedigno, "gelados nos dias quentes de Verão, pinturas com os dedos na mesa da cozinha e batalhas com bolas de neve".

QUADRO 6-1

Taxas correntes na adopção nacional de crianças em 2004

Agência	Taxa de Adopção
Children's Home and Aid Society of Illinois www.chasi.org	15% do rendimento (mínimo de 10 000 dólares e máximo de 25 000)
Beacon House Adoption Service (Florida) www.beaconhouseadoption.com	taxa de colocação, 10 000 dólares taxa para anúncios, 2500 dólares
Adoptions from the Heart (Nova Jérsia) www.adoptionsfromtheheart.org	18 000 dólares
Christian Child Placement Services (Novo México) www.nmcch.org	12 000 dólares
Jewish Family Service, Inc. (Tennessee) www.jewishfamilyservicememphis.org	15 000 dólares
American Adoptions (Kansas) www.americanadoptions.com	12 000-19 000 (afro-americanos ou mestiços) 20 000-25 000 (tradicional, caucasianos) 27 000-35 000 (tradicional, acelerada)
Family Service Agency (Arizona) www.fsaphoenix.org	20% do rendimento bruto; mínimo, 6500 dólares
Adoption Services (Pensilvânia) www.adoptionservices.org	40 000-52 000 dólares

Fonte: Websites de agências

Muitos casais trabalham também com advogados especialistas em adopção ou com agentes independentes que tentam pô-los directamente em contacto com pais biológicos.[85] Num caso típico, o casal entrega ao agente um dossiê informativo sobre si próprio e as características da criança desejada. O agente apresenta essa informação a uma mãe biológica, dando-lhe a possibilidade de escolher entre várias famílias possíveis. Ao mesmo tempo, o agente vai frequentemente preparando as famílias na arte da apresentação, aconselhando-as, por exemplo, sobre a melhor cor de papel a usar, ou o tipo de fotografias que devem escolher.[86] A maioria dos agentes cobra-se à parte por estes serviços, aplicando uma taxa horária que varia entre os 200 e os 350 dólares.[87]

A Adopção Aberta

Recentemente, alguns mediadores e agências de adopção independentes começaram também a oferecer adopção de um género mais radical que, em princípio, leva a combinação de famílias sem qualquer relação de parentesco ao seu extremo lógico. Na "adopção aberta", a mãe biológica (e, ocasionalmente, o pai biológico) escolhe pessoalmente os pais adoptivos. Os pais biológicos entregam a sua informação pessoal a um agente especializado em serviços abertos; analisam os dossiês e fotografias dos potenciais pais que o agente lhes fornece; e, em seguida, encontram-se normalmente com os casais que seleccionaram, para se assegurarem de que a combinação é ajustada. Neste processo, o tradicional véu de secretismo é quase inteiramente levantado: os pais adoptivos conhecem os pais biológicos, estes últimos escolhem efectivamente os primeiros, e a criança é plenamente informada dos pormenores da sua origem.

Na óptica dos proponentes da adopção aberta, este nível de transparência garante que os velhos estigmas da adopção ficam definitivamente eliminados. Em teoria, a criança não precisará nunca de procurar a sua identidade e a mãe biológica é poupada ao tormento de passar o resto da vida a pensar no que terá acontecido ao filho.[88]

É bem possível que tudo isto seja verdade. A um nível comercial, porém, a adopção aberta vem redefinir também os modelos tradicionais do negócio. Na adopção clássica, os pais adoptivos são sempre os "clientes". Têm sido eles que, tradicionalmente, procuram crianças disponíveis, são eles que pagam aos intermediários para encontrar e obter uma criança. Na adopção aberta, os pais adoptivos ainda pagam os custos do processo, mas só depois de os pais biológicos os terem descoberto e seleccionado. São, pois, os pais biológicos que se encarregam da ronda inicial da "compra", assumindo muitas das funções que dantes cabiam exclusivamente às agências.

Dito de outro modo, na adopção aberta, são os pais biológicos que escolhem entre as dúzias de casais interessados no seu filho. Em consequência disso, as agências acabam por ter um papel muito diferente:

medeiam as transacções, em vez de as fazer. Não é pois de admirar que os grandes mediadores da adopção aberta não sejam as agências tradicionais, mas sim uma crescente miscelânea de advogados e agentes bem relacionados, pessoas que se começaram a especializar no nicho da combinação, não entre bebés e pais, mas entre pais biológicos e os seus sucessores adoptivos.

Em 2004, o custo normal da adopção de um bebé nos Estados Unidos variava entre os 10 000 e os 40 000 dólares.[89] Em alguns casos, foram referidos preços na ordem dos 100 000 dólares.[90]

Comércio Internacional

O terceiro maior segmento da indústria da adopção consiste em transacções além-fronteiras, ou seja, na colocação de crianças de um país em famílias de outro. A princípio uma pequena fatia do negócio de bebés, a adopção internacional depressa se tornou uma actividade de grande dimensão, representando hoje cerca de 15% do número total de adopções sem laços de parentesco nos Estados Unidos.[91]

Três aspectos da adopção internacional distinguem-na da sua congénere nacional. Para começar, e uma vez que as crianças atravessam fronteiras internacionais, o regime legal é proporcionalmente mais complexo. As adopções internacionais processam-se, de facto, duas vezes: primeiro no país de origem da criança, e depois na sua nova pátria.

Em segundo lugar, as crianças adoptadas internacionalmente são, por definição, mais variadas do que as suas congéneres dentro de um mesmo país. Chegam-nos em muitas cores, de muitas culturas, e a falar uma diversidade de línguas. Por esse motivo, levantam uma série de questões sociais que raramente se colocam na adopção nacional e criam um mercado mais diferenciado.

Por último, e na medida em que estas crianças provêm quase sempre de países mais pobres, a sua adopção gera uma preocupação acrescida com a exploração e tráfico de pessoas. Alguns vêem o afluxo de crianças de outros países como um misto de humanitarismo e construção de famílias. Mas, para outros, é simplesmente um tráfico de vidas.

Do ponto de vista legal, o regime da adopção transfronteiriça é amplo e sofisticado. Abrange os principais países importadores e exportadores de crianças e insere-se num tratado formal internacional conhecido como Convenção de Haia.[92] Nos termos dessa convenção, tanto os países que enviam como os que recebem crianças são obrigados a instituir uma autoridade central que controle a adopção, uma autoridade que proteja as crianças envolvidas, identifique e examine potenciais pais e impeça a ocorrência de qualquer venda de bebés.[93]

Em termos comerciais, a observância da Convenção de Haia torna a adopção um processo bastante moroso. Os candidatos a pais têm de passar por uma avaliação do lar (tal como acontece na adopção nacional) pela concessão de um visto dos Serviços de Imigração e por uma investigação dos seus antecedentes pelo FBI, a que acrescem ainda quaisquer outras exigências eventualmente impostas pelas autoridades do país natal da criança. Têm de apresentar habitualmente registos criminais e clínicos, e ter depois todos os documentos autenticados e traduzidos. A burocracia é astronómica e o mesmo se pode dizer das possibilidades de erro.

Em resultado de tudo isto, os incentivos para a adopção independente são consideravelmente reduzidos. A maioria dos candidatos a pais nos Estados Unidos recorre a agências autorizadas para tratar de adopções em outros países, e as agências dispõem de uma ampla margem de manobra no que toca à marcação de preços nos seus pacotes estrangeiros. Cobram, por norma, uma taxa de candidatura, uma taxa pela avaliação do lar e a taxa do programa. As despesas no outro país são contabilizadas à parte e incluem normalmente um "donativo" fixo para o orfanato da criança ou a família do bebé, para além dos honorários dos intermediários, motoristas e intérpretes locais. A troco de todos estes pagamentos, a maioria das agências consegue fornecer aos futuros pais uma criança da sua escolha, geralmente no espaço de um ano.

Na adopção internacional, todavia, a noção de escolha é complicada pela variedade disponível. Na adopção nacional, pelo contrário, a procura está fundamentalmente condicionada pela oferta: há tão poucos bebés (brancos e saudáveis) que os pais raramente têm oportunidade de escolher. Na reprodução assistida, a escolha faz-se em função dos componentes em presença: óvulo, espermatozóide, útero, embrião, que se irão combinar de uma forma imprevisível. Os pais podem seleccionar as características básicas que o seu filho ou filha irá provavelmente herdar, mas não podem escolher uma criança específica. Já com a adopção internacional, a escolha é simultaneamente multiplicada e objectivada. Quando os pais fazem uma adopção noutro país, estão quase sempre a adoptar uma criança que já nasceu.* Ou seja, adoptam uma criança em particular, que já tem geralmente idade suficiente para evidenciar não só as suas características físicas como um determinado tipo de personalidade. Na adopção internacional, por conseguinte, e muito mais do que na adopção de crianças nacionais ou na reprodução assistida, os pais escolhem literalmente o seu futuro filho.

Este processo de selecção é parte integrante da própria estrutura da adopção internacional. Para começar, os pais escolhem o país do qual gostariam de adoptar. Para os adoptantes norte-americanos, isto significa escolher entre trinta e nove países possíveis que, em 2005, iam da Bielorússia ao Vietname. Todos estes países têm crianças disponíveis, mas as opções que oferecem são diferentes. Na China, por exemplo, quase todas as crianças disponíveis são raparigas, com idades que variam geralmente entre os dez e os dezassete meses. Na Rússia, há rapazes e raparigas, alguns bebés e um imenso número de crianças mais velhas, que vivem em instituições. Na Guatemala, a maior parte das crianças são ainda muito pequenas, e subtilmente classificadas como "latinas" ou "maias".

Assim, quando os pais escolhem um país, estão também a escolher um determinado tipo de criança. Em muitos casos, estão igualmente a escolher uma determinada tabela de preços, uma tabela que também revela, implicitamente, certas preferências. As crianças brancas, por exemplo, são quase sempre mais caras do que as negras. Como o quadro 6-2 indica, o preço normal da adopção de uma criança russa (branca) em 2004 (acrescido dos custos da viagem e das taxas da agência) era de aproximadamente 15 000 dólares, ao passo que o custo de uma criança (negra) da Etiópia se situava entre os 6700 e os 8000 dólares. As crianças de outras cores ficam por um preço intermédio, que vai dos cerca de 6000 dólares por uma criança filipina aos 7000 por uma chinesa e 8900 por uma colombiana.[94] A Guatemala constitui, até certo ponto, uma excepção onerosa, dado que as crianças neste país fortemente católico são muitas vezes adoptadas logo a seguir ao nascimento, e as suas mães biológicas são geralmente consideradas "boas

---

* Existem algumas excepções. Na Guatemala, por exemplo, os pais descobrem, por vezes, uma mulher grávida e acordam em adoptar-lhe o filho.

raparigas" que, por constrangimentos de ordem cultural, se vêem obrigadas a renunciar a qualquer filho nascido fora do casamento. Os preços também variam visivelmente em função da idade ou grau de deficiência. Na Rússia, por exemplo, adoptar uma criança de colo através de uma agência conhecida custa mais 7000 dólares do que a adopção de uma criança em idade escolar. E as crianças deficientes são frequentemente oferecidas com uma espécie de "bolsa de estudo" ou assistência financeira.

Para além disto, e a nível das crianças individuais, a adopção internacional também oferece uma diversidade de escolha por vezes chocante. Quando os pais iniciam um processo de adopção, explicam habitualmente à agência eleita quais são as suas preferências: se querem uma criança de dois anos ou um bebé mais pequeno, um rapaz ou uma rapariga. Descrevem o tipo de criança que se sentem capazes de educar e o tipo de família que desejariam construir. Por vezes, a selecção termina aqui. A agência trabalha com a sua congénere no país escolhido, localiza uma criança e apresenta-a aos eventuais pais, geralmente através de uma fotografia ou de um pequeno vídeo. Os pais podem optar por aceitar a criança (a maioria aceita) ou aguardar uma segunda hipótese. Há outros casos, porém, em que os pais desempenham um papel muito mais activo no processo de selecção. Escolhem, na realidade, uma determinada criança – através de fotografias ou em pessoa – e dão então início ao processo da sua adopção.

Os exemplos mais extremos deste tipo de selecção são os catálogos de fotografias na Internet que mencionámos anteriormente. Em sítios da Web como o Rainbow Kids ou o precious.org, as agências apresentam regularmente as suas crianças disponíveis, ordenadas por país, sexo ou idade. Num qualquer momento, as listas podem chegar a incluir quinhentos miúdos, todos eles oficialmente elegíveis para adopção. Numerosas agências têm também listas próprias de crianças à espera na Internet, complementadas por fotografias e breves descrições, muitas delas de cortar o coração. Os eventuais interessados são incitados a contactar a agência para mais informação e para dar início ao processo que "lhes trará o filho para casa". Embora não haja números exactos disponíveis, a directora dos Rainbow Kids calcula que, só a partir do seu site, mais de seis mil crianças tenham sido adoptadas desde 1997.[95] E centenas de outras são adoptadas, todos os anos, através de diversos campos de Verão ou programas de acolhimento que trazem crianças mais velhas aos Estados Unidos para conhecerem potenciais famílias.

QUADRO 6-2

Exemplos das Taxas de Adopção Internacional em 2004 (em dólares)

Agência	Taxas de Candidatura e Agência	Taxa do programa Rússia	Taxa do programa Guatemala	Taxa do programa China	Taxa do programa Índia	Taxa do programa Etiópia
Wide Horizons For Children	5700	15 000	18 240	7165	5000	6700
Holt	2995	não disp.	8690	9360	8190 (saudável)	não disp
Inter-National					5325 (com necessidades especiais)	
Angels' Haven	4500	11 000	17 500	6000	não disp.	8000
MAPS Inter-National	2000	15 650	19 000	12 250	14 500	não disp
Families Thru Inter-national Adoption	4800	13 978	19 000	3000	12 000	não disp
Common-wealth Adoptions	200	17 000	26 900	12 000	12 000	não dis

Fontes: Websites de agências (www.whfc.org; www.holtintl.org; www.angelshavenorg; www.mapsadopt.org; www.ftia.org; www.commonwealthadoption.org) e conversas com a autora.

Há diversas formas de encarar estes processos de selecção. Por um lado, os catálogos de fotografias e os campos de Verão desempenham um papel crucial no encontro de possíveis famílias. Divulgam informação sobre algumas das crianças mais difíceis de colocar do mundo – miúdos mais velhos, grupos de irmãos e bebés com deficiências congénitas – e fazem chegar essa informação a um vasto grupo de potenciais pais, permitindo-lhes que encontrem, ou escolham, a sua criança especial.[96] Por outro lado, os críticos fazem notar que estes métodos acabam por ser incomodamente análogos aos de um bazar global, em que clientes com um bom poder de compra escolhem artigos de um catálogo lustroso e sentimental.

E aqui chegamos à terceira característica distintiva da adopção internacional. Nas famílias construídas entre o primeiro e o terceiro mundo, são invariavelmente os pais que pertencem aos países mais ricos e as crianças que saem da pobreza. São os países pobres que produzem crianças e os ricos que as consomem. No decurso deste processo, os pais pobres são deixados para trás, servindo apenas como fabricantes iniciais de filhos para outras pessoas.

Esta equação fundamental levou os críticos a perspectivar a adopção internacional sob uma luz particularmente perversa: como um processo comercial que não só prospera à custa da pobreza global como a perpetua. Como explica Twila Perry, uma professora de Direito norte-americana: "O desequilíbrio nas circunstâncias ... envolvidas na adopção internacional coloca-nos um preocupante dilema: num certo sentido, o acesso das mulheres ocidentais brancas e ricas às crianças de cor que são dadas para adopção está muitas vezes dependente da continuidade das circunstâncias desesperadas em que se encontram as mulheres nos países do terceiro mundo."[97] De modo idêntico, críticas feministas como Janice Raymond afirmam que a adopção internacional envolve um tráfico *tanto* de mulheres como de crianças. Tal como a maternidade de substituição, escreve ela, a adopção "fomenta a existência de *mulheres para usar-e-deitar-fora*, que são descartadas uma vez cumprido o seu papel de procriadoras".[98]

Estas críticas irritam obviamente os defensores da adopção, que insistem que a adopção internacional não tem nada a ver com exploração ou desigualdades globais.[99] Tratar-se-á, pelo contrário, de um acto humanitário do foro mais íntimo, que literalmente transplanta alguns dos habitantes mais pobres e vulneráveis deste planeta para os lares e corações dos mais privilegiados. Através da adopção internacional, insistem os seus apoiantes, crianças excedentárias são confiadas a pais que as querem, ao mesmo tempo que capital excedentário (sob a forma de donativos e taxas locais) aflui aos países pobres.[100]

E é o que efectivamente acontece. Afirmar, porém, que a adopção internacional é um mercado virtuoso não refuta o facto de ser, não obstante, um mercado. As agências de adopção organizam regularmente seminários para descrever a sua actividade. Apresentam as suas crianças na Internet (em alguns casos) e retratam-nas em revistas de papel lustroso. Cobram também preços claramente diferenciados. É difícil dizer que isto não é comércio, porque é.

O Mercado Negro

Mas é no último segmento do mercado de bebés que o comércio se torna mais explícito e extremo. Esta é a área do mercado em que as agências de adopção são substituídas por agentes de bebés e o dinheiro muda despudoradamente de mãos. Este é o ignóbil mas persistente reino do mercado negro, um reino povoado por intermediários infames como Georgia Tann da *Children's Home Society* do Tennessee, que, entre 1930 e 1950, colocou mais de um milhar de crianças e embolsou pessoalmente mais de um milhão de dólares em lucros. Ou como Ron Silverton, um advogado da Califórnia acusado, em 1974, de arranjar adopções ilícitas e tentar vender uma pessoa.[101]

Este é um mundo que também se tornou, recentemente, global, como é patente nas bem publicitadas histórias de agentes que põem lindas crianças nos braços de ansiosos pais, tirando generosos lucros da transacção.[102] É difícil avaliar a dimensão deste mercado ilícito, ou até que ponto afecta o curso geral da adopção. Em 1975, uma investigação do Congresso estimou que mais de cinco mil bebés eram vendidos anualmente nos Estados Unidos, por preços que variavam entre os 10 000 e os 15 000 dólares.[103] Presentemente, os especialistas da indústria calculam que menos de 1% das adopções nacionais se processa por vias implicitamente ilegais, o mesmo acontecendo, talvez, com 5% das adopções internacionais.[104] As acusações variam muito no que se refere aos países exportadores, destacando-se um pequeno grupo – Cambodja, Vietname, Índia, Guatemala – que responderá pelo grosso da alegada actividade ilegal.

É, no entanto, difícil definir este mercado negro, uma vez que quase todas as adopções (exceptuando as que se processam no âmbito do sistema de acolhimento) envolvem alguma transferência monetária. De facto, é justamente essa transferência de dinheiro que leva os críticos da adopção a demoli-la sem contemplações. Todavia, as adopções no mercado negro têm um conjunto de características distintivas, um padrão de comércio e de comportamento que as coloca nitidamente – mesmo que subtilmente – à parte.

Para começar, as adopções no mercado negro ocorrem, por definição, fora dos limites do comércio autorizado. São conduzidas por agentes independentes ou intermediários sem licença que atendem exclusivamente às exigências dos pais e não realizam as avaliações do lar requeridas pela lei estatal. Os preços em jogo estão muitas vezes envoltos em secretismo e os documentos-chave são frequentemente forjados. A adopção legítima é um processo perfeitamente transparente, que envolve assistentes sociais, juízes e funcionários dos registos locais. A adopção no mercado negro é, pelo contrário, discreta e dissimulada, o que ajuda a explicar a sua persistente atracção.

Em segundo lugar, na adopção no mercado negro, a proibição de pagamento não se aplica. Em vez de cobrir apenas os custos da gravidez e parto da mãe biológica, os agentes de bebés pagam uma quantia extra, "reembolsando" a mãe pelo facto de abdicar do filho. Os valores envolvidos até podem ser mínimos – 180 dólares por um bebé do Cambodja, segundo um escândalo de 2002, 20 dólares por uma menina indiana – mas é o princípio que está em causa.[105] Em circunstâncias legítimas, as mães renunciam aos filhos porque não podem, ou não querem, criá-los sozinhas. Essas mães ou entregam os seus recém-nascidos através de um processo sancionado pelo tribunal (a norma na adopção nacional norte-americana), ou então deixam-nos furtivamente numa maternidade ou num mercado público (a via típica na China). Em alguns casos, as mães também podem ser consideradas incapazes de exercer a função parental e, nessa medida, obrigadas a ceder os filhos ao Estado. Esta é uma situação comum entre as crianças colocadas no sistema de acolhimento norte-americano e entre muitos dos chamados "órfãos" russos. Note-se porém que, em nenhum destes casos, a mãe que entrega um filho é *paga* para o fazer. Na adopção no mercado negro, a transacção é, pelo contrário, explicitamente comercial: a mãe (ou, ocasionalmente, o pai) recebe dinheiro em troca da criança.

Uma terceira característica das adopções no mercado negro leva este fenómeno ao seu lógico e abominável extremo. Uma vez que as crianças são explicitamente compradas e a sua venda ocorre à margem dos processos formais e transparentes, não será preciso mais que um pequeno passo para se chegar ao roubo completo e subsequente revenda das crianças. Felizmente, esses casos são raros.[106] Mas acontecem. Em 2001, por exemplo, os Estados Unidos suspenderam as adopções do Cambodja, invocando alegações de venda e roubo de bebés.[107]

Estes exemplos terríveis constituem apenas uma pequena fracção do mercado global da adopção. Dado, porém que os casos extremos são tão sinistros, e que mesmo a adopção legal comporta uma razoável dose de comércio, é fácil confundir adopção com roubo e, como os críticos fazem, pintar todas as adopções como versões mal disfarçadas de venda de bebés. Como escreve um crítico: "A adopção na América é, hoje em dia, uma indústria lucrativa movida pela ganância e pela exploração, sendo os bebés brancos a sua mais valiosa mercadoria e os preços determinados pelo desespero. Os que estão no negócio dos bebés brancos não são já indivíduos filantrópicos ... mas antes um pequeno grupo de empreendedores privados, traficantes e revendedores, que transformaram uma adopção numa negociata".[108]

O que complica ainda mais a questão é que a distinção legal entre adopção legítima e ilegítima não é clara. Segundo a lei do Estado, por exemplo, qualquer mãe biológica pode legalmente tratar da adopção de um filho. Em teoria, esta disposição permite simplesmente às mães decidir o que é melhor para os seus filhos. Na prática, porém, abre um enorme buraco na lei: desde que a mãe biológica concorde, qualquer adopção é tecnicamente legal. E qualquer intermediário que tenha "ajudado" a mãe biológica ou os pais adoptivos pode logicamente alegar que prestou serviços de aconselhamento, consultoria jurídica, ou qualquer outro serviço inócuo que seja difícil definir como ilegal. Em consequência disso, tem havido muito poucos americanos condenados por venda de bebés.[109] Na Europa, onde as leis são um pouco mais rigorosas, todos os principais países ratificaram a Convenção de Haia e muitos têm leis que proíbem explicitamente a venda de bebés ou o tráfico de crianças. Todavia, mesmo com o regime jurídico mais severo, continua a ser difícil determinar a proveniência de uma criança adoptada, ou as circunstâncias que rodearam a sua adopção.[110]

A adopção no mercado negro *é* diferente da adopção legítima. Ocorre furtivamente e muitas vezes com documentos forjados; envolve pagamento pela criança em si; e, ocasionalmente, entra mesmo no domínio do rapto ou do roubo. Mas estas distinções nem sempre são óbvias, e os agentes astutos conseguem esgueirar-se com bastante facilidade por entre as malhas da lei. Além disso, muito embora os agentes legítimos da adopção desprezem o mercado negro e a sombra que lança sobre todo o sector, o mercado legítimo está, também ele, claramente dividido: entre agências públicas e privadas, entre organizações religiosas sem fins lucrativos e advogados independentes. Estas entidades não gostam de admitir que estão a competir entre si, mas estão.

E os termos dessa competição tornam ainda mais difícil estabelecer quaisquer linhas. Se todos os pagamentos fossem banidos do mundo da adopção – uma medida frequentemente advogada pelos seus adversários – todas as adopções reverteriam para agências dirigidas pelo Estado, o que colocaria até os agentes autorizados fora da actividade. Do mesmo modo, se fosse ilegal transportar qualquer criança adoptada para fora das fronteiras estaduais ou nacionais (outra proposta frequente), um sem-número de intermediários perderia o seu nicho comercial. Ora, com esse tipo de medidas, também a eficiência do mercado desapareceria, pois o facto é que as agências estatais não conseguem oferecer a mesma rapidez e serviço das suas congéneres privadas, e a adopção inteiramente a cargo do Estado afastaria milhares de crianças de potenciais pais com fortes probabilidades de as adoptarem.

E isto traz-nos à principal questão colocada pela adopção no mercado negro e, a bem dizer, pela adopção em geral. A maioria das pessoas concorda que é intrinsecamente errado vender uma criança, e que não podemos nunca tratar os bebés ou os pais que os geraram como artigos de mercado.[111] Mas será que esta proibição moral implica que não podemos nunca transferir crianças de um conjunto de pais para outro? Ou que não podemos nunca permitir que qualquer forma de pagamento entre nessa transferência? Será que a nossa repulsa pelo mercado negro significa que os futuros pais não podem de forma alguma pagar a um intermediário para tirar a Yamile ou o Bulat da lista dos Rainbow Kids e levá-los para suas casas? No mundo contemporâneo, a adopção funciona inegavelmente como um mercado. A questão é saber se esse mercado é necessariamente mau.

Vendendo Almas ou Salvando Vidas? Perspectivas para o Mercado da Adopção

Se considerarmos a adopção em si, seremos tentados a dizer genericamente que não, que o dinheiro nunca deveria entrar numa relação entre pais e filhos.[112] É certamente plausível sugerir que a adopção seja retirada de mãos privadas e inteiramente devolvida aos governos. É possível expressar uma profunda compaixão pela triste sorte da Yamile e do Bulat, ao mesmo tempo que se argumenta contra a sua adopção. De facto, por razões de ordem moral, pode-se até dizer que a proibição da venda de crianças é tão funda e tão crucial que nada – nem mesmo o destino das crianças concretas – pode justificar a sua violação.[113]

Mas, se virmos a adopção como parte de um comércio de bebés mais amplo, estas declarações gerais de princípios já se tornam mais difíceis de sustentar. Há visivelmente pessoas a extrair lucros em outros sectores deste comércio: nos tratamentos da infertilidade, nas vendas de sémen, na maternidade de substituição. Segundo que lógica poderemos então defender que o Instituto de Fertilidade de Las Vegas pode cobrar 44 800 dólares aos seus clientes por um ciclo de maternidade gestacional, mas o Angel's Haven não pode levar 8000 dólares pela adopção de um órfão de guerra da Etiópia?

Talvez pudéssemos traçar uma linha enérgica e firme na criança em si, distinguindo entre os componentes da concepção e o *produto* dessa concepção. Por outras palavras, poderíamos dizer que, a partir do momento em que nasce, a criança já não pode ser negociada ou tratada como parte de uma transacção comercial. Esta é uma posição legítima. O problema é que também vai muitas vezes contra os interesses da criança em causa. Pois o facto é que é preciso dinheiro para trazer um rapazinho da Serra Leoa para o Milwaukee; é preciso dinheiro para cuidar desse menino num orfanato local e para certificar que os seus futuros pais estarão aptos a criá-lo em condições adequadas. Se esse dinheiro não mudasse de mãos – ou, por outras palavras, se o mercado da adopção internacional desaparecesse – esse rapazinho iria, quase de certeza, passar a infância numa instituição, sem família.[114] E só um escassíssimo número de sociólogos e defensores do bem-estar infantil manteriam ainda que qualquer criança beneficia mais com a vida numa instituição.[115]

Em alternativa, poderíamos permitir que a transacção ocorresse, mas insistir em mantê-la ao abrigo de qualquer influência do mercado. Em termos práticos, uma posição dessa natureza significaria deixar a adopção inteiramente entregue ao Estado. Significaria despender recursos públicos e substituir estruturas de mercado por burocracias do governo. Este tipo de sistema é perfeitamente possível: são, na verdade, agências governamentais que controlam o processo de adopção na maioria dos países exportadores (China, Rússia, Guatemala, Peru) e em vários dos importadores (Países Baixos, Austrália).

Nos Estados Unidos, porém, a adopção administrada pelo Estado colidiria frontalmente com uma preferência arreigada pela escolha. Lançaria a construção de famílias para as mãos da burocracia e iria provavelmente gerar o tipo de atrasos e ineficiências de que presentemente enferma o sistema de acolhimento. Nos Estados Unidos, aliás, um sistema de adopção administrado pelo Estado ficaria num contraste ainda mais flagrante com outros elementos do mercado de bebés. Na Austrália, por exemplo, a adopção entra na esfera do Estado, mas o mesmo acontece com a FIV, a dação de óvulos e a maternidade de substituição. Se os Estados Unidos resolvessem, de algum modo, retirar por completo a adopção do mercado, estariam a criar uma clara dicotomia entre as opções de reprodução que podem ser compradas (óvulos, embriões, DGPI, FIV) e as que não podem. O que significaria, em termos práticos, permitir que os ricos adquirissem serviços procriativos, enquanto os pobres eram empurrados para a adopção.

Um sistema assim é de facto, possível e, se tomarmos o momento da concepção como uma clara linha divisória, talvez fosse o melhor que podíamos fazer. Mas retirar a adopção do mercado prejudicaria a eficiência que actualmente existe. Reduziria o número de crianças disponíveis para adopção e aumentaria a quantidade de tempo envolvido. Imporia também linhas de orientação ultrapassadas em relação à parentalidade, deixando ao critério das agências governamentais determinar quem está apto a constituir uma família e em que termos.

Uma vez mais, os prós e contras de um sistema dessa natureza tornam-se particularmente evidentes quando o comparamos com outros meios de fazer bebés. A nível social, a adopção é quase de certeza preferível à reprodução assistida. Alimenta-se da provisão existente de crianças, em vez de criar outras novas. Preserva recursos financeiros que, de outro modo, seriam gastos no sistema de acolhimento ou na manutenção das crianças em instituições, e evita o custo de novos filhos de alta tecnologia.

É óbvio que ninguém pretende que os casais sem filhos assumam exclusiva responsabilidade – ou sequer alguma responsabilidade efectiva – pela resolução do problema das crianças sem pais.[116] Mas, pela mesma ordem de ideias, também parece uma insensatez colocar a adopção em *desvantagem* em relação à reprodução assistida. Se deixamos as pessoas doar óvulos, sémen e embriões, como podemos insistir que as crianças sejam entregues ao Estado? Se deixamos que uma mulher solteira de cinquenta e dois anos pague 100 000 dólares por um tratamento de FIV que lhe vai pôr um par de bebés gémeos nos braços, por que haveríamos de impedir essa mesma mulher de pagar, por exemplo, 25 000 dólares para adoptar a Sofia ou o Rafael?[117]

O curioso no mercado da adopção é que ele funciona. É claro que não funciona em todos os casos, e funciona melhor com alguns dos miúdos e pais do que com outros. Apesar disso, a história da adopção oferece uma imagem surpreendentemente nítida de sucesso. Quer adoptem através de agências públicas ou privadas, através de amigos ou advogados estrangeiros, e independentemente de adoptarem bebés que são "tal e qual como eles" ou crianças longínquas de uma raça diferente, a maioria dos pais adoptivos avalia posteriormente a sua experiência em termos bastante entusiásticos.[118] Acolhem as crianças adoptivas como seus próprios filhos e não parecem albergar quaisquer dúvidas persistentes acerca da natureza da transacção inicial. As únicas queixas dominantes giram em torno da escassez e dos entraves burocráticos: insuficiência de crianças, excesso de papelada.

Para as crianças adoptadas e os pais biológicos, o quadro é mais sombrio, mas não por razões directamente relacionadas com o comércio. Alguns dados limitados sugerem, por exemplo, que os adultos adoptados se ressentem das transacções que rodearam a sua adopção.[119] Há estudos que afirmam que as pessoas adoptadas carregam uma mágoa permanente pela "rejeição" da sua mãe biológica, ou então andam a vida inteira em busca das suas origens genéticas.[120] A maioria dos especialistas em adopção considera geralmente que a adopção aberta é melhor do que a ocultada, e que os adoptados têm direito a conhecer as circunstâncias do seu nascimento.[121] Mas nenhuma destas acusações tem algo a ver com o *negócio* da adopção. Pelo contrário, os críticos reservam a sua bílis mais ácida para o velho modelo das agências de adopção administradas ou licenciadas pelo estado, onde todas as transacções eram secretas e o poder estava nas mãos de um punhado de assistentes sociais.

Acusações semelhantes são proferidas pelas – ou em nome das – mães biológicas, hoje em dia geralmente vistas como o elemento mais vulnerável na tríade da adopção. Na época áurea da adopção, em meados do século XX, as mães biológicas não tinham habitualmente qualquer poder de decisão sobre o destino dos filhos, ou até sobre o seu próprio. Eram encaminhadas pelos pais ou namorados para maternidades insalubres, onde os filhos lhes eram frequentemente tirados antes mesmo de acordarem depois do parto. Para muitas mães biológicas, a entrega do seu filho para adopção continua a ser uma recordação dolorosa, uma perda de que nunca se conseguem recuperar plenamente.[122]

Todavia, e uma vez mais, a tragédia da adopção nestes casos tem pouco ou nada a ver com o mercado. As mulheres não renunciavam aos filhos nos anos cinquenta e sessenta por serem financeiramente incentivadas a fazê-lo: entregavam-nos porque não tinham meios ou estatuto social para os criarem sozinhas. As circunstâncias mudaram, até certo ponto, com o aparecimento da pílula e a liberalização do aborto, na medida em que a súbita escassez de bebés para adoptar tornou os agentes mais propensos a oferecer aliciantes, e as mães biológicas mais prontas a aceitá-los. Mas uma mudança bem mais importante foi o facto de as mães biológicas terem começado a exercer o seu próprio discernimento e direito de escolha, decidindo se querem ou não que os filhos sejam adoptados e, de forma crescente, por quem.

Uma vez mais, por conseguinte, a introdução das forças de mercado aumentou, de facto, as opções das mães biológicas. No limite, como observámos atrás, as forças de mercado colocaram as mães biológicas na posição de clientes, permitindo-lhes, literalmente, escolher de entre um catálogo de potenciais pais. Essas opções não significam que a decisão de renunciar a um filho se tenha tornado fácil, ou que as mães biológicas encarem o seu leque de escolha como uma espécie de cómodo supermercado de pais. Mas, por estas razões, é difícil dizer que as forças de mercado agravaram a situação dos pais biológicos.

Aqueles que avançam acusações nesse sentido, centram-se geralmente nos países menos desenvolvidos onde, segundo afirmam, as mulheres são coagidas pela sua pobreza a renunciar a filhos que prefeririam criar.[123] Mas, mais uma vez, é difícil culpar o mercado de *causar* a inegável dor destas mulheres, ou acreditar que travar a adopção internacional contribuiria de alguma forma para aliviar a sua situação. O que o mercado da adopção faz é antes enviar um fluxo de capitais precisamente na direcção que os seus adversários desejam: dos países ricos para os pobres, de pais abastados para crianças abandonadas, negligenciadas ou dispensadas.

O mercado da adopção nem sempre é bonito. Há crianças com histórias de abuso de que nunca recuperam. Há crianças que anseiam conhecer as suas origens genéticas ou raízes culturais, crianças que buscam desesperadamente uma identidade que lhes escapa. Há crianças que vão para famílias más, e crianças como a Anita e o Yi-Wei que podem nunca encontrar um lar. É tentador focar apenas o lado negro e subterrâneo deste mercado, ou as práticas abusivas que sempre irão macular as orlas da adopção.

Mas, se enquadrarmos a adopção no contexto mais geral do negócio de bebés, teremos uma perspectiva completamente diferente. Pois a verdade é que também há crianças criadas pela FIV que crescerão para ser abusadas, crianças nascidas de óvulos ou espermatozóides doados que um dia ansiarão também conhecer as suas origens genéticas. Todas essas crianças são igualmente criadas por transacções do mercado, nenhuma delas regulada pelo sistema normativo que há muito enquadra a prática da adopção.

De facto, o mercado da adopção nos Estados Unidos – por muito lento e pesado que seja – poderia até oferecer um modelo de funcionamento para um negócio de bebés em novos moldes. É um modelo em que o dinheiro inegavelmente circula, e em que alguns intermediários tiram lucro da transacção de crianças. Mas também é um mercado que combina um segmento comercial relativamente pequeno com um outro muito mais vasto sem fins lucrativos. É um mercado em que as agências do governo providenciam regulação e controlo, e as entidades privadas competem para fornecer serviço. É um mercado em que os pais têm de provar que estão aptos a sê-lo, mas também onde muitos pais – homo ou heterossexuais, casados ou solteiros, ricos ou da classe trabalhadora – podem ter esperança de encontrar o "seu" filho ou filha. E é um mercado que, basicamente, funciona.

Em Setembro de 2005, mesmo antes de este livro ser imprimido, fiz nova visita aos sites dos *Rainbow Kids* e dos *precious.org* para saber das crianças que tinha aleatoriamente escolhido, cerca de nove meses atrás. O Bulat tinha encontrado a sua família definitiva. A Yamile, a Sofia e o Rafael continuavam à espera.

Capítulo 7

Canções de Salomão

Propostas para Melhorar o Comércio de Bebés

A verdadeira dignidade do homem não reside na sua origem
mas naquilo que ele é e naquilo em que se pode tornar

– Edwin Grant Conklin

PRONUNCIEMOS A PALAVRA *mercado* e o que é que nos vem à cabeça? Mercados financeiros, talvez, ou supermercados. Há mercados de imobiliário, mercados de carros usados, mercados cheios de agricultores que vendem abóboras e queijo. Há mercados de coisas bizarras como embalagens de pastilhas vazias, ou de produtos altamente sofisticados como títulos de crédito avalizados por hipotecas. Mas bebés? Partimos do princípio de que os bebés não são feitos para serem vendidos. Os bebés não são feitos para serem comprados. Os bebés não são feitos para terem um preço afixado na testa.

A tese central deste livro é que existe, não obstante, um mercado de bebés, um mercado que se estende a todo o mundo e envolve centenas de milhares de pessoas. Esse mercado não funciona necessariamente como o mercado das abóboras ou das hipotecas: os seus preços são mais inflexíveis do que a oferta e a procura levariam a pensar; não poderá nunca fornecer por completo todos os bens desejados; e a própria ideia de direitos de propriedade – que está no âmago da maioria dos mercados modernos – permanece, nele, ambígua ou contestada. É um mercado repleto de tecnologia mas relutante em admiti-lo, um mercado em que os vendedores embrulham muitas vezes os seus artigos na linguagem da caridade.[1]

Mas, mesmo com todas estas peculiaridades, o mercado de bebés – o mercado de crianças, na verdade – não deixa de ser um mercado. Como é que sabemos? É que existe uma necessidade profunda e persistente de reprodução, uma necessidade, e consequente procura, que frequentemente ultrapassa em muito o que a natureza, por si só, é capaz de providenciar. E existe igualmente oferta neste mercado, uma vasta – e cada vez maior – oferta de meios para produzir o que a procriação falhou. Há também preços que claramente ligam oferta e procura, e empresas que vendem os seus artigos, cobrando muitas vezes avultadas somas em todo o processo.

Num plano conceptual, é fácil deplorar este mercado e insistir que a reprodução – à semelhança da verdade, do amor ou da honra – não deveria nunca ser vendida. Também é fácil vilipendiar as técnicas de ponta da ciência da reprodução, argumentando que viola as leis da natureza ou, como Leon Kass uma vez vaticinou, ameaça conduzir-nos a "uma auto-degradação voluntária, ou a uma desumanização consentida".[2] Estes argumentos, porém, são cada vez mais irrealistas: o negócio de bebés, tal como este livro demonstrou, está vivo, de boa saúde e em crescimento. É difícil imaginar que pudéssemos alguma vez reenfiar este génio na garrafa. Além de que não é, de forma alguma, seguro que devêssemos fazê-lo. Pois a verdade é que o negócio de bebés, contrariamente, por exemplo, à corrida ao armamento ou ao tráfico de heroína, produz um bem que é intrinsecamente *bom*. Produz crianças para pessoas que desejam tê-las. Algumas das vias para conseguir essas crianças podem ser menos virtuosas do que outras. Alguns pais podem não merecer os filhos que obtêm. Não obstante isso, a dinâmica subjacente – pais a obter filhos – não é seguramente má.

A todo o instante, há pais a ter filhos, e nós consideramo-lo, por norma, uma bela coisa para se fazer. O que difere no negócio de bebés é, obviamente, o modo de aquisição – a entrada do comércio no que muitos consideram ser um assunto absolutamente não-comercial. Esse argumento, porém, não comporta nenhuma espécie de peso natural. Se considerarmos que os mercados são bons e as crianças um bem, não se vê claramente por que motivo a combinação de ambos há-de ser intrinsecamente vil. Ser-nos-ia possível, com a mesma facilidade, inverter este argumento e pensar antes como é que os mecanismos de mercado poderiam ajudar a produzir um resultado socialmente desejável.

Pondo a questão em termos um pouco diferentes, temos mercados de todo o tipo de coisas, incluindo cuidados de saúde, infantários e educação, e consideramos geralmente que funcionam. Temos uma procura de bebés, uma oferta de bebés, e um crescente conjunto de intermediários que tentam conciliar ambas. Perante esta situação, dispomos basicamente de duas alternativas: ou repudiamos o negócio de bebés e exigimos a sua extinção; ou aceitamos o mercado que se criou e tentamos melhorá-lo.

Este livro optou pela segunda via. Afirma que existe um mercado de bebés e que esse mercado, apesar de todos seus defeitos e fraquezas, não é necessariamente mau. Mas como é que poderemos fazê-lo funcionar melhor? Como é que poderemos aproveitar a sua capacidade sem incorrermos nos pecados que os seus críticos denunciam?

Existem aparentemente duas maneiras. Primeiro, temos de corrigir o mercado em si, conferindo ao negócio de bebés os atributos comerciais de que ele presentemente carece: alguma forma de direitos de propriedade, algumas definições comuns e um enquadramento aplicável às suas diferentes áreas. Segundo, temos de inserir este mercado num contexto político e normativo adequado, impondo as regras necessárias para que ele produza os bens que queremos – crianças saudáveis e felizes – sem fomentar os riscos óbvios.

Esta segunda tarefa é mais difícil que a primeira, na medida em que a política é, em muitos aspectos, mais suja que os mercados. Na prática, porém, a resolução entre política e mercados tende a estar profundamente interligada. Se conseguirmos fazer com que o negócio de bebés funcione melhor – se conseguirmos combinar pais e crianças de uma forma mais consistente, mais acessível e mais segura – é provável que o apoio político ao mercado aumente. E se clarificarmos a política, distinguindo o que é aceitável do que não é, o mercado funcionará inevitavelmente melhor.

Operacionalizar os Mercados: A Procura dos Direitos de Propriedade

Para aqueles que estudam os mercados, a importância dos direitos de propriedade tornou-se uma espécie de mantra. Baseando-se no trabalho de Douglass North e Ronald Coase, os economistas defendem desde há várias décadas que os direitos de propriedade são o alicerce de qualquer economia moderna, o primeiro passo numa longa e frequentemente árdua jornada rumo ao desenvolvimento comercial.[3]

Esta convicção é tão profunda e veemente que rapidamente assoma em diferentes plataformas políticas e económicas. O Banco Mundial, por exemplo, examina habitualmente o estado dos direitos de propriedade num país antes de conceder ajuda ao seu desenvolvimento. As empresas farmacêuticas e os estúdios de cinema travam lutas cerradas para garantir a inviolabilidade dos seus direitos de propriedade; e os políticos, de Margaret Thatcher a George W. Bush, alardeiam as vantagens da "sociedade da propriedade privada". Aceitamos, quase pelo seu valor facial, o argumento de que o desenvolvimento económico não pode avançar se não estiver solidamente alicerçado no direito de posse. E por que não? O argumento em si é perfeitamente racional, concordante não só com as proposições teóricas como com a realidade empírica. Para que uma sociedade possa vender trigo, por exemplo, os indivíduos nessa sociedade têm de saber que o trigo que cultivam lhes pertencerá para vender. Para desenvolverem indústrias tecnologicamente avançadas como a do *software* ou das biotecnologias, as empresas que nelas investem precisam de saber que podem colher os frutos do seu investimento, vendendo produtos baseados em algo de que são proprietárias. Só os direitos de propriedade podem proporcionar este tipo de segurança.[4]

No negócio de bebés, porém, estes direitos são basicamente inexistentes. Este é, na verdade, um mercado de 3000 milhões de dólares sem qualquer infra-estrutura estabelecida em termos de propriedade.

Consideremos os seguintes casos. Em 2003, um bombeiro aposentado processou uma clínica de fertilidade em Boston por esta ter implantado embriões na sua ex-mulher contra a sua expressa vontade. Em 2000, dois casais – um americano, outro britânico – deram por si a disputar um mesmo par de bebés gémeas. Ambos os casais tinham tratado da adopção das meninas numa transacção privada, através da

Internet.[5] E, em Fevereiro de 2005, um casal de Chicago processou uma clínica local por esta ter destruído embriões congelados cinco anos antes.[6]

Observemos o que estas histórias têm em comum: para além de dramas mediáticos e esperanças desfeitas, envolvem essencialmente a inexistência de um conjunto de direitos de propriedade. O bombeiro de Boston presumiu que os embriões que tinha ajudado a criar – embriões que continham material genético seu – lhe pertenciam. A sua ex-mulher, cujo material genético constituíra a outra metade dos embriões, presumia, de igual modo, que os embriões eram dela. Se a "propriedade" em causa fosse quase qualquer outra coisa em vez de um embrião, os tribunais de Massachusetts teriam sido capazes de resolver a contenda com bastante facilidade: o casal divorciado poderia ter repartido uma conta bancária ou vendido o seu BMW. Poderia ter dividido a colecção de discos ou o serviço de porcelana do casamento. Mas um embrião? Não se pode parti-lo em dois.* E, mais importante ainda, o tribunal que se ocupou do caso não quis sequer tratá-lo como uma questão de propriedade. Em vez disso, o júri considerou simplesmente que a clínica deveria ter obtido o consentimento escrito do pai e concedeu a este uma indemnização para o sustento da filha.[7]

Uma lógica similar aplica-se no caso dos embriões destruídos. Aqui, a clínica declarou que destruíra inadvertidamente uma propriedade; os queixosos, pelo contrário, alegavam que a clínica lhes tinha matado um filho. Os tribunais foram assim chamados a decidir se o embrião seria uma propriedade ou um ser humano. Deveria a sua eliminação ser tratada como uma destruição de propriedade ou como um homicídio? A resposta não é clara. O primeiro juiz deste caso rejeitou as alegações de homicídio doloso da parte do casal; um segundo aceitou-as. E, em Setembro de 2005, o caso andava ainda a arrastar-se pelo sistema judicial do Illinois.

No caso da disputa pelas gémeas, dois casais encontraram-se em luta pelo mesmo par de bebés. Também aqui, se a batalha fosse por um automóvel, uma casa ou uma patente, os tribunais teriam tido, pelo

---

* Tecnicamente, os cientistas podem, em determinadas circunstâncias, dividir um embrião num estádio muito inicial em duas metades idênticas. Essa operação constitui, aliás, uma potencial via para a clonagem reprodutiva. Mas é irrelevante para os objectivos da presente argumentação.

menos, um corpo consistente de juízos em que se apoiar. Para os bebés, porém, o precedente não se aplicou. É evidente que alguém cometeu erros grosseiros neste caso – muito provavelmente a mãe biológica, além dos intermediários envolvidos. Todavia, a questão central não era a quem atribuir a culpa, mas sim como pensar nas pessoas em causa. Seriam as gémeas algo de análogo a uma propriedade? Teria havido alguma transferência de direitos sobre elas? Desempenharia aqui a lei dos contratos algum papel? Ou seriam as gémeas pessoas, em relação às quais os direitos de propriedade não se aplicam? Em todo o caso, mesmo que fossem tratadas unicamente como pessoas, e mesmo que o seu melhor interesse fosse considerado soberano (como normalmente acontece nas questões de direito de família), continuava mesmo assim a não ser claro quem deveria ficar com elas. Ambos os casais as queriam, e ambos pareciam, pelo menos a princípio, igualmente aptos a ser pais.[8] Em alguns aspectos, por conseguinte, a lei dos contratos e os direitos de propriedade eram, de facto, mais adequados do que o direito de família para resolver este impasse salomónico.

É fácil compreender por que é que os direitos de propriedade não se aplicam às crianças. Fazê-lo ofenderia os sentimentos mais profundos da maioria das pessoas nesta área. Os profissionais da adopção, por exemplo, estremecem perante a ideia de tratar os seus menores como uma propriedade, em vez de pessoas. Os especialistas em fertilidade evitam a questão, e muitos intelectuais que analisaram o mercado de bebés rejeitam tudo o que possa apontar para a mercantilização de mulheres ou crianças. Uma intelectual feminista, por exemplo, defende que "as substâncias que geram vida deviam incluir-se entre as coisas em relação às quais é impróprio afixar um preço".[9] Do mesmo modo, também Michael Sandel, um eminente filósofo, diz que "tratar crianças como mercadorias rebaixa-as como instrumentos de lucro, em vez de as estimar como pessoas dignas de amor e cuidado", enquanto Margaret Janet Radin, professora de Direito, declarou, numa célebre frase, que "pensar numa criança em termos de mercado é um atentado à sua pessoalidade".[10]

Sandel e Radin têm quase seguramente razão. Não queremos que as crianças se transformem em bens móveis. Não queremos que os pais tratem os filhos como uma propriedade. Mas não é claro que a extensão dos direitos de propriedade ao domínio da reprodução assistida tivesse esses efeitos nocivos. Tal como não é claro que uma certa mercantilização – pagar um preço por algo valioso – seja intrinsecamente má ou exploradora. Será que o facto de haver óvulos pagos avilta as crianças que deles resultam? Talvez, nalguns casos. Será que as mães--portadoras ou os dadores de sémen se tornam pessoas menos dignas em algum sentido que nem eles próprios conseguem determinar? Simplesmente, não sabemos. É verdade que algumas mães-portadoras se arrependeram posteriormente da experiência e se manifestaram em conjunto contra a prática. E um pequeno grupo de dadores de sémen tentou localizar as crianças que tinha procriado.[11] Mas, na grande maioria dos casos, as mães-portadoras e os dadores de sémen aparentam estar ou satisfeitos com o seu contributo, ou emocionalmente imperturbados.[12] É, por conseguinte, difícil demonstrar empiricamente a inevitabilidade de quaisquer consequências nefastas.

Do mesmo modo, embora se possa argumentar que qualquer imposição do mercado no domínio da reprodução é intrinsecamente perniciosa, trata-se, uma vez mais, de uma asserção e não de um facto. Empiricamente, não temos forma de saber se as crianças adquiridas por um elevado preço se sentem menos apreciadas do que as que foram concebidas de graça. Não sabemos se os seus pais, ou até os outros pais, foram degradados pelas forças de mercado que contribuíram para o seu nascimento.[13] O que é que nos dá, então, o direito de alegar degradação em seu nome?

A Realidade do Status Quo

Seria evidentemente possível decretar que todo o domínio da reprodução ficava interdito ao comércio. Seria possível declarar que as pessoas só estavam autorizadas a ter filhos à maneira tradicional, ou a adoptá-los através de instituições de solidariedade dependentes do Estado. Seria inclusivamente possível estender essa posição à área da reprodução assistida, apenas permitindo que os pais recorressem a serviços tecnologicamente mais sofisticados na condição de estes serem gratuitos.

O problema com este cenário, no entanto, é que ignora décadas de prática existente. O sémen, por exemplo, raras vezes é uma "contribuição" gratuita. E o mesmo se pode dizer dos óvulos. Em vez de dados, são predominantemente vendidos num mercado aberto, embora sujeito a restrições. Se os países fossem a proibir qualquer tipo de compensação financeira pelas dações de sémen ou de óvulos, o número de dações cairia, quase de certeza, a pique. Na verdade, foi exactamente isso que aconteceu em países como o Reino Unido e o Canadá, onde leis desse teor geraram enormes carências de óvulos e sémen.[14] E, sem sémen e óvulos, muitas formas de reprodução assistida são simplesmente impossíveis.

Um cálculo semelhante aplica-se aos úteros. Algumas mulheres, como sabemos, dispõem-se a servir gratuitamente de mães-portadoras, geralmente para familiares ou amigas íntimas. A maioria, porém, pede algum tipo de compensação pelos seus serviços, nem que seja apenas pelo tempo e incómodo da gravidez. É evidente que, se a maternidade substitutiva paga fosse proibida (como sucede em muitas partes do mundo), também ela desapareceria enquanto opção reprodutiva.

Presentemente, pois, as componentes básicas da reprodução estão a ser amplamente vendidas. Poderíamos tentar erradicar este comércio, ou obrigá-lo a enveredar por vias altruístas, numa base de puro voluntarismo. Mas qualquer medida nesse sentido só iria, provavelmente, empurrar o mercado da reprodução para a clandestinidade e eliminar muitos dos benefícios – mais filhos, para uma mais ampla diversidade de pais – por ele gerados. Uma vez mais, poderíamos argumentar, como os críticos, que o preço da criação destas crianças de vanguarda através das forças de mercado é simplesmente demasiado alto, que nos lança para um mundo onde o amor é mercantilizado e tudo se encontra à venda. É possível. Atendendo porém a que, no negócio de bebés, a procura tem raízes tão fundas e que o produto que nele se oferece – uma criança – não é intrinsecamente mau, aqueles que se opõem a este mercado vão ter, em última análise, de provar que os riscos são tão elevados como insistem. Não podemos rejeitar a extensão dos direitos de propriedade por razões puramente teóricas.[15]

Por outro lado, a eliminação da venda de componentes reprodutivas não invalidaria a necessidade de regulamentação em outros pontos da cadeia. Ao fim e ao cabo, os casos mais litigiosos do negócio de bebés ocorrem depois de o óvulo e o espermatozóide se terem fundido para formar um embrião, ou depois de esse embrião se ter transformado numa criança viva. Como haveremos nós de resolver esses casos sem algumas convicções subjacentes acerca dos direitos contratuais ou de propriedade? Serão os pais donos dos embriões que produzem? Ou as clínicas? Ou serão os embriões propriedade do Estado? Terão os embriões congelados direito a nascer (um direito presentemente negado a outros embriões já implantados)? Terão direito a ser usados para investigação? Ou a herdar coisas?

(Num caso que ficou famoso, um casal milionário que havia concebido embriões numa clínica australiana morreu num desastre aéreo antes de estes serem implantados. Várias mulheres candidataram-se a portadoras dos embriões, na esperança de com isso se tornarem herdeiras da substancial fortuna deixada pelo casal.)[16]

Sob o sistema actual, e em particular nos Estados Unidos, não podemos sequer começar a responder a estas questões. Alguns analistas (e decisões judiciais) insistem que o embrião é inteiramente humano, merecendo por isso todos os direitos e protecções de uma criança viva. Outros analistas (e decisões) encaram o embrião como um aglomerado de células ou tecidos, uma entidade que requer protecção legal, mas enquanto propriedade. E outros ainda tentaram encontrar uma solução de compromisso, concedendo ao embrião um estatuto especial que oscila entre o tecido humano e a vida humana.[17] Apesar de a clarificação de um sistema de direitos de propriedade não ir certamente resolver as profundas questões morais que envolvem o embrião humano, um conceito de direitos de propriedade neste domínio permitiria, quanto mais não fosse, enquadrar a discussão, identificando minimamente quem é que tem direito a criar, dispor de, implantar e trocar embriões. Linhas de orientação semelhantes poderiam facilmente estender-se à área das componentes no mercado, definindo os direitos de propriedade em matéria de óvulos, sémen e úteros.[18]

Como é óbvio, a questão dos direitos de propriedade torna-se mais controversa quando entra no terreno da criança viva. Ninguém, presumivelmente, pretende ser dono de uma criança no sentido de possuir uma propriedade material. Poucas pessoas quereriam conceder aos pais um domínio pleno e indiscutível sobre os filhos. Mas há questões de controvérsia – como determinar *de quem é* uma determinada criança – que inevitavelmente se põem. Historicamente, muitas destas questões têm sido resolvidas por referência a um princípio básico do direito de família: o melhor interesse da criança envolvida. Esta regra orientadora funciona relativamente bem em casos de divórcio e batalhas pela custódia dos filhos. E também funciona, embora penosamente, no sentido de ajudar os tribunais e as instituições de assistência social a decidir da cessação dos direitos parentais.

Mas, já em casos de reprodução com alta tecnologia, a sua utilidade tende a ser menor. E isso porque, em muitos destes casos, os factos essenciais da parentalidade são confusos ainda antes de a criança nascer. Terá um dador de sémen algum direito sobre os descendentes que geneticamente procria? Terá alguma responsabilidade? E uma dadora de óvulos? Ou uma mãe-portadora? Se um bebé tiver três potenciais mães (uma dadora de óvulos, uma mãe-portadora e uma mãe intencional), como poderá um tribunal fundamentar-se unicamente no melhor interesse da criança para determinar o seu destino? O recém-nascido não terá, presumivelmente, tido qualquer relação social com nenhuma das mães que o reclamam, o que significa que o seu melhor interesse se pode facilmente tornar uma expressão codificada para "mais rico" ou "mais estável".[19]

Em Defesa da Transparência

Um sistema de direitos de propriedade e contrato, mesmo que rudimentar, poderia ajudar-nos a trazer uma certa clareza a esta confusão. Poderia delinear quem tem direitos a que formas de descendência genética ou social, e sob que condições poderão esses direitos ser efectivamente alargados. Poderia estabelecer em termos jurídicos quem é que, não tendo necessariamente a *posse* de uma determinada criança, tem, no entanto, o direito ou a responsabilidade de a criar.

Estabelecer, por exemplo, um regime de direitos de propriedade em relação ao sémen deveria ser relativamente fácil. A lei poderia determinar se os homens têm algum direito subsistente às crianças geradas com o seu sémen, e se (ou em que condições) essas crianças poderiam desvendar a sua ascendência genética. Regras semelhantes poderiam também aplicar-se aos óvulos e, com um pouco mais de dificuldade, aos úteros. Nestes casos, as dadoras de óvulos (ou as mães-portadoras) acordariam, logo à partida, o tipo de relação que se estabeleceria entre elas e o futuro filho. Saberiam, explicitamente, que tipo de direitos teriam em relação à criança, e que tipo de decisões lhes caberia tomar.

Teoricamente, um sistema desta natureza poderia incluir prescrições do mundo da adopção, nomeadamente um período de reflexão obrigatório após o nascimento do bebé. Durante esse período, a mãe parturiente (ou a dadora de óvulos) manteria todos os direitos sobre a criança. Mas, uma vez que decidisse entregar o bebé, perderia com isso qualquer futuro direito ao exercício do poder parental.

Numa perspectiva crítica, um sistema de direitos de propriedade poderia também definir os limites do mercado, separando os elementos susceptíveis de serem vendidos – possivelmente sémen, óvulos e úteros – dos que não podem sê-lo.[20] Poderia, sobretudo, traçar uma linha muito mais nítida entre as componentes dos bebés e os bebés em si, introduzindo no sistema uma objecção inequívoca à venda efectiva de crianças. Uma linha deste género não é, na verdade, muito difícil de traçar. Trata-se simplesmente de garantir que *os pais não tirem proveito económico do facto de renunciarem aos filhos*. Num sistema deste tipo, os pais poderiam, teoricamente, continuar a ceder os seus filhos; os homens poderiam continuar a vender o seu sémen e as mulheres a ser compensadas pelas suas admissíveis (e documentadas) despesas de gravidez; e os intermediários poderiam cobrar os seus honorários pelo facto de conduzirem estas transacções. Mas, apesar de os pais e as mães poderem renunciar ao seu direito parental em relação a um determinado filho, não poderiam vender esse direito a outros.

Note-se que, neste sistema, as crianças não seriam tratadas como uma propriedade em si. Não seriam negociadas nem vendidas, e a sua humanidade nunca seria posta em causa. Em vez disso, os direitos de propriedade facultariam um mínimo das regras que a maioria dos economistas venera, dotando os participantes no mercado de um sentido de ordem e previsibilidade, i.e., de um conjunto de normas que prescreveriam comportamentos e definiriam os limites da aceitabilidade.[21] A transparência dessas normas permitiria que as transacções se processassem com maior segurança, uma vez que as pessoas conheceriam as regras antes de serem apanhadas por elas.

Analisando criticamente a questão, a aplicação de direitos de propriedade no negócio de bebés não iria, como os seus detractores afirmam, transformar as crianças em produtos de consumo, nem as mães em máquinas de bebés.[22] Não degradaria a reprodução nem converteria relações íntimas em relações financeiras. Em vez disso, os direitos de propriedade ajudariam apenas a codificar um mercado que já existe, clarificando os termos de batalhas ambíguas que acabam demasiadas vezes em tragédia.

Definição do Mercado

Na economia moderna, a maioria dos mercados é fácil de definir. Os mercados de abóboras ou de embalagens de pastilhas são, no fim de contas, mercados declaradamente comerciais. Têm direitos de propriedade firmemente estabelecidos, preços que variam em função da oferta e da procura e regras que distinguem entre comércio e fraude, posse legítima e roubo. Estes mercados são também essencialmente livres, o que significa que a intervenção do governo é mínima e os clientes adquirem um misto do que querem e do que podem comprar.

Outros mercados vulgares são, pelo contrário, mais restringidos. Nos Estados Unidos, o mercado dos seguros e o do óleo dos aquecedores caseiros, por exemplo, são mercados regulados: os governos intervêm para fixar preços porque os produtos em causa são tidos como demasiado valiosos para que a sua distribuição fique unicamente entregue às forças de mercado. Em outros casos, os produtos são considerados ainda mais valiosos – tão valiosos, na verdade, que têm de ser inteiramente afastados do mercado e confiados a entidades sem intuitos comerciais. Os cuidados de saúde entram nesta categoria em muitos países do mundo, assim como a educação básica e a água potável. Os mercados, nestes casos, são substituídos por aquilo a que os eruditos chamam "hierarquias", estruturas de poder (em vez de estruturas comerciais) que determinam quem recebe o quê.[23]

Nestes "não-mercados" não existem preços, e a procura tende muitas vezes a exceder a oferta. No Reino Unido e no Canadá, por exemplo, os sistemas nacionais de saúde retiraram do mercado coisas como a cirurgia da prótese do joelho. Em consequência disso, os cidadãos britânicos e canadianos não precisam de pagar para substituir os seus joelhos, mas têm frequentemente de esperar, adiando a cirurgia até que chegue a sua vez de serem chamados.

Mercados Imperfeitos

Outros mercados entram na ampla categoria da imperfeição. São mercados, ou semi-mercados, destinados a desobedecer às leis da oferta e da procura. Mais especificamente, são mercados em que a oferta e a procura não tendem a gerar um nível de rendimento suficientemente alto.

Consideremos, por exemplo, os faróis, exemplo paradigmático de um mercado imperfeito.[24] Em princípio, todos os navios que passam por um cabo rochoso no Maine querem orientar-se por um farol próximo. Todos precisam da luz, e a maioria estaria provavelmente disposta a pagar uma certa quantia por ela. Mas, uma vez construído o farol, não existe meio de obrigar outros navios, que nada pagaram, a contribuir para a sua manutenção. Assim, os navios pagantes estão basicamente a cobrir os custos dos outros. Esta dinâmica é, de resto, tão óbvia que os donos dos navios a percebem logo de início, recusando-se por isso a investir individualmente nos faróis que todos colectivamente querem.

Nestes mercados imperfeitos, por conseguinte, o investimento não pode provir directamente do consumidor individual. Tem de vir de uma entidade colectiva – geralmente, embora nem sempre, do governo, que reconhece a imperfeição e providencia o que os mercados, por si só, não fazem. É assim que, em todo o mundo, os governos constroem faróis, estradas e redes eléctricas, instalam linhas telefónicas terrestres e zelam por bens públicos como o ar despoluído e a água. É claro que há alturas em que as empresas privadas podem desempenhar um papel nestes mercados de outro modo imperfeitos.[25] Regra geral, porém, estes mantêm-se sob a alçada de forças não comerciais.

Mercados Proibidos

Por último, temos aqueles mercados em que o comércio é considerado completa e absolutamente ilegal. A maioria dos países ocidentais, por exemplo, proíbe a venda de heroína e de outras drogas alucinogéneas. Proíbem a venda de rins (sempre), de sangue (geralmente) e de sexo (com algumas excepções). Nestes casos, o mercado em si não é imperfeito: seria, por exemplo, possível criar um mercado perfeitamente eficiente de rins, sangue ou sexo. E não é que haja aqui coincidência entre hierarquia e mercado, como frequentemente acontece com a cirurgia da prótese do joelho num sistema de saúde administrado pelo Estado. O que há é mercados que a sociedade considera simplesmente repugnantes. Dito de outro modo, poderíamos vender rins, mas optamos geralmente por não o fazer.[26]

O que sucede nestes mercados é, pois, totalmente previsível: o comércio continua a ser feito, mas é bastante limitado e explicitamente ilegal. Os preços são mais elevados neste mercado negro ou clandestino do que seriam num mercado legal (uma vez que existem, em princípio, menos vendedores) e a procura é constrangida.

Em Busca de um Consenso

Qual destes mercados prevalece então no comércio de bebés? Não é claro. Poderíamos argumentar, como muitos fazem, que os bebés e as suas componentes se enquadram inteiramente na última categoria – que, à semelhança dos rins ou do sangue, nunca deveriam, simplesmente, ser trocados por dinheiro. Ou poderíamos afirmar que a infertilidade é uma doença, e que o seu tratamento deveria naturalmente entrar em qualquer que seja o mercado que se ocupe da saúde num determinado país. Ou então que a infertilidade *não* é, nitidamente, uma doença, que a reprodução não é um direito e que, por esse motivo, as componentes com que se fazem os bebés não merecem nenhum tipo de tratamento especial.

Estas preocupações podem parecer semânticas, mas são na verdade cruciais para qualquer futuro desenvolvimento da construção assistida de famílias, quer essa construção se faça através da FIV, da maternidade de substituição, da adopção, da intervenção genética, ou até da clonagem – pois enquanto não conseguirmos categorizar de algum modo estas actividades – enquanto não conseguirmos defini-las – não poderemos começar a melhorar o seu funcionamento.

Mas podemos começar por definir o que é que o negócio de bebés não é. Tecnicamente, não é um mercado livre, nem deveria ser. A maioria das pessoas sente repulsa pela simples ideia de se poder trocar crianças por dinheiro, ou pôr um preço em cabeças humanas. Além disso, não temos direitos de propriedade bem definidos nesta área, nem leis que reconheçam o comércio. Deste modo, o negócio de bebés não é como o mercado de abóboras ou de embalagens de pastilhas.

Pelo mesmo motivo, porém, o negócio de bebés não é intrinsecamente imperfeito. Contrariamente ao que sucede com os faróis ou as estradas, onde tensões elementares entravam o desenvolvimento do comércio, as componentes com que se fazem os bebés não são incompatíveis com o negócio. Poderíamos comerciar bebés se realmente quiséssemos. Já comerciamos óvulos, sémen e úteros. Em termos puramente económicos, não existe nada que impedisse o pleno desenvolvimento do comércio de bebés.

Reconhecer, no entanto, a possibilidade de um mercado não equivale, de modo algum, a demonstrar o seu mérito. A questão mais difícil de definir consiste em determinar *o que é que está exactamente a ser comercializado neste mercado*. Serão bebés, saúde, felicidade, ou genes? Crianças ou famílias? Pedaços de protoplasma informe ou a promessa de uma vida? Em muitos aspectos, a forma como respondemos a esta pergunta determina o modo como encaramos toda a esfera de actividade abrangida pelo negócio de bebés. O que torna as coisas tão complexas é que as pessoas abordam esta questão de formas fundamentalmente diferentes, definindo precisamente o mesmo facto – dação de óvulos, por exemplo, ou adopção através da Internet – em termos totalmente distintos.

Todavia, mesmo no meio desta confusão, não é impossível esboçar algumas linhas razoavelmente nítidas. Podemos, por exemplo, definir praticamente todos os aspectos do comércio de bebés como diferentes formas de dar aos pais a possibilidade de criarem um filho seu. Pois é nisto que, em última análise, consistem todos os métodos de obtenção de bebés: meios técnicos ou sociais de os pais adquirirem filhos que subsequentemente educarão e amarão. À luz desta definição, usar embriões para produzir uma criança é decididamente diferente de usar esses mesmos embriões para investigação. E adoptar um bebé não tem nada a ver com escravatura, roubo de órgãos ou prostituição infantil.[27]

Mais subtilmente, esta definição também define o comércio de bebés como um serviço, o que significa que tem por objecto o fornecimento de uma criança e não a criança em si. O que indica que vender um serviço – FIV, gestação de um bebé, preenchimento de formulários para adopção – é permissível, ao passo que vender uma criança não é. Por outras palavras, se definirmos o negócio de bebés como o fornecimento de uma criança para criar, começamos também a definir as fronteiras entre comércio legítimo e ilegítimo, entre aqueles que possibilitam uma transacção transparente e valiosa e aqueles que vendem o que nunca deveria ser vendido.

Eliminar a Fragmentação

Um dos temas centrais deste livro é a afinidade entre todos os sectores do comércio de bebés. A adopção, o tratamento da fertilidade, a maternidade de substituição, até mesmo a engenharia genética – todos eles estão intimamente relacionados entre si e com a promessa que encerram de providenciar filhos àqueles que desejam tê-los. Se o objectivo último é uma criança para criar, cada um destes mercados pode então ser visto como um substituto dos outros, cabendo aos pais decidir que tipo de produção preferem e que espécie de riscos aceitam correr. Enquanto indivíduos, podemos estar plenamente convictos de que certos métodos têm primazia sobre outros. Os pais podem sentir que só um filho que traga os seus genes será verdadeiramente deles; ou que seria, pelo contrário, condenável engendrar artificialmente uma criança num mundo de órfãos à espera; ou então que a maternidade substitutiva tradicional é, de algum modo, mais natural que a fertilização *in vitro*.

Enquanto sociedade, temos, no entanto, de reconhecer estes meios como os substitutos que são. As analogias com o mercado podem ser desagradáveis aqui, mas lançam uma luz de objectividade sobre aquilo que, de outro modo, se deixa colorir pela emoção. Se proibirmos a maternidade de substituição mas autorizarmos a FIV, os casais inférteis correrão para as clínicas de fertilidade. Se cobrirmos os custos dos tratamentos da infertilidade mas não a adopção, os médicos da FIV ficarão ricos, enquanto as crianças permanecem cada vez mais tempo em listas de espera. Se proibirmos algumas técnicas de reprodução e ignorarmos outras, depressa se desenvolverão mercados em torno dos pólos negligenciados. De um ponto de vista prático, não faz qualquer sentido pensar no negócio de bebés em termos das partes que o compõem. Temos de considerar e, por último, regulamentar essas partes como um todo.

Presentemente, porém, os vários mercados de bebés existem como entidades quase completamente separadas. Os tratamentos de fertilidade são do foro das clínicas e médicos especializados, de endocrinologistas e embriologistas que estão frequentemente ligados a grandes hospitais universitários. Quando os potenciais pais se dirigem às clínicas de fertilidade, apresentam-se como pacientes: têm um problema clínico e procuram uma solução clínica. Os especialistas tratam-

-nos em conformidade, fazendo tudo o que podem para resolver o problema físico em causa e produzir, finalmente, uma criança.

Note-se, porém, que o ponto central nesta área do comércio de bebés não é realmente a *criança*, mas antes a infertilidade dos candidatos a pais. E daí que, no decurso dos tratamentos, os médicos não tenham por hábito sugerir alternativas à sua própria forma de tratar o problema. Raramente aconselham os pais a considerar a adopção, o acolhimento, ou uma vida sem filhos. Essas opções não entram simplesmente no âmbito da sua profissão: embora estejam efectivamente no negócio de providenciar filhos para os pais criarem, definem o seu papel como sendo o de curar a infertilidade. São médicos especialistas que dispensam um determinado tipo de cuidados de saúde. Como explica um médico: "Nós não vendemos bebés. Vendemos tratamento para os casais inférteis. Vendemos um processo, não um resultado."[28]

Por outro lado, os fornecedores no comércio da infertilidade funcionam de um modo muito semelhante ao de outros fornecedores em áreas menos íntimas. Os produtores de hormonas, por exemplo, são simplesmente empresas farmacêuticas que prestam contributos de elevado valor sem grande reflexo em termos de descida de preços. Investem em I&D, registam a patente dos seus medicamentos e vendem-nos directamente aos especialistas em fertilidade. Vendem produtos e não serviços, e têm um sistema bem estabelecido de direitos de propriedade. Já os "produtores" de óvulos e sémen são, obviamente, muito diferentes: são indivíduos e não empresas, e produzem apenas quantidades pequenas (óvulos) ou limitadas (sémen) do produto em causa. Mas não deixam de ser produtores e o mercado trata-os basicamente como tal. Não praticam medicina, não fornecem crianças, não curam directamente a infertilidade. Em vez disso, e à semelhança dos produtores de hormonas, produzem um produto tangível que é subsequentemente vendido no âmbito do negócio de bebés.

A questão dos úteros é mais complicada, uma vez que são naturalmente alugados e não vendidos. As mães-substitutas fornecem um serviço e não um produto, e mantêm uma relação mais complexa com as crianças que trazem ao mundo. Contrariamente aos dadores de sémen ou óvulos, as mães-substitutas não são verdadeiramente produtoras, mas também não são mães biológicas no sentido típico da adopção.[29] Os especialistas que realizam o DGPI também são complexos, na medida em que prestam serviços clínicos relacionados com a infertilidade, mas não directamente ligados a ela. São médicos que produzem essencialmente crianças saudáveis, não pais férteis.

E depois temos a adopção, que se encontra estranhamente separada do restante comércio de bebés. Na adopção, a criança é muito mais tangível do que em qualquer outro mercado do sector. Na adopção, a criança é real e não potencial, está inteiramente formada em vez de ir ser composta por elementos heterogéneos. Na adopção, a criança tem pais pré-existentes e um conjunto de características já visíveis ou detectáveis. Os fornecedores do mercado da adopção funcionam, pois, de uma forma muito diferente da dos seus congéneres no comércio da fertilidade. São assistentes sociais, em vez de médicos, e cumpre-lhes preocupar-se, pelo menos em teoria, com a criança existente e não com os potenciais pais. Assim sendo, são menos abertamente comerciais e mais frequentemente desprovidos de intuitos financeiros. E, facto particularmente importante, é-lhes requerido, muitas vezes de forma explícita, que mantenham a sua actividade afastada do comércio da fertilidade. Ainda que muitos pais só cheguem à adopção por sofrerem de infertilidade, as agências de adopção insistem para que esses pais não vejam na adopção uma "cura" para a infertilidade.[30] Insistem, por outras palavras, em separar a adopção dos tratamentos de fertilidade, da mesma forma que as clínicas de fertilidade evitam decididamente o tópico da adopção.

Na realidade, porém, estes dois mercados estão estreitamente ligados. Muitas pessoas enveredam pelos tratamentos de fertilidade por recearem a adopção. Muitas outras procuram a adopção porque estão cansadas ou descontentes com os tratamentos de fertilidade. Ambos os lados deste mercado prefeririam acreditar que não são substitutos um do outro. Mas, na realidade, é evidente que são. Todas as pessoas no mercado da fertilidade, todas as pessoas no mercado da adopção, assim como todas as que pagam por óvulos, sémen, úteros e DGPI, procuram exactamente o mesmo: uma criança a quem chamar sua.

Prática nos Estados Unidos

Por norma, os mercados que vendem produtos similares estão sujeitos a regulamentação similar. À luz da lei norte-americana, as abóboras-cabaça, por exemplo, são tratadas de forma muito semelhante às abóboras-menina, ou aos nabos. O óleo dos aquecedores caseiros é governado pelas mesmas regras que o gás natural. E o mercado das próteses do joelho funciona exactamente como o mercado das próteses da anca. Em cada um destes casos, o tipo de regulação e o nível de regulação não variam muito. Assim, se os produtores de abóboras--cabaça estiverem sujeitos às regras básicas da honestidade e prática segura – não usar certos pesticidas, por exemplo, nem empregar trabalho escravo – é de esperar que um conjunto similar de regras se aplique aos produtores de nabos e abóboras-menina. E se os preços do óleo dos aquecedores forem controlados, o mesmo acontecerá, quase de certeza, com os do gás natural.

Este paralelismo acontece porque os economistas e os reguladores sabem que, se produtos similares forem governados por regras diferentes, o mercado passar-se-á simplesmente para onde os preços forem mais baixos e as regras mais permissivas. Se os produtores de abóboras-cabaça usarem escravos, por exemplo, produzindo assim abóboras mais baratas, a generalidade dos consumidores optará por estas, em detrimento das abóboras-menina. E se os preços do óleo dos aquecedores fossem controlados, mas os do gás natural não, os consumidores mudar-se-iam para o aquecimento a óleo.

Mas esta coerência normativa, imagem de marca da economia moderna, não se aplica, simplesmente, ao negócio de bebés. Pelo contrário, e como observámos anteriormente, todos os segmentos deste mercado funcionam separadamente, estando cada um sujeito ao seu próprio conjunto característico de regras.

Para compreender a dimensão destas diferenças, será útil considerar os exemplos apresentados no quadro 7-1. O sémen, como vemos, está sujeito apenas a uma regulação mínima: de acordo com as directrizes da FDA, os bancos de esperma têm de ser certificados por uma agência federal e obedecer a determinadas normas de controlo da qualidade. Os óvulos, pelo contrário, estão sujeitos a um conjunto de regras mais vago, na medida em que não é inteiramente claro se, ou em que condições, a FDA os considera "tecidos reprodutivos".[31]

A nível estadual, porém, os óvulos enfrentam uma heterogeneidade de normas complexas e frequentemente contraditórias. O Dakota do Norte, por exemplo, sustenta explicitamente que as dadoras de óvulos não têm quaisquer direitos parentais sobre os descendentes a que possam dar origem. O Texas exige o consentimento escrito da mãe intencional e respectivo marido, ao passo que a Florida autoriza uma "compensação razoável" à dadora. Muitos outros estados, por seu lado, mantêm-se mudos, não proibindo nem regulando a dação de óvulos.[32] A maternidade de substituição é ainda mais complicada: inteiramente legal nalguns estados, explicitamente ilegal noutros, e largamente ignorada pela legislação federal.[33]

A introdução de preços neste cenário vem complicar ainda mais as coisas, uma vez que os preços variam tanto em termos nominais como no montante da remuneração aceite. O "preço" da gravidez para a maioria das americanas, por exemplo, é praticamente zero. As mulheres grávidas recebem cuidados pré-natais, passam algum tempo no hospital e dão à luz os seus bebés – tudo, geralmente, sem pagarem o custo integral dos serviços recebidos. Não, como é óbvio, porque esses serviços sejam gratuitos – na verdade, o custo médio de uma gravidez normal situa-se entre os 7000 e os 12 000 dólares – mas sim porque nós, enquanto sociedade, decidimos repartir mais amplamente esses custos. Assim, a maioria das companhias de seguros são obrigadas por lei a cobrir os custos da gravidez.[34]

Os pais pagam, por conseguinte, as suas gravidezes através das suas apólices de seguros, mas o mesmo acontece com os que não têm filhos, com os que já os tiveram há mais tempo e com todos aqueles que contribuem para uma determinada companhia de seguros. Em contrapartida, até mesmo as mulheres sem seguro podem, de uma maneira geral, experienciar a gravidez de graça.[35] Porquê esta generosidade? Porque decidimos que, tal como os faróis, também as gravidezes saudáveis são um bem público. É por isso que temos políticas que permitem que as mulheres tenham bebés sem terem de suportar os custos financeiros associados.

QUADRO 7-1

Regulação da Procriação

Componente	Regulação federal	Regulação estadual			
		Massachusetts	**Califórnia**	**Florida**	**Dakota do Norte**
Esperma	Bancos sujeitos à regulação da FDA como "laboratórios clínicos"	Dação permitida; marido consentinte é o pai legítimo	D. permitida marido cons. é o pai legítimo	D.permitida marido cons. é o pai legítimo	D.permitida marido cons.é o pai legítimo
Òvulos	Sujeitos, sob certas condições, à regulação da FDA como "laboratórios clínicos"	Nenhuma lei; d. permitida	Nenhuma lei; d. permitida	D. permitida; compensação razoável autorizada	D. permitida A lei diz que a dadora não não é mãe da criança
FIV	As clínicas têm de comunicar as suas taxas de sucesso ao CDC	Permitida; Os seguros têm de cobrir os custos da FIV	Permitida; Os seguros podem excluir os custos da FIV	Permitida; Os seguros têm de oferecer *opção* de cobrir a FIV	Permitida; nenhumas obrigações dos seguros
Maternidade de substituição	Nenhuma lei	Nenhuma lei	Nenhuma lei; decisões judiciais a favor dos pais "intencionais"	A lei presume que os membros do casal contratante são os pais legítimos; pagamento proibido	Contrato nulo; mãe-substit. e marido são os pais legítimos
PGD	Proíbe o uso de fundos federais	Nenhuma lei	Nenhuma lei	Nenhuma lei	Nenhuma lei
Clonagem	Interdição do uso de fundos federais	Proíbe investigação em embriões e fetos	Interdita clon. reprodutiva; permite a terapêutica	Nenhuma lei	Interdita clon. reprodutiva e terapêutica
Adopção	Entrada de crianças nascidas no estrangeiro sujeita a regras do Departamento de Estado; colocação de crianças estrangeiras sujeita à lei nacional	Não há adopção independente	Permite adopção independente, publicidade e compensação	Permite adop. independente publicidade e compensação	Permite adop. independente; publicidade só de agências estatais ou licenciadas

Esta generosidade, porém, não se estende à reprodução assistida. De facto, como o quadro 7-2 demonstra, o preço de uma gravidez assistida é muito mais elevado, apesar de conduzir, em princípio, exactamente ao mesmo resultado: o nascimento de uma criança para os pais criarem. Mas mais interessante ainda é o facto de as diversas vias técnicas para obter esse resultado terem, elas mesmas, preços tão díspares: os óvulos atravessam uma gama entre os 3000 e os 50 000 dólares; as mães-substitutas vão dos 10 000 aos 75 000; a FIV é integralmente coberta nalguns estados, parcialmente coberta noutros, e deixada inteiramente à conta do mercado livre na maior parte deles.

A distinção crucial na maioria dos casos prende-se com as definições de mercado que descrevemos anteriormente. Se a infertilidade for definida como um problema clínico, o seu tratamento será coberto como um custo clínico. Dito de outro modo, os estados decidem regular o mercado da FIV da mesma forma que regulam o óleo dos aquecedores ou a cirurgia da prótese da anca. Mas se a infertilidade for vista como uma fatalidade, uma decisão, ou um azar, os estados mantêm-se fora do mercado e os preços vão subindo.

QUADRO 7-2

O preço do nascimento

Componente	Custo médio	Cobertura do Seguro	Crédito de Imposto
Esperma	300 dls	varia consoante o estado	0
Óvulos	4500 dls	varia consoante o estado	0
FIV	12 400 dls. por ciclo 56 667-114 286 dls por nado-vivo*	varia consoante o estado	0
Maternidade de Substituição	59 000 dls	nenhuma	0
DGPI	3500 dls	nenhuma	0
Clonagem	desconhecido	nenhuma	0
Adopção	2500 dls (criança estrangeira) 15 000 (nacional) 25 000 (internacional)	não se aplica	10 000 (federal)

Poderíamos naturalmente argumentar que esta variação não é necessariamente má. Existem outros mercados – pensemos no vinho, por exemplo, ou nos terrenos – em que os preços ainda variam mais e

* Extraído de Peter Neumann et al., "The Cost of a Successful Delivery with in Vitro Fertilization". *New England Journal of Medicine* 331, n.° 4 (28 de Julho de 1994): 239-243.

os estados também impõem diferentes regimes reguladores. Mas os bebés são, obviamente, diferentes. Porque nós, enquanto sociedade, damos mais valor aos bebés do que ao vinho ou à terra. Tratamo-los, não como direitos *per se*, mas pelo menos como algo a que todos os cidadãos têm quase idêntico direito. Como podemos então dizer que algumas pessoas podem procriar de graça, enquanto outras têm de pagar para isso? E como podemos permitir tamanha variação de estado para estado e entre as diferentes formas de procriação assistida?

Prática Internacional

O que agrava ainda mais a situação é que o negócio de bebés não se detém nas fronteiras nacionais. Em vez disso, os ansiosos aspirantes a pais atravessam regularmente fronteiras internacionais, em busca de opções inexistentes, ilegais, ou demasiado dispendiosas nos seus respectivos países. Uma vez mais, poderíamos aceitar, ou pelo menos explicar, estas buscas como a inevitável consequência de um mercado global e das naturais vantagens que alguns países comparativamente oferecem. Se o sémen é mais barato na Dinamarca do que na Suécia, faz todo o sentido para os suecos deslocarem-se à Dinamarca para adquirirem sémen dinamarquês. O problema, contudo, é que não é apenas o preço que leva os suecos à Dinamarca – ou os britânicos a Espanha, ou os australianos aos Estados Unidos. São também as profundas diferenças de regulamentação que separam estes países e a variância no modo como tratam a reprodução.

Como podemos ver no quadro 7-3, para Israel, por exemplo, a reprodução assistida é basicamente um bem nacional. Permite, pois, a maioria das formas de reprodução com alta tecnologia, regula-as com mão leve, mas transparente, e paga todos os tratamentos de fertilidade até o casal em causa ter dois filhos. Na Alemanha, pelo contrário, um medo enraizado da manipulação genética tem-se traduzido numa legislação explícita e peremptoriamente restritiva: é proibida a transferência de óvulos, é proibida a maternidade de substituição, é proibido o DGPI.

QUADRO 7-3

O mapa internacional

Componente	Reino Unido	Israel	Egipto	Alemanha	Dinamarca	África do Sul
Esperma	Dação permitida; compensação ilegal	D.permitida	D. proibida	D. permitida	Dação e venda permitidas	Dação e pagamento em espécie permitidos
Óvulos	Dação permitida; compensação limitada	D.permitida nenhum pagamento para além das despesas	D. proibida	D. proibida	D. permitida, mas limitada	Dação e pagamento em espécie permitidos
FIV	Permitida; parcialmente coberta pelo plano nacional de saúde	Permitida; integralmente coberta pelo plano nacional de saúde	Só casais casados; nenhuma cobertura dos seguros	Só casais "estáveis" geralmente coberta pelo plano nacional de saúde	Só casais "estáveis" integralmente coberta pelo plano nacional de saúde	Permitida sem restrições; nenhuma cobertura pelos seguros
Maternidade de Substituição	Permitida se o casal for casado; regulada pela HFEA	Permitida se o casal for casado e a mãe-substituta solteira; regulada pelo Ministério da Saúde	Proibida	Proibida	Proibida	Nenhuma lei relevante
DGPI	Permitido; regulado pela HFEA	Permitido; sujeito às autoridades locais	Permitido	Proibido	Permitido	Nenhuma lei relevante
Clonagem	Clonagem terapêutica autorizada; regulada pela HFEA	Proibida; uso de células estaminais regulado pelo Ministério da Saúde	Proibida	Proibida	Proibida	Nenhuma lei relevante
Adopção	Permitida	Permitida	Proibida	Permitida	Permitida	Permitida

Fontes: Howard W. Jones Jr. e Jean Cohen, "IFFS Surveillance", *Fertility and Sterility* 81, n.° 5, Suplemento 4 (Maio de 2004); Stéphane Viville e Deborah Pergament, "Results of a Survey of the Legal Status and Attitudes Towards Preimplantation Genetic Diagnosis Conducted in 13 Different Countries", *Prenatal Diagnosis* 18 (1998): 1374-1380; Beverley J. Wunderlin, "The Regulation of Medically Assisted Procreation in Europe and Related Nations", dissertação de doutoramento, Departamento de Sociologia, Universidade do Norte do Texas, 2002; Viveca Söderström-Anttila et al., "Oocyte Donation in Infertility Treatment: A Review", *Acta Obstetrica e Gynecologica Scandinavica* 80 (2001): 196; e Julia Selwyn e Wendy Sturgess, *International Overview of Adoption: Policy and Practice* (Bristol, UK: The School for Public Studies, 2001).

Estas disparidades legislativas criaram já um florescente mercado internacional de turismo reprodutivo. Como referimos no capítulo 5, pais britânicos considerados inelegíveis para certas formas de DGPI têm-se deslocado recentemente a Espanha, ao Brasil ou aos Estados

Unidos para efectuar o procedimento. As lésbicas italianas (que, à luz de uma lei de 2004, não satisfazem os critérios para receber esperma no seu próprio país) vão aos Estados Unidos ou a países europeus vizinhos. E há casais de países muçulmanos, onde a dação de óvulos e esperma é rara ou proibida, que se aventuram discretamente pela Europa, América do Norte, ou alguns países asiáticos seleccionados. Singapura, por exemplo, tornou-se um dos principais provedores de serviços de FIV, graças, em grande parte, à sua clientela internacional. A África do Sul seguiu um caminho análogo – oferecendo, em alguns casos, tratamentos a baixo custo juntamente com umas férias na praia – e o mesmo tem feito a Roménia.

Uma vez mais, o mercado neste contexto é mais do que uma competição entre diferenciais de preço e qualidade de tratamento. É antes um mercado em larga medida composto de diferenças de regulamentação, de países que definem os mesmos procedimentos de modos muito diversos, atraindo assim clientes em busca de um meio mais favorável. Quando as empresas multinacionais entram neste tipo de busca, chamamos-lhe arbitragem de regulação ou, em termos mais críticos, uma corrida para o mínimo. Quando são pais desesperados que a fazem, tendemos a fazer vista grossa.

No entanto, a lógica em ambos os casos, assim como os resultados, é idêntica: numa economia global, clientes com mobilidade, sejam eles empresas ou pais, afluem aos locais que lhes são mais propícios. Vão para onde os preços forem mais baixos e a qualidade mais elevada, e para onde a regulamentação se apresente mais favorável aos seus próprios interesses e necessidades. No negócio de bebés, por conseguinte, as proibições nacionais de um determinado método ou tecnologia não tendem a ter grande peso. Se os pais quiserem conceber por meio de uma ICSI ou de uma mãe-portadora, se quiserem seleccionar embriões usando o DGPI ou o MicroSort, atravessarão fronteiras para o fazer. E não é de crer que os seus países de origem tenham vontade, ou possibilidade, de os travar. O único impedimento nestes casos é o dinheiro.

Reconhecimento das Conexões do Mercado

Uma panorâmica geral do negócio de bebés apresenta-nos, por conseguinte, um cenário marcado pela variância. Clientes semelhantes acabam por ir parar a mercados muito diferentes, dependendo do sítio onde vivem e da forma como escolhem procurar uma criança. Teoricamente, estes mercados podem ser definidos como entidades totalmente separadas: o mercado para meninas órfãs da China é, ao fim e ao cabo, muito diferente do mercado para a FIV no Milwaukee. Na prática, porém, estão intimamente ligados, uma vez que a menina chinesa é, em certa medida, uma substituta directa do bebé que poderia ser produzido pela FIV.

Escolhemos, por defeito, manter estes mercados separados, mas essa não é a única alternativa. Uma outra opção – e, de longe, preferível – seria reconhecermos as diversas facetas do negócio de bebés como parte de um todo mais vasto, e pensarmos – e regularmos – então o mercado na sua globalidade.

Modelos de Regulação

Mas como? Que forma de regulação – e que tipo de regras – se adequariam melhor a este comércio tão peculiar? Antes de responder directamente a esta questão, será útil considerar um breve leque de opções.

O Modelo do Luxo

Uma possibilidade seria tratar a aquisição de crianças como a compra de valiosas jóias. As crianças são preciosas como jóias, poder-se-ia argumentar, e adquiri-las é, até certo ponto, um luxo. Pensemos, por exemplo, na nova-iorquina de cinquenta e sete anos que, em 2004, foi mãe de gémeos, ou em celebridades como Joan Lunden, que contratou uma mãe-portadora para dar à luz a sua segunda leva de filhos. Não serão essas crianças essencialmente artigos de luxo? Se assim é, poderíamos optar por regular a sua produção pelo mesmo tipo de cláusulas do mercado livre que se aplicam, por exemplo, à venda de diamantes ou de lanchas recreativas.

Poderíamos assegurar que os direitos de propriedade eram bem definidos e que o enquadramento legal garantia o cumprimento dos contratos de concepção de bebés. Poderíamos decretar, por exemplo, que a presunção de parentalidade recaísse sobre os pais intencionais

– ou seja, os indivíduos que diligenciaram contratualmente o nascimento de uma determinada criança. E poderíamos depois alargar esta moldura legal a todas as formas de reprodução assistida, desde a FIV à maternidade de substituição, dação de sémen e adopção.

Poucos analistas se inclinariam a classificar qualquer uma destas transacções como constituinte de um mercado de luxo. Mas o facto é que elas funcionam, e poderiam perfeitamente ser reguladas, nesses termos. Dentro desta óptica, o acesso ao mercado não seria uma questão de interesse público, nem tão-pouco a equidade entre os vários participantes. É exactamente isso o que se esperaria num mercado de alto luxo.

O Modelo da Cocaína

Em alternativa, poderíamos pensar em regular a reprodução da mesma forma como regulamos a cocaína ou a heroína. Dito de outro modo, poderíamos decidir que tanto a reprodução assistida como a adopção constituem interferências anómalas no curso natural da vida humana. Poderíamos assim optar por bani-las, e empurrar quaisquer transacções que pudessem ainda ocorrer para um mercado inequivocamente negro.

Neste modelo, não precisaríamos de definir direitos de propriedade nem validar contratos, uma vez que o objectivo central da regulação seria interditar a actividade comercial neste sector. Em vez disso, decretaríamos leis bem explícitas que estabelecessem uma clara divisão entre as formas aceitáveis de se conceber uma criança – em princípio, as tradicionais – e todas as suas concorrentes vanguardistas, agora ilícitas. Poderíamos proibir a adopção como uma má ideia ou um atentado cultural; pôr termo a qualquer criação extra-corporal de embriões; ou até redefinir a dação de esperma como um acto aberrante. Ainda que um quadro desta natureza possa parecer draconiano, é o que já existe em certas partes do mundo: a maioria dos países islâmicos, por exemplo, proíbe qualquer transferência de material genético, e muitos países proíbem explicitamente a clonagem reprodutiva.

É certo que barreiras deste tipo tendem a ser porosas. Como descrevemos atrás, pais ricos e determinados podem facilmente contornar as restrições do seu país e tentar a sua sorte em locais mais tolerantes.

Mas a violação das regras não anula a regulamentação em si. Na realidade, as infracções até reforçam a clareza das normas, confirmando o que é e não é admissível, e quem são ou não os legítimos prestadores de serviços nesta área.

Consideremos um exemplo extremo: imaginemos que o Sr. e a Sr.ª Mamdouh, que vivem no Cairo, não conseguem conceber um filho pelos meios naturais. A sua cultura e a sua comunidade desaprovam a adopção e não há quaisquer agências do ramo a trabalhar na região. Não podem obter óvulos ou sémen de entidades comerciais legalizadas e sabem que a FIV com os seus próprios gâmetas é perfeitamente inútil. Assim, vão discretamente à África do Sul, onde a Sr.ª Mamdouh é fecundada com embriões provenientes de um óvulo doado e de um espermatozóide do marido. O casal regressa então ao Cairo onde, nove meses depois, traz orgulhosamente ao mundo um menino. Neste caso, a lei é clara: as tecnologias e as componentes a que os Mamdouh recorreram eram proibidas no Egipto, e qualquer pessoa que se oferecesse para os ajudar no seu país teria cometido um acto ilícito. Resolveram, pois, o seu problema no estrangeiro, evitando deliberadamente um regime legislativo restritivo, mas inequívoco.

O Modelo dos Rins

Uma terceira opção seria tratar os bebés e as suas componentes do mesmo modo que tratamos os rins. Nos Estados Unidos, tal como na maioria dos países industrializados, é expressamente proibido vender um rim, um fígado ou um coração. Nos termos da Lei Nacional do Transplante de Órgãos (NOTA), é, de facto, ilegal para qualquer pessoa "adquirir, receber, ou transferir de algum modo qualquer órgão humano a troco de uma compensação financeira". As pessoas podem doar os seus órgãos postumamente. Podem até doar rins enquanto estão vivas.[36] Mas não podem vender os seus órgãos, pois isso constitui um crime federal.[37]

Há várias vantagens óbvias neste tipo de modelo regulador. Antes de mais, ao afastar a transacção de órgãos de quaisquer indícios de mercado comercial, elimina qualquer preocupação com a mercantilização ou a "venda de carne humana". Neste aspecto, a grande vantagem da NOTA é a sua universalidade: não permite a venda de nenhum órgão, em nenhuma circunstância, em nenhum estado americano. Em teoria, poderíamos estender estas proibições ao domínio da reprodução.

Em segundo lugar, este regime continua a permitir a troca de órgãos. Todos os anos, por exemplo, são feitos cerca de quinze mil transplantes renais nos Estados Unidos, a que se somam mais de dois mil transplantes cardíacos e cerca de um milhar de transplantes pulmonares. Muitos dos rins são doados por amigos ou familiares do receptor. Os restantes, bem como todos os corações e a quase totalidade dos pulmões, provêm de dadores anónimos, que deixaram instruções para que os órgãos lhes fossem extraídos quando morressem.[38] Existe, por conseguinte, uma transacção de órgãos, e existem pessoas dispostas a cedê-los sem qualquer contrapartida financeira. Teoricamente, poderíamos imaginar transacções voluntárias semelhantes de óvulos, úteros ou sémen.

Uma última virtude do modelo do dador de órgãos é a sua predisposição para a ordem e a segurança. Os órgãos não são trocados num mercado aberto: a sua transferência é mediada por uma entidade sem fins lucrativos, a Rede Nacional para a Obtenção e Transplante de Órgãos nos Estados Unidos, e organizações similares em outros países. Estes grupos não têm nenhum interesse financeiro na troca, nem nenhum motivo para fazer algo susceptível de distorcer ou subverter as transacções que ocorrem sob os seus auspícios. Esforçam-se, pelo contrário, por que tudo se processe da forma mais justa e clinicamente segura. Como médicos, as decisões que tomam acerca da compatibilidade de órgãos regem-se por critérios clínicos e não comerciais. Sob a sua vigilância, os doentes não conseguem órgãos por estarem na disposição, ou em condições, de pagar por eles. Em vez disso, obtêm o seu coração, o seu fígado ou os seus pulmões em função da sua compatibilidade com um determinado dador e do tempo passado em lista de espera. Deste modo, o modelo do dador de órgãos baseia-se numa hierarquia e não num mercado; é um sistema baseado em regras e não em dinheiro.

Os problemas com este sistema, porém, são quase tão óbvios como as suas virtudes. Pois o facto é que, embora algumas pessoas doem os seus órgãos sem qualquer compensação financeira, a maioria não o faz. Só nos Estados Unidos, morrem mais de três mil pessoas por ano enquanto aguardam um transplante de rins. Pondo a questão nos termos mais crus, os fornecedores por que anseiam até nem se fazem esperar:

todos os anos, cerca de sessenta mil pessoas perdem a vida em acidentes de viação, doze mil das quais deixam geralmente órgãos adequados para transplante. Só que a maior parte dessas pessoas não lega os seus órgãos.

Em termos económicos, por conseguinte, o mercado de órgãos nunca dá vazão à procura. E, em termos humanos, as perdas são extremamente elevadas. Se o comércio de bebés enveredasse por este tipo de modelo, enfrentaria muito possivelmente um problema de escassez semelhante: menos mulheres dispostas a dar óvulos adequados, menos mães-substitutas, menor oferta de sémen. Ao mesmo tempo, o mercado negro destas componentes iria provavelmente crescer, muito à semelhança do que já acontece com o dos rins e outros órgãos vitais.[39]

Ainda assim, a dação de órgãos continua a ser um modelo viável para regular o comércio da reprodução. É claro, é equitativo, e poderia facilmente aplicar-se à globalidade das opções de procriação. Sob este modelo, os pais iriam provavelmente registar-se em algum tipo de autoridade central ou base de dados. Especificariam as suas preferências – uma criança de olhos azuis, um óvulo de uma mulher judia – e explicariam a sua situação. Os dadores registar-se-iam num sítio análogo, e uma autoridade desinteressada – uma comissão estatal, uma junta médica, ou um instituto consagrado ao assunto – determinaria as associações. Já é, em princípio, assim que as coisas se processam na adopção de crianças estrangeiras e, até certo ponto, na adopção através de agências. E é também muito semelhante ao sistema de regulamentação britânico, onde um organismo governamental – a Autoridade para a Fertilização Humana e a Embriologia (HFEA) – supervisiona a dação de óvulos, regula o uso (não comercial) de mães-substitutas e avalia todos os pedidos de DGPI.

O Modelo da Prótese da Anca

Um quarto e último modelo poderia ser designado como o modelo da prótese da anca. Os ossos das ancas (tal como os tratamentos de fertilidade) podem dar grande despesa, e a necessidade de os substituir está distribuída de forma mais ou menos aleatória: algumas pessoas têm ancas perfeitamente saudáveis, que se mantêm a vida inteira, mas outras não. Quando estes ossos se deterioram, as próteses raramente são imprescindíveis, dado que as pessoas conseguem viver sem elas. Apesar disso, abdicar de uma prótese colocaria, muito provavelmente, a pessoa que dela precisa numa clara e trágica desvantagem: à semelhança daqueles que sofrem de infertilidade, ver-se-ia forçada, sem culpa nenhuma, a levar uma vida muito menos agradável. Se deixássemos, pois, as próteses da anca entregues ao mercado livre, o sofrimento causado por esta deterioração distribuir-se-ia segundo factores de ordem económica: os ricos que necessitassem de próteses iriam provavelmente obtê-las, mas os mais pobres não.

Na maioria dos países industrializados, decidimos, porém, tratar o problema dos ossos das ancas de uma forma muito diferente. Em vez de deixar a sua substituição à conta de um mercado maioritariamente desregulamentado, tratamo-la como uma espécie de bem social, algo que deve merecer a atenção do Estado e ser pago pela sociedade. Na Europa e no Canadá, estas próteses são geralmente facultadas através de um sistema nacional de saúde financiado pelo Estado. Nos Estados Unidos, são asseguradas por um misto de seguros privados e programas governamentais como o Medicaid e o Medicare.

Os resultados em ambos os casos são basicamente os mesmos: depois de aguardar em listas de espera, preencher impressos e ultrapassar obstáculos administrativos, a maioria das pessoas que precisa de uma prótese da anca consegue-a gratuitamente. E as pessoas com ancas saudáveis suportam os custos, seja através dos impostos (na Europa) ou dos prémios de seguro (nos Estados Unidos). As instituições do Estado, por seu turno, supervisionam este mercado restrito e impõem um sistema de atribuição – ou seja, uma forma de determinar quem recebe as próteses, e quando.

A nível conceptual, um modelo deste tipo funcionaria igualmente bem no comércio de bebés. Tudo o que teríamos de fazer, realmente, seria definir a infertilidade como uma condição clínica e conceder-lhe o mesmo tipo de cobertura actualmente outorgada a outros procedimentos médicos. Na verdade, há já vários países europeus – Bélgica, França, Dinamarca e Reino Unido – a conduzir-se por este tipo de modelo regulador, e o mesmo se passa em diversos estados norte-americanos.[40] E mesmo onde não existe cobertura – onde os tratamentos de fertilidade são considerados mais como um bem de luxo – os custos financeiros de uma alteração deste género seriam relativamente baixos.[41] Em termos puramente económicos, não seria, por conseguinte difícil incluir a infertilidade no sistema de saúde e tratar o comércio de bebés como um nicho da medicina moderna.

O que vem complicar as coisas é que providenciar bebés não é exactamente o mesmo que providenciar próteses da anca. Em princípio, as pessoas só querem uma prótese quando têm verdadeiramente necessidade dela – ou seja, quando as suas próprias articulações se deterioraram ao ponto em que se torna penoso ou impossível andar. Não há grande margem de escolha nesta matéria (excepto, talvez, para alguns atletas que possivelmente aceleram o seu próprio declínio físico).

Mas já no caso da infertilidade, as definições tornam-se confusas. É evidente que uma mulher de vinte e oito anos que perde os ovários por causa de um cancro é tecnicamente infértil. O mesmo se aplica ao homem de trinta e cinco que tem uma deficiência a nível da mobilidade espermática. Mas que dizer da mulher de cinquenta e oito anos que teve filhos na casa dos trinta e quer agora uma nova prole com o seu segundo marido? Ou do homossexual que é tecnicamente fértil mas quer uma mãe-portadora para conceber e dar à luz uma criança sua? Ou do casal determinado a suportar ciclos sucessivos de DGPI para produzir o bebé que lhes poderá salvar um filho já existente? Se optarmos por tratar a concepção em alta tecnologia como medicina, alguém então, para além dos próprios pais, terá de tomar estas decisões salomónicas, determinando quem tem acesso a que tipo de tratamento.

Em muitos países europeus, as sociedades habituaram-se a ceder este controlo a entidades reguladoras. A Autoridade britânica para a Fertilização Humana e a Embriologia, por exemplo, supervisiona todos os aspectos do comércio da reprodução na Grã-Bretanha. Licencia e monitoriza todas as clínicas de FIV, estabelece limites de preço para a dação de óvulos e avalia os pedidos de DGPI. Ainda que alguns candidatos a pais possam discordar veementemente das decisões do grupo em casos individuais, os seus poderes genéricos raramente são postos em causa.

Nos Estados Unidos, pelo contrário, uma autoridade deste tipo seria quase de certeza mais contestada. Comparados com os seus congéneres europeus, os cidadãos norte-americanos estão geralmente menos dispostos a conferir poder de decisão a reguladores anónimos, ou a confiar assuntos pessoais a burocratas que ninguém elegeu. Por esse motivo, nos Estados Unidos existe um apoio consideravelmente maior ao modelo regulador do luxo. Como disse uma mulher – mãe, aos cinquenta e tal anos, de gémeos recém-nascidos – "Tive os meus bebés. Paguei os meus bebés. Pude adquirir estes bebés. Para que é que havemos de complicar as coisas?"[42]

Opiniões semelhantes (embora talvez mais subtis) são expressas por muitos médicos na indústria da fertilidade, que receiam que uma regulamentação da sua actividade se pudesse rapidamente tornar dispendiosa, pesada e injusta. Um eminente especialista, por exemplo, afirma que qualquer regulação atrasaria o progresso médico na sua área. "Temos conseguido", observa ele, "singrar por um caminho livre de regulamentação. Se estivéssemos sob escrutínio, muitos passos teriam sido proibidos".[43]

Nos Estados Unidos, além do mais, qualquer regulação do negócio de bebés cruzar-se-ia inevitavelmente com a política instituída do aborto. O DGPI estaria provavelmente sujeito a um controlo regulatório cerrado, e o mesmo aconteceria com qualquer forma de FIV que envolvesse a destruição (e talvez até a criação) de embriões "excedentários". Certas categorias de pais (mulheres mais velhas ou solteiras, homossexuais) estariam possivelmente sujeitos a um exame regulamentar mais rigoroso, e certos procedimentos poderiam ser restringidos ou até mesmo eliminados. Já hoje vemos, aliás, este tipo de debate profundamente político desenrolar-se no campo das células estaminais, onde as forças anti-aborto conseguiram efectivamente paralisar o financiamento federal para a investigação e compeliram os estados a adoptar uma multiplicidade de políticas contraditórias. E vemo-lo também na politiquice velada em torno da transferência de embriões, bem como nos esforços, apoiados pela administração Bush, para considerar essas transferências como adopções.

Ponderando as Opções

No fim, porém, é possível que não tenhamos escolha, pois não é de crer que a procura no negócio de bebés venha a diminuir nos tempos mais próximos. Pelo contrário, as mudanças demográficas e de costumes, combinadas com perspectivas tecnológicas explosivas, sugerem que um crescente número de pessoas vai querer exercer controlo sobre a concepção. Vão querer controlar não só o momento da concepção, mas também o modo como concebem e até mesmo, e cada vez mais, as características das crianças que criarão como suas. Se não quisermos perder por completo as rédeas deste mercado, dispomos, enquanto sociedade, de apenas quatro opções viáveis.

A primeira opção será deixar o negócio de bebés seguir o curso normal das forças de mercado, permitindo que a forma que venha a assumir seja exclusivamente determinada pelas leis da oferta e da procura. Dentro deste enquadramento, a oferta floresceria, mas só os ricos colheriam os seus benefícios. No limite, esse rumo conduzir-nos-ia ao futuro sinistro descrito por críticos como Francis Fukuyama, que receia o advento de um mundo povoado por duas subespécies: os GenRicos e os GenPobres.[44]

Seguindo esta linha de raciocínio, poderíamos optar, em alternativa, por interditar o negócio de bebés, decidindo que os seus riscos e iniquidades intrínsecas são, simplesmente, demasiado grandes. Todavia, como este livro demonstrou, a proibição nesta fase é aparentemente inútil: no negócio de bebés, a procura já é demasiado forte e as tecnologias demasiado eficazes.

E assim poderíamos escolher uma terceira opção, que seria tratar a reprodução em alta tecnologia como os transplantes de órgãos, afastando por completo as transacções do mercado. Esta alternativa é mais exequível do que as duas primeiras, sendo já, até certo ponto, o modelo operativo na adopção. Uma vez mais, porém, a história indica que seria extremamente difícil estender este modelo a todas as áreas do comércio de bebés. A oferta (de óvulos, sémen, úteros e embriões) já existe e os participantes já estão em jogo.

O que nos deixa, na verdade, com uma única opção. Se não quisermos que o negócio de bebés fique inteiramente entregue ao Estado ou ao mercado, temos de encontrar uma solução de compromisso. Temos, por outras palavras, de o regulamentar.

Política: O Oposto do Sexo

Em qualquer livro provocador, este é geralmente o ponto em que o autor apresenta o roteiro de uma possível reforma. Tendo conduzido os leitores através de centenas de páginas de exposição e análise, tendo criticado teorias de outros e lamentado o presente estado de coisas, o autor conclui com um plano, um argumento sobre o que deveria exactamente ser feito para solucionar o problema em causa.

Mas esta autora não vai fazer isso. E porquê? Em parte, porque propor um plano neste momento não teria grande sentido: o negócio de bebés está num ritmo tão acelerado e a desenvolver-se de uma forma tão radical que quaisquer pormenores tendem a ficar rapidamente desactualizados. Dito de outro modo, sugestões políticas feitas no Outono de 2005 podem ser já irrelevantes um ou dois anos depois. A principal razão, no entanto, é que quaisquer sugestões individuais iriam frontalmente contra um dos argumentos centrais deste livro: o argumento segundo o qual os mercados são entidades não só comerciais como políticas. Pois se os mercados são políticos, e se o mercado de bebés é particularmente íntimo, controverso e complicado, qualquer plano único de reforma – e, na verdade, qualquer estratégia global de reforma – estará condenado a falhar.

Aquilo de que o mercado necessita, em vez disso, é de uma estratégia *politicamente determinada*, que resulte de um debate político explícito sobre a matéria. Esse debate não será cordial. Dependendo do clima da política norte-americana, poderá bem ir no sentido de prevenir ou eliminar certos aspectos da procriação com alta tecnologia. Não obstante isso, o debate em si é vital. Sem ele, o negócio de bebés desintegrar-se-á no caos ou cairá presa dos interesses restritos de determinados grupos.

Enquanto sociedade, temos pois de nos ocupar da política da procriação assistida. Temos de decidir que sectores desta tecnologia emergente são aceitáveis, e para quem. Temos de decidir que grau de controlo poderão os pais exercer sobre a concepção e constituição genética dos filhos, e que parte dessas concepções deverá ser paga por nós, enquanto sociedade. Estas decisões não são fáceis. São, pelo contrário, decisões extremamente difíceis, escolhas salomónicas que nos obrigam a reflectir sobre o próprio sentido da vida, do amor e da parentalidade. Mas, de momento, estamos a fazer estas escolhas de uma forma puramente *ad hoc*, consoante o estado, o sistema judicial local e os recursos económicos dos indivíduos envolvidos.

Ora esta não é, seguramente, a melhor forma de lidar com decisões tão sérias. Precisamos pois de enfrentar o que, reconhecidamente, será uma dura batalha, definindo, quanto mais não seja, os elementos básicos da aceitabilidade: estamos dispostos a permitir transacções comerciais em algum sector da indústria dos bebés? Estamos dispostos a permitir que os pais, através dos médicos, manipulem os embriões que se tornarão nos seus filhos? Como determinaremos que médicos e procedimentos levam esta arte longe demais? Toda a gente, incluindo a autora, tende a ter opiniões enérgicas sobre cada uma destas questões. Todavia, o processo aqui em causa transcende em muito qualquer simples conjunto de conclusões. Precisamos de debater estas questões e submetê-las ao "puxar de um lado e doutro" que é o jogo de forças da política.[45] Sem isso, não conseguiremos nunca chegar a uma estratégia reguladora sustentável.

Em vez de recomendar um conjunto específico de medidas, este livro advoga, por conseguinte, um *processo* de debate político, um processo que reconheça a realidade do comércio de bebés e comece a tactear em busca de algum tipo de enquadramento regulador. Será, sem dúvida, de um processo intimidante. Mas, se seccionarmos o debate em partes mais manejáveis – se concebermos o negócio de bebés em termos de princípios, em vez de problemas ou tecnologias – talvez encontremos um espaço mais amplo para consenso e, nessa medida, para políticas eficazes.

Questões de Princípio: Acesso à Informação

Consideremos, por exemplo, o princípio básico do facultar *acesso à informação*. A maioria dos americanos considera a informação um bem público, análogo ao farol de que falámos anteriormente. Querem acesso à informação, sentem-se satisfeitos por o governo a providenciar de graça (ou obrigar outros a fazê-lo), e não se importam de partilhar essa informação de uma forma mais ampla. Este conjunto de preferências é particularmente forte em questões relacionadas com a saúde ou a segurança, o que explica por que há muito temos coisas como rótulos com avisos em produtos de consumo e informações de dosagem nos medicamentos.

Seria relativamente fácil transferir este princípio para o campo da medicina reprodutiva. Apontaria simplesmente para um regime regulador de mão leve em que os prestadores de serviços de procriação assistida teriam de informar os potenciais clientes dos custos, benefícios e possíveis riscos das suas técnicas.[46] O governo poderia posteriormente decidir-se a compilar alguns destes dados, ou a encomendar estudos adicionais sobre riscos a mais longo prazo. Fosse como fosse, o princípio permaneceria o mesmo: determinar que informação é importante para a saúde e segurança da população americana e depois providenciá-la.

Tivemos já ocasião de ver acção política em apoio deste princípio. Em 1992, o Congresso aprovou a Lei sobre a Taxa de Sucesso e a Certificação das Clínicas de Fertilidade, segundo a qual todas as clínicas ficaram obrigadas a apresentar informação estatística básica aos Centros para o Controlo de Doenças. Em 2004, o Conselho de Bioética do Presidente recomendou sanções mais severas para as clínicas que não comunicassem os seus dados, bem como estudos longitudinais das crianças nascidas por procriação assistida.[47] Caso os americanos decidissem que precisavam de mais informação sobre os efeitos da concepção de bebés de alta tecnologia – sobre o impacto dos tratamentos hormonais, por exemplo, ou os custos da gravidez e parto para mães acima dos quarenta anos – esse tipo de dados poderia ser igualmente requerido.

Equidade

Um segundo princípio diz respeito à *equidade*. Uma vez mais, este é um conceito que a maioria dos americanos leva, pelo menos teoricamente, a sério. Proporcionamos uma educação idêntica às nossas crianças; garantimos que todos os cidadãos são iguais perante a lei. Embora este mesmo princípio não inclua explicitamente os cuidados de saúde, estendemos em muitas ocasiões a ideia de equidade ao domínio da medicina: os rins, como observámos anteriormente, são atribuídos da forma mais equitativa possível, e os cuidados pré-natais foram alargados, por lei e regulamentação, a quase todas as mulheres americanas.[48] Extensões semelhantes poderiam facilmente ser feitas em vários aspectos do comércio de bebés. Poderíamos, por exemplo, determinar que a infertilidade (em certas situações) é uma doença, e que o tratamento para essa doença tem de ser equitativamente distribuído entre as suas muitas vítimas. Ou poderíamos decidir que ter filhos é um direito básico e que precisamos por isso de encontrar uma forma de providenciar essa capacidade a todos os que dela carecem. Em qualquer dos casos, o princípio da equidade dá-nos pelo menos uma linguagem comum para o debate de medidas políticas.

Note-se que o princípio da equidade não promove nenhuma política em particular. Oferece simplesmente uma espécie de padrão de referência, uma forma de enquadrar um debate complexo e confuso. Qual será, afinal, o aspecto da reprodução que nós queremos distribuir equitativamente? Uma gravidez? Uma criança geneticamente relacionada com os pais? Ou a possibilidade de desempenhar um papel parental? Se for a primeira destas opções, a sua implementação implicaria a oferta de serviços de procriação assistida a todas as categorias de potenciais pais, a um custo subsidiado ou reembolsável. Se for a segunda, não teríamos então de cobrir aquelas formas de reprodução que envolvem óvulos ou sémen de terceiros. E se for a terceira, quereríamos provavelmente políticas que promovessem a adopção em detrimento dos tratamentos de fertilidade. Todavia, a lógica em cada um destes casos é precisamente a mesma. Antes de mais, temos pois de pensar no quê, se é que alguma coisa, queremos nós distribuir equitativamente. E depois temos de decidir como decretar essa distribuição e cobrir os seus inevitáveis custos.

Os Limites da Legalidade

Ao mesmo tempo, como é óbvio, temos de considerar também os *limites da legalidade*. Embora o negócio de bebés esteja cheio de expectativas que não chegam a cumprir-se – ou seja, de pais que não conseguem os filhos por que tanto anseiam – está também cheio de expectativas que vão, muito possivelmente, longe demais. Está cheio de tecnologias que repugnam a muitas pessoas e de perspectivas que, em última análise, podemos não querer ver realizadas.

Uma questão central será, pois, a de saber onde traçar a linha entre práticas legítimas e ilegítimas; entre ciência de vanguarda e ciência que está à beira de transpor os limites do admissível. Em abstracto, esta linha parece sempre indistinta. É uma linha movediça e escorregadia que nos arrasta para aquela rampa que, proverbialmente, acaba em desastre. Na prática, porém, podemos traçar linhas. Podemos decidir o que queremos ilegalizar, e em seguida – com excepções, evidentemente, e alguns percalços pelo caminho – pôr as leis em execução.

Presentemente, não existem muitas leis nesta matéria. O governo dos Estados Unidos tem-se mostrado relutante em impor quaisquer limites à concepção de bebés com alta tecnologia, preferindo deixar que os tribunais, o mercado, ou as legislaturas de cada estado resolvam os problemas. Parte desta relutância reflectirá, possivelmente, uma típica reacção de *laissez faire* perante mercados emergentes. Contrariamente aos seus congéneres europeus, por exemplo, o governo norte-americano é notoriamente avesso a intervir em mercados derivados de sectores de alta tecnologia, ou a impor constrangimentos normativos a indústrias em grande desenvolvimento. Esta reserva aplica-se independentemente do sector específico. A indústria norte-americana dos telemóveis, por exemplo, surgiu num mercado desregulamentado, e o mesmo aconteceu com a indústria da Internet.

No negócio de bebés, todavia, a relutância em regular provém também de um profundo receio de imbróglios religiosos e éticos. Dado que o debate sobre o aborto nos Estados Unidos tem sido divisivo, os políticos têm tido compreensivelmente receio de assumir uma agenda política que toque, mesmo ao de leve, na controversa questão do aborto. Em consequência disso, não há quaisquer políticas nacionais sobre a fertilização *in vitro* (que implica a criação e, frequentes vezes, a destruição de embriões), sobre o diagnóstico genético pré-implantação (que elimina inevitavelmente embriões), ou sobre as questões levantadas pela engenharia genética.

Mas este estado de coisas não é uma fatalidade. A verdade é que, mesmo num contexto político fracturado pela discussão do aborto, poderíamos, não obstante, reflectir sobre onde queremos traçar a linha no negócio de bebés, ou seja, em que pontos queremos limitar a tecnologia ou a escolha parental. Algumas destas linhas já existem. A clonagem reprodutiva, por exemplo, é expressamente proibida nos Estados Unidos. O mesmo acontece com a transferência de citoplasma, o processo em que citoplasma de uma dadora é usado para refrescar um óvulo de uma mulher mais velha. Temos leis que proíbem as mães biológicas de vender os filhos, e regras que definem os limites aceitáveis de uma compensação.

Estas regras podem não ser perfeitas. Serão certamente violadas de vez em quando. Não obstante isso, o simples facto de existirem confirma que podemos, na verdade, impor limites viáveis ao comércio de bebés. Podemos decidir que tecnologias ou traficâncias nos empurram, enquanto sociedade, para além do ponto a que estamos dispostos a ir. E poderemos então interditar esses procedimentos através de leis federais ou estaduais.

Os Custos da Tecnologia Reprodutiva

Um quarto princípio a considerar é o *custo*, mais especificamente o custo que até mesmo as transacções privadas no domínio da concepção podem impor ao resto da sociedade. Consideremos, por exemplo, os bebés nascidos de Teresa Anderson, de vinte e cinco anos, em Abril de 2005. Teresa era uma substituta gestante que, por 15 000 dólares, aceitara encarregar-se da gestação e parto de uma criança para Enrique Moreno, um arquitecto paisagista de trinta e quatro anos, e a sua mulher, Luísa Gonzalez. Para aumentar as probabilidades de gravidez, os médicos neste caso transplantaram cinco embriões para o útero de Teresa. Todos sobreviveram, e ela acabou por dar à luz cinco gémeos para o casal.[49] Quando os bebés nasceram, a imprensa noticiou a feliz história, apresentando imagens da sorridente portadora, do encantado casal e dos cinco relativamente saudáveis gémeos.

Estes bebés, porém, foram extraordinariamente dispendiosos: os custos do parto ultrapassaram, quase seguramente, os 400 000 dólares.[50] Enrique e Luísa pagaram para conceber os filhos, mas nós, sociedade – através de taxas de seguro, custos hospitalares e, possivelmente até, educação especial à medida que as crianças forem crescendo – estamos a pagar também. De acordo com um estudo recente, o custo total de dar à luz uma criança nascida por FIV oscila entre os 69 000 e os 85 000 dólares. Se a criança nascer de uma mulher mais velha, o custo sobe para de 151 000 a 223 000 dólares.[51] Os futuros pais, nestes casos, pagam parte dos custos – a FIV, as hormonas, as múltiplas consultas médicas – mas nós estamos a pagar também.

Para além disso, é possível que paguemos ainda os custos que se acumulam à medida que estas crianças vão crescendo. Presentemente, cerca de 35% do total de nascimentos resultantes da FIV e da ICSI são múltiplos.[52] Embora muitas destas crianças sejam perfeitamente saudáveis, uma percentagem significativa nasce prematuramente ou com peso inferior ao normal, situações que poderão repercutir-se negativamente na sua vida futura. Aproximadamente 20% das crianças com peso insuficiente sofrem de graves deficiências, por exemplo, e 45% têm de frequentar programas de educação especial.[53] Se os múltiplos correm, pois, maior risco de prematuridade e consequentes dificuldades de desenvolvimento (como efectivamente acontece) e se a reprodução assistida conduz com maior frequência ao nascimento de vários gémeos (o que é um facto), podemos então dizer que as escolhas individuais em matéria de procriação estão a criar custos para a sociedade em geral. Ao definirmos políticas sobre reprodução assistida, teremos, por conseguinte, de considerar esses custos.[54]

Não significa isto que devêssemos recusar-nos a pagar, ou que deveríamos limitar o uso das tecnologias que impõem custos sociais. O princípio do custo ajuda-nos apenas, e uma vez mais, a enquadrar um debate de medidas políticas. Se o custo de trazer ao mundo cinco gémeos é excessivamente elevado, talvez devêssemos então limitar o número de embriões que podem ser transferidos num único ciclo de FIV (a maioria dos estados europeus já fixou esses limites). Se os custos globais dos bebés da FIV forem considerados demasiado elevados, talvez devêssemos, nesse caso, limitar o acesso à tecnologia, ou reservá-la unicamente para aqueles que podem pagar. Em qualquer dos casos, o princípio do custo sugere um procedimento político semelhante: compreender os diferentes custos associados à reprodução assistida; confrontar esses custos com os benefícios; e elaborar depois medidas reguladoras que contrabalancem ambos.

A Extensão da Escolha Parental

Um derradeiro princípio diz respeito à *extensão da escolha parental.* Embora este tópico esteja estreitamente relacionado com os limites da legalidade e a questão do custo, é suficientemente importante para que o consideremos e discutamos por si só.

Conceber uma criança é um acto profundamente íntimo. Resolver conceber essa criança é, de certa forma, um acto mais íntimo ainda, uma vez que os pais têm de tomar decisões conscientes que vão do prosaico (será esta a altura certa?) ao profundo: Será que devo gerar um segundo filho na esperança de salvar o meu primeiro? Estarei demasiado velha? Demasiado doente? Demasiado só?

Desde o aparecimento da reprodução assistida, temos evitado qualquer interferência nestas escolhas, acreditando antes que a privacidade resguarda essencialmente todos os aspectos da procriação da intervenção do governo. Como o Supremo Tribunal argumentou numa decisão histórica em 1965: "Permitiríamos que a polícia revistasse o recinto sagrado dos quartos dos casais em busca de indícios reveladores do uso de contraceptivos? A simples ideia é revoltante para as noções de privacidade que envolvem a relação conjugal."[55]

À medida, porém, que entramos no mundo alargado da reprodução assistida, pode tornar-se crescentemente difícil manter este pudor. Contrariamente à reprodução tradicional, a reprodução assistida é potencialmente capaz de afectar a sociedade em aspectos fundamentais. Parte desse impacto é simplesmente o custo: o custo de trazer ao mundo bebés de alta tecnologia; o custo de atender ao que poderão ser necessidades educativas mais dispendiosas; o custo, talvez, de cuidar de crianças cujos pais já eram, em última análise, demasiado velhos para as criarem até ao final da infância.

Mas existem também outros custos, e que são potencialmente bem mais profundos. O que aconteceria, por exemplo, se a proporção entre homens e mulheres nos Estados Unidos fosse alterada por uma geração de pais, cada um deles responsável apenas pela decisão simples e privada de conceber um rapaz ou uma rapariga? E se uma geração subsequente de pais de elite conseguisse conceber filhos ainda mais elitizados, manipulando o seu património genético para que fossem mais altos, mais inteligentes, ou mais atléticos?[56] Ou se a clonagem se tornasse uma opção de reprodução viável? Nessa altura, as escolhas procriativas trancenderiam o plano pessoal: afectariam o próprio cerne de como nos reproduzimos a nós e à nossa sociedade.

Deste modo, à medida que a tecnologia da procriação for evoluindo, é muito possível que queiramos rever os limites da privacidade e da escolha parental. Que tipo de controlo exercem os pais sobre o destino dos filhos? E que tipos de controlo devemos nós negar-lhes? Já hoje traçamos estas linhas em domínios mais mundanos. À luz da lei norte-americana, por exemplo, os pais podem optar por ensinar os filhos em casa, ou enviá-los para dispendiosos colégios particulares. Não podem, no entanto, escolher não dar qualquer educação aos filhos. Do mesmo modo, embora os pais possam decidir dar cerveja ou armas aos seus filhos adolescentes, não podem deixá-los comprar cerveja ou levar armas para a escola. Nestes casos, a sociedade impõe limites claros àquilo que os pais podem fazer, determinando o ponto em que os desejos dos pais em relação aos filhos têm de se curvar perante os interesses mais amplos dos outros.

Não será fácil traçar estas linhas no campo da reprodução. Vai implicar um intenso debate político no interior de um cenário íntimo e frequentemente trágico. Mas temos de fazer este debate, e temos de fazer estas escolhas. Temos de reconhecer o mercado criado pelas tecnologias da reprodução e encontrar uma forma de o orientar para os nossos melhores interesses. Recorrendo às analogias que usámos anteriormente, uma vez que nos decidamos a abordar o negócio de bebés como um mercado sujeito a regulação, poderemos começar a determinar quais os sectores desse mercado que deverão ser tratados como os rins, quais como a heroína e quais como as próteses da anca. Os restantes poderão ficar como jóias.

Em 1938, um influente artigo na revista *Fortune* versou o tema da contracepção. Levantou grande celeuma na época, uma vez que a contracepção ainda era ilegal em muitos estados norte-americanos e fortemente restringida na quase totalidade dos outros. Observando que a indústria dos contraceptivos era, na verdade, um grande e próspero negócio, o artigo argumentava que a falta de regulação neste campo era simultaneamente hipócrita e perigosa: as pessoas ricas tinham acesso a anti-concepcionais, as pobres não, e a sociedade em geral não tinha forma de distinguir entre produtos eficazes e ineficazes.

"O mecanismo da concepção é o mecanismo da vida", começava o artigo, " ... todavia, o homem achou por bem suprimi-lo do seu discurso, ocultá-lo dos seus filhos, tratá-lo como uma vergonha, escarnecê-lo nesciamente, espreitá-lo e aviltá-lo". "E, pior ainda", prosseguia o artigo, "arranjou as coisas de maneira a que os ricos consigam escapar à legislação e determinar (com um razoável grau de segurança) se vão ou não ter filhos, ao passo que os pobres não podem fazê-lo." Não tomando embora qualquer posição quanto às questões religiosas e morais que impregnavam qualquer discussão sobre o controlo da natalidade na época, o artigo descrevia uma indústria de contraceptivos já em florescimento e sugeria: "Aquilo de que o controlo da natalidade precisa é sobretudo de legislação, pois o fosso entre a realidade e a actual lei nacional toca as raias do absurdo."

Se, nesta última frase, substituirmos "controlo da natalidade" por "serviços de reprodução", poderemos fazer exactamente o mesmo raciocínio. Em 1938, a contracepção era, para a maioria das pessoas, um tema tão ignóbil e repugnante como a maternidade de substituição, a investigação em fetos ou a engenharia genética são para muitos críticos hoje em dia. A contracepção era vista como uma aberração da natureza, uma tentativa nefasta dos seres humanos para interferir nos desígnios de Deus. Mas, no fim, a procura de que era alvo acabou por se revelar irresistivelmente forte. A tecnologia estava disponível, funcionava, e a atracção do mercado era enorme. Um destino similar aguarda, quase seguramente, a próxima fase do comércio de bebés.

Os homens e as mulheres, como vimos, sempre quiseram controlar a sua vida reprodutiva; e, em princípio, vão querê-lo sempre. Mas o que a tecnologia actual criou foi um assombroso leque de possibilidades: não apenas a possibilidade de decidir se queremos ou não ter filhos e quando, mas também o tipo de filhos que vamos ter. A possibilidade de optar entre diferentes combinações genéticas e características específicas. De escolher não só o método de concepção como os seus prováveis resultados.

Estas possibilidades são reconhecidamente assustadoras. Vão direitas ao âmago do que significa ser humano, viver e amar. Mas também não deixam de ser, em certa medida, muito simples: os pais precisam de um anticorpo para o seu filho, e procuram alguém que lhes possa proporcionar um. Não conseguem conceber esse filho da forma tradicional, por isso procuram soluções mais sofisticadas.

De nada nos serve ter pudor em relação ao mercado de bebés, ou mascará-lo com uma prosa de conto de fadas. Para bem ou para mal, estamos hoje a fabricar bebés de uma forma altamente tecnologizada. Estamos a obter esses bebés a partir de uma grande variedade de fontes e a manipular cada vez mais as componentes da sua existência. Podemos, se quisermos, tecer considerações morais sobre estes desenvolvimentos, deplorando os deuses que ultrapassaram a natureza. Podemos depreciar o destino dos nossos descendentes manipulados, fechando os olhos e tentando fazê-los recuar no tempo. Ou podemos mergulhar no mercado que o desejo criou, imaginando de que forma poderemos modelar e proteger as nossas crianças sem nos destruirmos a nós próprios.

Agradecimentos

Em 2001, publiquei um livro intitulado *Ruling the Waves*. Era um livro sobre as políticas da alta tecnologia e, em particular, sobre a evolução política da Internet e do comércio electrónico. Afirmei que a Internet, à semelhança do telégrafo e da rádio antes dela, estava destinada a atravessar certos ciclos previsíveis, passando de um período inicial de anarquia de mercado para uma exigência final de regras. Depois da publicação do livro, passei muitos meses a expor os meus argumentos perante diferentes grupos e audiências. E, inevitavelmente, punham-me sempre a mesma questão: qual achava eu que iria ser a próxima tecnologia a seguir um percurso semelhante? Que nova vaga tecnológica iria criar novos mercados e desencadear exigências políticas?

Levei algum tempo a encontrar uma resposta. Mas acabei por me convencer de que a próxima vaga tecnológica viria da biologia e, em especial, dos contínuos avanços da genética e da medicina reprodutiva. Tal como as tecnologias da Internet que as precederam, também estas tecnologias tinham potencial para gerar um vasto número de oportunidades comerciais, para vender produtos e serviços que, muito simplesmente, não existiam antes. Ao mesmo tempo, porém, estas tecnologias estavam fadadas a atrair uma não menos vasta reacção política, uma reacção que, neste caso, poderia ir no sentido de pôr termo ao mercado.

Comecei então a explorar o mundo da medicina reprodutiva, do qual pouco sabia. Fiquei fascinada com os desenvolvimentos em curso e convencida de que a ciência da concepção estava já a gerar um mercado para a produção de bebés. Ao mesmo tempo, e por ironia, eu e o meu marido estávamos também a considerar a hipótese de adoptar uma criança. Tínhamos tido dois rapazes pela via tradicional e, à medida que eles se aproximavam da adolescência, deixámo-nos cativar pela ideia de acrescentar outra criança – uma menina, não muito pequena – à nossa família. À medida que nos aventurávamos no que, supus, iria ser uma jornada muito pessoal, descobri que o mundo da adopção se imbricava, em grande parte, com o mundo da ciência reprodutiva; que a adopção criara um mercado para bebés e crianças, e que esse mercado competia, até certo ponto, com as formas mais tecnológicas de constituir família.

Nos três anos seguintes, continuei a percorrer estes mundos. Fiquei fascinada com a ciência que estava a ser desenvolvida em alguns dos laboratórios mais sofisticados do mundo e com os investigadores que perscrutavam as próprias origens da vida. Conheci as pessoas que estão a tentar elaborar as regras para esta nova área e aquelas que tentam, com igual perseverança, quebrá-las. E confrontei-me, vezes sem conta, com as tragédias que marcam o comércio de bebés: histórias desoladoras de pessoas que querem desesperadamente uma criança para amar, e de crianças que nunca conheceram um lar. *O Negócio de Bebés* é o meu sexto livro. E é o único que me fez chorar.

Na medida em que a matéria de investigação para este livro era nova para mim, dependi mais do que habitualmente da simpatia e conhecimento especializado de outros. Dado que prometi anonimato à maioria das minhas fontes, não vou mencionar aqui os seus nomes. Mas estou imensamente grata aos médicos e investigadores que conversaram comigo; às clínicas de fertilidade, aos bancos de esperma e aos agentes de óvulos que me abriram cordialmente as suas portas; e às agências e juristas da adopção que me descreveram generosamente o seu trabalho. E estou também grata às pessoas – aqui igualmente anónimas – que partilharam comigo as suas histórias muito íntimas.

Fora do comércio de bebés, este livro também beneficiou da sabedoria daqueles que o leram e criticaram. Agradeço os conselhos de Rawi Abdelal, Constance Bagley, Vicki Baldwin, Traci Battle, Jacqueline Bhabha, Diane Clapp, Susan Crockin, Adam Day, Laurie Gould, Charles Jennings, Ronald Mann, Al Roth, David Shaywitz, Rise Shepsle, Richard Tedlow, Leslie Williams e Allegra Young.

Peter Selman, da Universidade de Newcastle, partilhou generosamente os seus dados estatísticos sobre a adopção internacional; Anjani Chandra, dos Institutos Nacionais de Saúde, fez outro tanto com a sua investigação sobre a incidência e tratamento da infertilidade nos Estados Unidos.

Vários assistentes de investigação notáveis tiveram também um papel vital na elaboração deste livro. Briana Huntsberger trabalhou comigo nos primeiros anos para reconstituir a história comercial da contracepção. Embora essa pesquisa não esteja explicitamente incluída no livro, foi crucial para me iniciar na política e negócio da reprodução. Adam ("AJ") Plotkin investigou perseverantemente o mercado da maternidade de substituição e analisou os seus motores económicos; Cate Reavis contribuiu com uma investigação de fundo essencial para os capítulos sobre a clonagem e a adopção; Anna Harrington, por seu turno, foi indispensável do princípio ao fim. Pesquisou com minúcia e igual perícia matérias médicas e jurídicas, e emprestou a sua considerável energia a toda a investigação e análise do livro. David Han prestou esclarecimentos jurídicos nas últimas fases da investigação, Chris Bebenek ajudou a ultimar o livro para publicação e Chris Grosse supervisionou habilmente uma miríade de pormenores e processos. Agradeço a assistência de todas estas pessoas, bem como o apoio e profissionalismo de Jacque Murphy e dos seus colegas na imprensa da Harvard Business School. Estou igualmente grata a Kim Clark e ao Departamento de Investigação e Desenvolvimento das Faculdades da Harvard Business School, que generosamente providenciou apoio financeiro para este projecto.

Mas, como de costume, a maior dívida é para com a minha família. Para os meus filhos, este foi um livro difícil. Não apenas porque a Mãe andava a viajar, a escrever, e preocupada como sempre acontece; desta vez, estava a escrever sobre um tema demasiado embaraçoso para se pensar, quanto mais mencionar aos amigos. O único factor positivo para eles foi o desenvolvimento de um novo e estranho passatempo familiar: apostar quanto tempo levaria até a mãe, num qualquer jantar festivo, começar a falar de bancos de esperma ou vendas de óvulos. Agradeço-lhes a sua paciência e o seu estoicismo, e por trazerem tanta alegria à minha vida. Estou, de igual modo, grata aos meus pais, Judy e Marty Spar, que incentivaram o meu esforço como sempre têm feito, e ao meu marido Miltos, cujo amor e apoio parecem inesgotáveis.

E parece-me apropriado finalizar com a minha filha, que nos chegou da Rússia a meio da produção deste livro. A sua graça e entusiasmo fazem-me diariamente pensar no potencial das famílias para crescerem ultrapassando as fronteiras da biologia convencional. A sua jornada demonstra quão admirável pode ser o negócio de bebés – e quão importante é conseguir que funcione.

Notas

PREFÁCIO

[1] Cf. Dick Lehr, "(Older) Mother's Day", *Boston Globe*, 10 de Maio de 1997, C5.

[2] Clare Dyer, "All We Wanted Was to Save Our Son", *Guardian*, 14 de Janeiro de 2003, 16.

[3] Esta transferência de citoplasma veio na sequência de quatro tentativas falhadas de fertilização *in vitro*. Cf. Holly Firfer, "How Far Will Couples Go to Conceive?" CNN.com, 17 de Junho de 2004, em http://edition.cnn.com/2004/HEALTH/03/12/infertility.treatment/.

[4] Cf. Felicia R. Lee, "Driven by Costs, Fertility Clients Head Overseas", *New York Times*, 25 de Janeiro de 2005, A1. Cohen gastou provavelmente muito menos porque vivia em Massachusetts, onde as companhias de seguros cobrem o custo dos tratamentos de FIV.

[5] Letta Tayler, "Adoption Under Scrutiny", *The Gazette*, 6 de Novembro de 2003, A 23; e Alan Zarembo, "A Place to Call Home: The Anger, Tears and Frustrating Runarounds of a Guatemalan Adoption Case", *Newsweek*, 15 de Julho de 2002, 27.

CAPÍTULO 1

[1] É manifestamente difícil avaliar as estatísticas da infertilidade. 10% é o valor indicado pela Sociedade Americana de Medicina Reprodutiva (disponível em http://www.asrm.org/patients/FactSheets/Infertility-Fact.pdf). Cf. também Jeffrey Klein e Mark Sauer, "Assessing Fertility in Women of Advanced Age", *American Journal of Obstetrics and Gynecology* 185, n.° 3 (Setembro de 2001): 758-770; e Elisabeth Hervey Stephen e Anjani Chandra, "Updated Projections of Infertility

in the United States: 1995-2005", *Fertility and Sterility* 70, n.° 1 (Julho de 1998): 30-34.

[2] Tecnicamente, a infertilidade aplica-se, por definição, a casais casados que, sem usar contraceptivos, não consigam uma gravidez no decurso de doze meses, ou mais, de relações regulares. A fecundidade deficiente, que inclui todas as mulheres independentemente do seu estado civil, abrange um campo mais vasto de problemas médicos. Para definições, cf. Elizabeth Hervey Stephen e Anjani Chandra, "Use of Fertility Services in the United States: 1995", *Family Planning Perspectives* 32, n.° 3 (Maio-Junho de 2000): 132-137. Para dados mais recentes, cf. Anjani Chandra e Elizabeth Hervey Stephen, "Infertility and Medical Care for Infertility: Trends and Differentials in National Self-Reported Data" (apresentado na Conferência dos NIH, *On Health Disparities and Infertility*, a 10-11 de Março de 2005). Transmitido directamente à autora.

[3] Cf., por exemplo, Madelyn Cain, *The Childless Revolution* (Cambridge, MA: Perseus Publishing, 2001); e Jeanne Safer, *Beyond Motherhood: Choosing a Life Without Children* (New York: Pocket Books, 1996). Para dados sobre a tendência associada de as mulheres adiarem a maternidade, cf. Ben J. Wattenberg, "It Will Be a Smaller World After All", *New York Times*, 8 de Março de 2003, A17.

[4] As consequências desta relação em concreto foram, porém, longe de ideais. Quando Sara deu miraculosamente à luz aos noventa anos, Agar foi exilada para o deserto juntamente com o seu filho Ismael.

[5] Existe uma extensa bibliografia sobre os antigos ritos de fertilidade. Cf., por exemplo, Cynthia Eller, *The Myth of Matriarchal Prehistory* (Boston: Beacon Press, 2000); Lotte Motz, *The Faces of the Goddess* (New York: Oxford Universiy Press, 1997); Sir James George Frazer, *The Golden Bough: A Study in Magic and Religion* (New York: The Macmillan Company, 1922); e Riane Eisler, *The Chalice and the Blade: Our History, Our Future* (New York: Harper Collins, 1987).

[6] Cf. Frazer, *The Golden Bough*; Eisler, *The Chalice and the Blade*; Anne Baring e Jules Cashford, *The Myth of the Goddess: Evolution of an Image* (New York: Viking, 1991); e Buffie Johnson, *Lady of the Beasts: Ancient Images of the Goddess and Her Sacred Animals* (San Francisco: Harper & Row, 1988).

[7] Marcia C. Inhorn, *Infertility and Patriarchy: The Cultural Politics of Gender and Family Life in Egypt* (Philadelphia: University of Pennsylvania Press, 1996), 1.

[8] S. P. Reyna, "Age Differential, Marital Instability and Venereal Disease: Factors Affecting Fertility among the North-West Barma (Chad)", in *Population and Social Organization*, ed. Moni Yag (New Haven, CT: Yale University Press, 1962), 55-73).

[9] Samuel L. Siegler, *Fertility in Women: Causes, Diagnosis and Treatment of Impaired Fertility* (Philadelphia: J. B. Lippincott Company, 1944), 5.

[10] Ibid., 5.

[11] Barbara Ehrenreich e Deirdre English, *Witches, Midwives, and Nurses: A History of Women Healers* (Old Westbury, NY: Feminist Press, 1973), 11.

[12] Para uma panorâmica geral da bibliografia sobre bruxaria, cf. Alan Charles Kors e Edward Peters, edit., *Witchcraft in Europe, 400-1700: A Documentary History* (Philadelphia: University of Pennsylvania Press, 2001), 1-40; e também Thomas Forbes, *The Midwife and the Witch* (New Haven, CT: Yale University Press, 1966); Joseph

Klaits, *Servants of Satan: The Age of the Witch Hunts* (Bloomington, IN: Indiana University Press, 1985); Merry Wiesner, *Women and Gender in Early Modern Europe* (Cambridge: Cambridge University Press, 1933); e Deborah Willis, *Malevolent Nurture: Witch-Hunting and Maternal Power in Early Modern England* (Ithaca, NY: Cornell University Press, 1995). Para a relação entre parteiras e bruxas, cf. Sigrid Brauner, *Fearless Wives and Frightened Shrews: The Construction of the Witch in Early Modern Germany* (Amherst, MA: University of Massachusetts Press, 1995). Para excertos fundamentais, vd. Heinrich Kramer e Jacob Sprenger, *Malleus Maleficarum*, reproduzido em Kors e Peters, *Witchcraft in Europe*, 180-229.

[13] Angus McLaren, *Reproductive Rituals: The Perception of Fertility in England from the Sixteenth Century to the Nineteenth Century* (New York: Methuen, 1984), 45.

[14] *Aristotle's Master Piece Completed*, edição de 1731, citada em Margaret Marsh e Wanda Ronner, *The Empty Cradle: Infertility in America from Colonial Times to the Present* (Baltimore: Johns Hopkins University Press, 1996), 15.

[15] De acordo com uma fonte, só a partir de 1920 ou 1930 é que a contracepção deixou de ser considerada causa de esterilidade permanente. Marsh e Ronner, *The Empty Cradle*, 114.

[16] Estes remédios são descritos com considerável pormenor em Jacques Gelis, *History of Childbirth: Fertility, Pregnancy and Birth in Early Modern Europe*, trad. de Rosemary Morris (Boston: Northeastern University Press, 1991), 26-33; Louis Portnoy e Jules Saltman, *Fertility in Marriage: A Guide for the Childless* (New York: Farrar, Straus, 1950), 3-4; e Siegler, *Fertility in Women*, 5-10.

[17] Existem dúzias de versões deste texto, reeditadas durante mais de duzentos anos. Nenhuma delas é definitiva. Cf., por exemplo, *Aristotle's Masterpiece* (London: G. Davis, 1830-1839); e a análise em Roy Porter e Lesley Hall, *The Facts of Life: The Creation of Sexual Knowledge in Britain, 1650-1950* (New Haven, CT: Yale University Press, 1995), 36-37.

[18] James McMath, *The Expert Midwife* (Edinburgh: Mosman, 1694), 3, citado em McLaren, *Reproductive Rituals*, 20.

[19] James Walker, *An Inquiry into the Causes of Sterility in Both Sexes; with Its Method of Cure* (Philadelphia: E. Oswald, 1797), 13. Esta ideia estava tão disseminada que as mulheres que engravidavam de uma violação eram consideradas cúmplices no acto. Cf. também Samuel Farr, *Elements of Medical Jurisprudence*, 2.ª ed. (London: Callow, 1815), 46.

[20] Howard B. Adelman, *Marcello Malpighi and the Evolution of Embriology*, vol. II (Ithaca, NY: Cornell University Press, 1966), 859-861.

[21] Para uma análise destas teorias, cf. Elizabeth B. Gasking, *Investigations into Generation 1651-1828* (Baltimore: John Hopkins University Press, 1967); Charles W. Bodemer, "Embryological Thought in Seventeenth Century England", em Charles W. Bodemer e Lester S. King, *Medical Investigations in Seventeenth Century England* (Los Angeles: University of California Press, 1968), 1-25; Joseph Needham, *A History of Embriology* (Cambridge: Cambridge University Press, 1934), 115-230; e Peter J. Bowler, "Preformation and Preexistence in the Seventeenth Century", *Journal of the History of Biology* 4 (1971): 96-157.

[22] James Graham, *A Lecture on Love: or, Private Advice to Married Ladies and Gentlemen* (London: edição de autor, ca. 1784), citado em Marsh e Ronner, *The Empty Cradle*, 21.

[23] Graham, *A Lecture on Love*, citado em Marsh e Ronner, *The Empty Cradle*, 21.

[24] Cf., por exemplo, Rachel Lynn Palmer e Sarah K. Greenberg, *Facts and Frauds in Women's Hygiene: A Medical Guide Against Misleading Claims and Dangerous Products* (New York: Vanguard Press, 1936)); Samuel Hopkins Adams, *The Great American Fraud: Articles on the Nostrum Evil and Quacks* (New York: P. F. Collier & Son, 1907); James Cook, *Remedies and Rackets: The Truth About Patent Medicines Today* (New York: W.W. Norton, 1958); e James Harvey Young, *The Toadstool Millionaires: A Social History of Patent Medicines in America Before Federal Regulation* (Princeton, NJ: Princeton University Press, 1961).

[25] Na época, a descoberta de van Leeuwenhoek foi tomada como prova de que a vida tinha origem no sémen e que os espermatozóides – ou "animálculos", como eram chamados – constituíam seres humanos plenamente formados.

[26] P. Morice et al., "History of Infertility", *Human Reproduction Update* 1, n.° 5 (1995): 497-504. Com a publicação de *De Sterilitate*, o termo *infecundidade* deu lugar ao mais científico *esterilidade*.

[27] James Walker, *An Inquiry into the Causes of Sterility in Both Sexes: with Its Method of Cure* (Philadelphia: E. Oswald, 1797), 7-8, citado em Marsh e Ronner, *The Empty Cradle*, 23.

[28] Para uma história da regulamentação da medicina neste período, cf. Joseph F. Kett, *The Formation of the American Medical Profession: The Role of Institutions, 1780-1860* (New Haven. CT: Yale University Press, 1968); William G. Rothstein, *American Physicians in the Nineteenth Century: From Sects to Science* (Baltimore: The Johns Hopkins University Press, 1972); e Richard Harrison Shyrock, *Medical Licensing in America, 1650-1965* (Baltimore: The Johns Hopkins University Press, 1967). Para o declínio do papel das parteiras, cf. Judy Barrett Litoff, *American Midwives: 1860 to the Present* (Westport, CT: Greenwood Press, 1978). Para uma perspectiva mais explicitamente feminista, cf. Barbara Ehrenreich e Deirdre English, *Witches, Midwives and Nurses: A History of Women Healers* (Old Westbury, NY: The Feminist Press, 1973).

[29] Nicholas Venette, *Conjugal Love Reveal'd* (London: Hinton, 1720), 125, citado em Angus McLaren, *Reproductive Rituals: The Perception of Fertility in England from the Sixteenth Century to the Nineteenth Century* (New York, Methuen, 1984), 45. Ver também Deborah Kuhn McGregor, *From Midwives to Medicine: The Birth of American Gynecology* (New Brunswick, NJ: Rutgers University Press, 1998), 158.

[30] Cf. Frederick Hollick, *The Origin of Life: A Popular Treatise on the Philosophy and Physiology of Reproduction, in Plants and Animals, with a Detailed Description of Human Generation* (New York, 1872); e James Reed, *From Private Vice to Public Virtue: The Birth Control Movement and American Society Since 1830* (New York, Basic Books, 1978).

[31] McGregor, 153.

[32] J. Marion Sims, *The Story of My Life* (New York: D. Appleton and Company, 1885), 243.

[33] Cf. Sims, *The Story of My Life*; Deborah Kuhn McGregor, *Sexual Surgery and the Origins of Gynecology: J. Marion Sims, His Hospital and His Patients* (New York: Garland Publishing, 1989); e Seale Harris, *Woman's Surgeon: The Life Story of J. Marion Sims* (New York: MacMillan, 1950).

[34] Cf. a análise em Marsh e Ronner, *The Empty Cradle*, 48-64; e Harris, *Woman's Surgeon*, 247.

[35] Cf. Melvin L. Taymor, *Infertility: A Clinician's Guide to Diagnosis and Treatment* (New York: Plenum Medical Book Company, 1990), 11.

[36] Esta explicação está aqui muito simplificada. Para uma descrição mais completa, cf. ibid., 21-35; Daniel R. Mishell et al., *Infertility, Contraception & Reproductive Endocrinology* (Boston: Blackwell Scientific Publications, 1991); Bernard Gondos e Daniel H. Riddick, *Pathology of Infertility: Clinical Correlations in the Male and Female* (New York: Thieme Medical Publishers, 1987); e Mary G. Hammond e Luther M. Talbert, *Infertility: A Practical Guide for the Physician* (Boston: Blackwell Scientific Publications, 1992).

[37] David Lindsay Healy et al., "Female Infertility: Causes and Treatment", *The Lancet* (18 de Junho de 1994): 1539-1544.

[38] Ibid., 1539.

[39] Sylvia Ann Hewlett, *Creating a Life: Professional Women and the Quest for Children* (New York: Talk Miramax Books, 2002), 216-217; cf. também Jane Menken et al., "Age and Infertility", *Science* 233, n.° 4771 (26 de Setembro de 1986): 1389--1394.

[40] Cf., por exemplo, Richard J. Paulson et al., "Pregnancy in the Sixth Decade of Life: Obstetric Outcomes in Women of Advanced Reproductive Age", *Journal of the American Medical Association* 288, n.° 18 (13 de Novembro de 2002): 2320-2323.

[41] Embora uma rapariga adolescente tenha mais de 250.000 óvulos, estes extinguem-se rapidamente com a idade. Cf. "They Are the Egg Men", *Economist*, 3 de Setembro de 1994, 79; e Lewis Krey e Jamie Grifo, "Poor Embryo Quality: The Answer Lies (Mostly) in the Egg", *Fertility and Sterility* 75, n.° 3 (Março de 2001): 466-468.

[42] Anne Newman, The Risks of Racing the Reproductive Clock", *Business Week*, 5 de Maio de 1997, 96

[43] Cf. Alice D. Domar, "Infertility and Stress", *Family Building* II, n.° 4 (Verão de 2003): 4; e Domar, "The Prevalence and Predictability of Depression in Infertile Women", *Fertility and Sterility* 58 (1992): 1158-1163.

[44] Citado em Harbour Fraser Hodder: "The New Fertility: The Promise – and Perils – of Human Reproductive Technologies", *Harvard Magazine*, Novembro-Dezembro de 1997, 56. Para uma análise de como as pessoas percepcionam a sua própria infertilidade, cf. Gay Becker, "Metaphors in Disrupted Lives: Infertility and Cultural Constructions of Continuity", *Medical Anthropology Quaterly*, 8, n.° 4 (1994): 383-410.

[45] Elizabeth Hervey Stephen e Anjani Chandra, "Updated Projections of Infertility in the United States", *Fertility and Sterility* 70, edição 1 (Julho de 1998): 30-34.

[46] Para mais informação sobre o papel da gonorreia na mudança de tratamento da infertilidade, cf. Marsh e Ronner, *The Empty Cradle*, 89-96. A primeira discussão pública sobre os efeitos da gonorreia encontra-se em Emil Noeggerath, "Latent Gonorrhea, Especially with Regard to its Influence on Fertility in Women", *Transactions of the American Gynecological Society* 1 (1876), 268-300. Conclusões afins aparecem em William Goodell, "A Case of Sterility", *American Journal of Obstetrics* 10 (1877): 121-122.

[47] Para uma descrição das primeiras tentativas de inseminação artificial, cf. Marsh e Ronner, *The Empty Cradle*, 93-94; e Walter E. Duka e Alan H. DeCherney, *From the Beginning: A History of the American Fertility Society, 1944-1994* (Birmingham, AL: The American Fertility Society, 1994), 51. Em relação às primeiras tentativas de cirurgia ginecológica, cf. Alexander J. C. Skene, "The Status of Gynecology in 1876 and 1900", *Transactions of the American Gynecological Society* 25 (1900): 425-438; e Howard Kelly, *Operative Gynecology* (New York: Appleton, 1898). Para os primeiros (e imprecisos) dados relativos às taxas de sucesso, cf. Max Huhner, *Sterility in the Male and Female* (New York: Rebman, 1913), 56; e Joseph Kammerer, "Review of Literature Pertaining to Diseases of Women", *American Journal of Obstetrics and Diseases of Women and Children* 2 (1870): 546-549.

[48] Cf. Robert Tuttle Morris, *Fifty Years a Surgeon* (New York: Dutton, 1935), 218.

[49] Estas experiências com galos figuram entre os mais importantes e influentes estudos iniciais sobre as hormonas. Cf. George W. Corner, *The Hormones in Human Reproduction* (Princeton, NJ: Princeton University Press, 1947), 228-229.

[50] Muitos destes burlões confundiam-se facilmente com investigadores mais sérios. Cf., por exemplo, o trabalho de Aleksander V. Poehl, *Rational Organotherapy* (Philadelphia: P. Blakiston's Son & Co., 1906).

[51] Para mais informação sobre esta descoberta e a corrente de investigação que a ela conduziu, cf. Corner, *The Hormones in Human Reproduction*, 79-86; Albert Q. Maisel, *The Hormone Quest* (New York: Random House, 1965); e William P. Graves, *Female Sex Hormonology: A Review* (Philadelphia: W.B. Saunders Company, 1931). Esta pesquisa inicial foi, em grande parte, subsidiada pelo Comité para a Investigação sobre Problemas do Sexo, do Conselho Nacional de Investigação, também ele subsidiado pela influente Fundação Rockfeller. Para mais informação sobre o trabalho do Comité, cf. Sophie D. Aberle e George W. Corner, *Twenty-Five Years of Sex Research: History of the National Research Council Committee for Research in Problems of Sex, 1922-1947* (Philadelphia: W. B. Saunders Company, 1953).

[52] Citado em Maisel, *The Hormone Quest*, 44.

[53] Para uma visão pormenorizada, embora acrítica, deste período, cf. ibid. Descrições contemporâneas e mais científicas incluem a de Corner, *The Hormones in Human Reproduction*; e a de Graves, *Female Sex Hormonology.*

[54] Segundo ensaios de Rock, descritos em Marsh e Ronner, *The Empty Cradle*, 175. Cf. também Fred A. Simmons, "Human Infertility", *New England Journal of Medicine* (13 de Dezembro de 1956): 1142. Rock, que viria a tornar-se um dos principais inventores e proponentes da pílula anti-concepcional, foi também um dos especialistas em fertilidade mais influentes do século XX. Cf. Loretta McLaughlin, *The*

Pill, John Rock and the Church: The Biography of a Revolution (Boston: Little, Brown and Company, 1982); e Malcom Gladwell, "John Rock's Error: What the Co-Inventor of the Pill Didn't Know", *New Yorker*, 13 de Março de 2000.

[55] Para mais informação sobre algumas das primeiras experiências de Rock, cf. John Rock et al., "The Detection and Measurement of the Electrical Concomitant of Human Ovulation by Use of the Vacuum-Tube Potentiometer", *New England Journal of Medicine* 217, n.° 17 (21 de Outubro de 1937): 654-658; e Arthur T. Hertig e John Rock, "Two Human Ova of the Pre-Villous Stage: Having an Ovulation Age of About Eleven and Twelve Days Respectively", *Contributions to Embryology* 184 (1941).

[56] J. D. Ratcliff, "Babies by Proxy", *Look* 14, 31 de Janeiro de 1950, 42.

[57] Sophia J. Kleegman e Mildred Gilman, "Why Can't You Have a Baby?" *Parents*, Dezembro de 1947, 31.

[58] Duka e DeCherney, *From the Beginning*, 31; e Marsh e Ronner, *The Empty Cradle*, 182.

[59] Duka e Decherney, *From the Beginning*, 69.

[60] Para dados comprovativos de que a infertilidade nos Estados Unidos aumentou ligeiramente durante o período vitoriano, tendo depois diminuído em meados do século XX, cf. Marsh e Ronner, *The Empty Cradle*, 92-93, 113-122, 185-187.

[61] Joseph Wassersug, "More Help for the Childless", *Hygieia* 25 (Novembro de 1947): 835.

[62] Citado em Roland Berg, "Childless Couples Can Have Babies", *Look* 21, 17 de Setembro de 1957, 41-42.

[63] Albert Q. Maisel, "The Truth about Sterility", *Parents*, Janeiro de 1953, 44.

[64] Dados relativos a este período parecem indicar taxas de gravidez de aproximadamente 25 a 36%. Cf., por exemplo, Dorothy Schotton, "The Management of Pregnancy in the Previously Infertile Woman" *Proceedings of the Society for the Study of Sterility* 6 (1954): 1; S. Bender, "End Results in Treatment of Primary Sterility", *Fertility and Sterility* 4, n.° 1 (1953): 38-40; e Alan Grant, "Obstetric Abnormalities in the Mother and Child Following Sterility", *Fertility and Sterility* 2, n.° 4 (1951): 302-303.

[65] Este comentador afirmou também que "apenas umas escassas dúzias" de médicos deste grupo estavam, de facto, qualificados como especialistas em fertilidade. Cf. Albert Q. Maisel "Beware the Fertility Racketeers", *Park East*, Abril de 1952, 15.

[66] Estas são percentagens médias. A probabilidade exacta variava muito com a idade. Entrevista da autora com o Dr. Norbert Gleicher, cidade de Nova Iorque, 2 de Fevereiro de 2004. Para dados mais específicos sobre taxas de gravidez, cf. Sanjay K. Agarwal e Richard P. Buyalos, "Clomiphene Citrate with Intrauterine Insemination: Is it Effective Therapy in Women Above the Age of 35 Years?" *Fertility and Sterility* 65, n.° 4 (Abril de 1996): 759-763; e Hulusi B. Zeyneloglu et al., "Comparison of Intrauterine Insemination with Timed Intercourse in Superovulated Cycles with Gonadotropins: a Meta-Analysis", *Fertility and Sterility* 69, n.° 3 (Março de 1998): 486-491. Para uma exposição histórica, cf. Isabella Taves, "New Advances in Female Fertility", *Look*, 19 de Maio de 1964, 90-94.

[67] Citado em Barbara Seaman, "Is This Any Way to Have a Baby?" *Oprah Magazine*, Fevereiro de 2004, 303.

[68] Valores comunicados pelas clínicas de fertilidade e calculados pela autora no capítulo 2 deste livro. Cf. também "They Are the Egg Men", *Economist*, 3 de Setembro de 1994, 79; e Centers for Disease Control and Prevention, *Fertility, Family Planning and Women's Health: New Data From the 1995 National Survey of Family Growth* (Hyattsville, MD: National Center for Health Statistics, 1997), 7.

[69] Cf. "Fertilization Outside the Womb", *Science Digest* 69, Janeiro de 1971, 90. Para uma história completa do trabalho de Edwards e Steptoe, cf. Naomi Pfeffer, *The Stork and the Syringe: A Political History of Reproductive Medicine* (Cambridge, Polity Press, 1993).

[70] Citado em Peter Gwynne, "All About That Baby", *Newsweek*, 7 de Agosto de 1978, 66.

[71] Leon R. Kass, *Toward a More Natural Science: Biology and Human Affairs* (New York: Free Press, 1985), 114.

[72] Cf. Paul Ramsey, *Fabricated Man: The Ethics of Genetic Control* (New Haven, CT: Yale University Press, 1970), 138.

[73] Cf. Dion Farquhar, *The Other Machine: Discourse and Reproductive Technologies* (New York: Routledge, 1996), 140.

[74] Jocelynne A. Scutt, *The Baby Machine: Commercialisation of Motherhood* (Carlton, Victoria (Aust.): McCulloch Publishing, 1988), 53, 179.

[75] Congregation for the Doctrine of the Faith, *Donum Vitae: Instructions on Respect for Human Life in its Origins and the Dignity of Procreation* (London: Catholic Truth Society, 1987), 27.

[76] Citado em Andrew Veitch, "How Dr. Edwards Was Brought out of the Cold", *Guardian*, 19 de Julho de 1984, 17.

[77] Victor Cohn, "Ethics Board Gives Backing to Test-Tube Baby Research", *Washington Post*, 17 de Março de 1979, A1. Para o relatório completo, ver Ethics Advisory Board, Department of Health, Education and Welfare, *HEW Support of Research Involving Human In Vitro Fertilization and Embryo Transfer* (Washington, DC: US Government Printing Office, 4 de Maio de 1979).

[78] Cf. "Making Babies Is Hard to Do", *Economist*, 15 de Novembro de 1986, 99; e Jean Seligman, "The Grueling Baby Chase", *Newsweek*, 30 de Novembro de 1987, 78.

[79] Cf. Gina Kolata, "Fertility Inc.: Clinics Race to Lure Clients", *New York Times*, 1 de Janeiro de 2002, F1.

[80] Cf., por exemplo, a descrição em Liza Mundy, "A Special Kind of Poverty", *Washington Post Magazine*, 20 de Abril de 2003, W8.

CAPÍTULO 2

[1] Anjani Chandra e Elizabeth Hervey Stephen, "Infertility and Medical Care for Infertility: Trends and Differentials in National Self-Reported Data", apresentado na Conferência dos NIH *On Health Disparities and Infertility*, 10-11 de Março de 2005, slide 14. Transmitido directamente à autora.

[2] Chandra e Stephen, "Infertility and Medical Care for Infertility", slide 15. Esta percentagem refere-se ao número total de mulheres norte-americanas que, em 2002, declararam haver já recorrido a serviços de fertilidade.

[3] Não há estimativas oficiais. O cálculo de 41 milhões de dólares proveio de um representante da Sociedade Americana para a Medicina Reprodutiva, em conversa com a autora, em Janeiro de 2003.

[4] Cf. Michael Gold, "Franchising Test Tube Babies", *Science* 7, n.° 3 (Abril de 1986): 16.

[5] Este cálculo foi feito usando as taxas de inflação nos cuidados médicos, onde os preços subiram acentuadamente ao longo da última década. Se usássemos a taxa básica da inflação, o preço ajustado seria de apenas 8.394 dólares.

[6] De facto, entre 1976 e 2000, os preços na indústria dos computadores pessoais caíram em média 27% por ano. Cf. Ernst R. Berndt e Neal Rappaport, "Price and Quality of Desktop and Mobile Personal Computers: A Quarter Century of History", apresentado no National Bureau of Economic Research Summer Institute, Cambridge, MA, 31 de Julho de 2000.

[7] Em alguns estados, a negociação de contratos com companhias de seguros exerceu uma pressão significativa na descida de preços. Apesar disso, registou-se uma subida média na globalidade dos Estados Unidos.

[8] Cf., por exemplo, Kimberly A. Johns, "Reproductive Rights of Women: Construction and Reality in International and United States Law", *Cardozo Women's Law Journal* 5, n.° 1 (1998); Bertha E. Hernandez, "To Bear or Not to Bear: Reproductive Freedom as an International Human Right", *Brooklyn Journal of International Law* 17, n.° 2 (1991); e Meredith Marshall, "United Nations Conference on Population and Development: The Road to a New Reality for Reproductive Health", *Emory International Law Review* 10, n.° 1 (1996): 441, 471.

[9] Douglass C. North, "Institutions", *Journal of Economic Perspectives* 5, n.° 1 (Inverno de 1991): 97-112.

[10] Anne Taylor Fleming, "New Frontiers in Conception", *New York Times Magazine*, 20 de Julho de 1980, 14.

[11] Ibid., 14.

[12] Cf. Aminatta Forna, "Wanted: The Perfect Baby", *Independent*, 19 de Julho de 1998, 5; e David Plotz, "The Rise of the Smart Sperm Shopper", *Slate*, 20 de Abril de 2001.

[13] Cf. U.S. Congress, Office of Technology Assessment, *Artificial Insemination: Practice in the United States: Summary of a 1987 Survey – Background Paper*, OTA--13P-BA-48 (Washington, DC: U.S. Government Printing Office, Agosto de 1988), 8, 33.

[14] Leslie Milk, "Looking for Mr. Good Genes", *Washingtonian*, Maio de 1999, 65.

[15] Pascal Zachary, "Family Planning: Welcome to The Global Sperm Trade", *Wall Street Journal*, 6 de Janeiro de 2000, B1.

[16] Entrevista com a autora, Nova Iorque, 9 de Fevereiro de 2004.

[17] Segundo Schou, a margem de lucro bruto tinha descido para 70% em 2005. Esta queda devia-se ao crescente custo dos dadores contratados.

[18] Entrevista com a autora, Fairfax, VA, Março de 2004.

[19] Ver www.gayspermbank.com.

[20] Dados fornecidos pelos bancos à autora.

[21] Conversa com a autora, 18 de Fevereiro de 2005.

[22] Naomi Pfeffer, *The Stork and the Syringe: A Political History of Reproductive Medicine* (Cambridge: Polity Press, 1993); "They Are the Egg Men", *Economist*, 3 de Setembro de 1994, 79.

[23] Durante muitos anos, a melhor protecção da Serono foram as barreiras intrínsecas dos seus potenciais concorrentes. Para produzir os seus medicamentos, contava com duas recolhas diárias de urina de cem mil dadoras pós-menopáusicas. Poucas outras empresas estavam dispostas a estabelecer semelhante base de fornecimento. Cf. Alison Leigh Cowan, "A Swiss Firm Makes Babies Its Bet", *New York Times*, 19 de Abril de 1992, secção 3, 13.

[24] Andrea Adelson, "A Fertility Drug Grows Scarce", *New York Times*, 26 de Fevereiro de 1995, 26.

[25] Della de Lafuente, "Infertility Drugs Growing Scarce: Shortage Alarms Couples, Jeopardizes Treatments", *Chicago Sun-Times*, 26 de Fevereiro de 1995, 6.

[26] Citado em Adelson, "A Fertility Drug Grows Scarce", 26.

[27] Entrevista com a autora, Nova Iorque, Fevereiro de 2004.

[28] Alan Trounson et al., "In Vitro Maturation and the Fertilization and Developmental Competence of Oocytes Recovered from Untreated Polycystic Ovarian Patients", *Fertility and Sterility* 62, n.° 2 (Agosto de 1994); 353-362; e "They Are the Egg Men", *Economist*, 3 de Setembro de 1994, 79.

[29] "Biotech Babies", *Economist,* 13 de Março de 1993, 78.

[30] Fiona Fleck, "Switzerland: Profit at Biotech Concern", *New York Times*, 4 de Fevereiro de 2004, W1; e Doug Bailey, "Is It Business or Is It Revenge?" *Boston Globe*, 24 de Maio de 1992, 29.

[31] Citado em Liat Collins, "A Labor of Love", *Jerusalem Post*, 14 de Setembro de 2001, 7.

[32] Para uma história particularmente dolorosa, cf. Joan O'C. Hamilton, "What Are the Costs?", *Stanford Magazine*, Novembro-Dezembro de 2001.

[33] Para alguns estudos sobre efeitos potenciais, cf. Roberta B. Ness et al., "Infertility, Fertility Drugs and Ovarian Cancer: A Pooled Analysis of Case-Control Studies", *American Journal of Epidemiology* 155, n.° 3 (Fevereiro de 2002): 217-224; e Louise A. Brinton et al., "Ovulation Induction and Cancer Risk", *Fertility and Sterility* 83, n.° 2 (Fevereiro de 2003): 261-274.

[34] A venda de órgãos humanos é ilegal em quase todos os países. O Irão parece ser a única excepção. Existe, no entanto, um próspero mercado negro para muitos órgãos. Para uma fascinante reportagem sobre este mercado, cf. Michael Finkel, "Complications", *New York Times Magazine*, 27 de Maio de 2001, 26-33, 40, 52, 59. Para o mercado negro de cadáveres, cf. John M. Broder et al., "In Science's Name, Lucrative Trade in Body Parts", *New York Times*, 12 de Maio de 2004, A1, A19.

[35] Uma vez que não existe nenhum centro de recolha de informação sobre a remuneração de dadores nos Estados Unidos, não dispomos de dados precisos. Estas são

estimativas fornecidas, via e-mail, pela ASRM. Para confirmação do valor de 8.000 dólares, cf. também Mark V. Sauer, "Further HFEA Restrictions on Egg Donation in the UK: Two Strikes and You're Out!" *Reproductive Biomedicine Online* 10, n.° 4 (2005): 432.

[36] Cf. Joan O'C. Hamilton, "What are the Costs?" e James Herbert, "Donation Dilemmas: Selling of Eggs Gives Birth to Controversy", *San Diego Union-Tribune*, 3 de Setembro de 2000, E1.

[37] Ver www.tinytreasuresagency.com.

[38] Entrevista com a autora, Boston, Novembro de 2003.

[39] Os pormenores desta história são verdadeiros. Os nomes, no entanto, foram alterados. Baseado numa entrevista com a autora, Boston, Março de 2004.

[40] Entrevista com a autora, Março de 2005. Os nomes foram alterados.

[41] Entrevista com a autora, Março de 2005. Os nomes foram alterados.

[42] Em vez disso, os pacientes – e particularmente as mulheres – tendem a culpar-se a si próprios pelo facto de não conseguirem uma gravidez.

[43] Desde 2005, nove estados norte-americanos têm leis que obrigam as companhias de seguros a cobrir o tratamento da infertilidade. E cinco estados têm leis que obrigam essas mesmas companhias a oferecer cobertura para este tipo de tratamento. As questões mais vastas em torno da cobertura pelos seguros são discutidas no capítulo 7.

[44] Entrevista com a autora, Boston, Novembro de 2003.

[45] Entrevistas com a autora, Novembro e Dezembro de 2003.

[46] Entrevista com a autora, Novembro de 2003. Para uma reportagem sobre o esforço competitivo de uma clínica, cf. Gina Kolata"Fertility Inc.: Clinics Race to Lure Clients", *New York Times*, 1 de Janeiro de 2002, F1.

[47] Opções análogas de pagamento são descritas por Ann Wozencraft, "It's a Baby or It's Your Money Back", *New York Times*, 25 de Agosto de 1996, secção 3, 1; e Joan O'C. Hamilton, "A Pregnant Clause", *Business Week*, 25 de Março de 1996, 46.

[48] Ver http://www.arcfertility.com.

[49] Entrevista com a autora, Novembro de 2003.

[50] Citado em Michael Selz, "Birth Business: Industry Races to Aid Infertile", *Wall Street Journal*, 26 de Novembro de 1997, B1.

[51] A Lei sobre a Taxa de Sucesso e a Certificação das Clínicas de Fertilidade, de 1992, decreta que "todos os programas com tecnologia de reprodução assistida apresentarão um relatório anual à Secretaria de Estado através dos Centros para o Controlo de Doenças". Os críticos, porém, depressa observaram que esta lei não tem qualquer valor prático, uma vez que os Centros para o Controlo de Doenças (CDC) não têm poder para a aplicar, e a única sanção prevista na lei de 1992 é a publicação pelos CDC dos nomes dos programas que não apresentem relatório. Cf. Fertility Clinic Success Rate and Certification Act of 1992, Public Law 102-493 (H.R. 4773); Keith Alan Byers, "Infertility and In Vitro Fertilization: A Growing Need for Consumer-Oriented Regulation of the In Vitro Fertilization Industry", *Journal of Legal Medicine* 18 (1997): 265-313; e Jennifer L. Rosato. "The Children of ART (Assisted Reproductive Technology): Should the Law Protect them from Harm?" *Utah Law Review* 57 (2004): 57-110.

[52] Entrevista com a autora, Fevereiro de 2004.

[53] Para mais dados sobre os custos, cf. Gary W. DeVane, "Optimal Pregnancy Outcome in a Minimal-Stimulation In Vitro Fertilization Program", *American Journal of Obstetrics and Gynecology* 183, n.° 2 (Agosto de 2000): 309-315; e Bradley Van Voorhis et al., "Cost-Effectiveness of Infertility Treatment: A Cohort Study", *Fertility and Sterility* 67, n.° 5 (Maio de 1997): 830-836.

[54] Entrevistas com a autora, New Haven, CT, Dezembro de 2003.

[55] Segundo um estudo recente, por exemplo, 39% das mulheres estão convencidas de que uma mulher de quarenta e tal anos é tão capaz de conceber e ter um bebé como uma que esteja na casa dos vinte. Referido em "Women's Health: Survey Shows Women not Informed on the Latest Feminine Health Information", *Women's Health Weekly*, 22 de Maio de 2003, 54. Do mesmo modo, um inquérito realizado em 2001 pela Associação Americana de Infertilidade concluiu que perto de 90% das mulheres sobrestimavam o período em que a fertilidade começa a declinar por uma margem de cinco a dez anos. Cf. "Fertility Survey Finds Astonishing Results: Only One of 12.382 Women Answered Correctly", American Infertility Association, reproduzido em http://www.americaninfertility.org/media/aia _survey_ results.html. Para comentários, cf. Michael Hanlon, "The Last Egg Race", *Scotsman*, 24 de Outubro de 2002, 8.

[56] Dados relativos a 2001 dos Centros para o Controlo de Doenças.

[57] Centers for Disease Control, *2001 Assisted Reproductive Technology Success Rates*, secção 2. Disponível em www.cdc.gov/reproductivehealth/art.htm.

[58] Ibid.

[59] Cf. Michele Hansen et al., "The Risk of Major Birth Defects After Intracytoplasmic Sperm Injection and In Vitro Fertilization", *New England Journal of Medicine* 346, n.° 10 (7 de Março de 2002): 725-730. Para dados que indicam um nível mais equiparável de deficiências congénitas, cf. "Test-Tube Kids Develop Normally", *Wall Street Journal*, 3 de Julho de 2003, D5; Kerryn Saunders et al., "Growth and Physical Outcome of Children Conceived by In Vitro Fertilisation", *Pediatrics* 97, n.° 5 (Maio de 1996):688-692; e Jennifer R. Bowen et al., "Medical and Developmental Outcome at 1 Year for Children Conceived by Intracytoplasmic Sperm Injection", *Lancet* 351 (23 de Maio de 1998): 1529-1534.

[60] Cf. Laura A. Schieve et al., "Low and Very Low Birth Weight in Infants Conceived with the Use of Assisted Reproductive Technology", *New England Journal of Medicine* 346, n.° 10 (7 de Março de 2002): 731-737; Michael R. DeBraun et al., "Association of In Vitro Fertilization with Beckwith-Wiedemann Syndrome and Epigenetic Alterations of LIT1 and H19", *American Journal of Human Genetics* 72 (Janeiro de 2003): 156-160; e Brian Vastag, "Possible IVF-Birth Defect Link", *Journal of the American Medical Association* 288, n.° 23 (18 de Dezembro de 2002): 2959.

[61] Cf. Centers for Disease Control, 1995 *Assisted Reproductive Technology Success Rates*, Gráfico 8B. Percentagens quase idênticas surgem no relatório de 2001 dos Centros para o Controlo de Doenças. Cf. também Nanette Elster et al., "Less is More: The Risks of Multiple Births", *Fertility and Sterility* 74, n.° 4 (Outubro de 2000): 617-632.

[62] Cf. "Virginia Clinic is Mum on 'Success' Rate", *Washington Post*, 4 de Dezembro de 2001, F6.

[63] As directrizes da ASRM são periodicamente publicadas em *Fertility and Sterility*. Cf, por exemplo, The Practice Committee of the American Society for Reproductive Medicine e The Society for Assisted Reproductive Technology, "Revised Minimum Standards for Practices Offering Assisted Reproductive Technologies", *Fertility and Sterility* 82, suplemento 1 (Setembro de 2004): S7.

[64] Segundo o director do NICHHD (Instituto Nacional para a Saúde da Criança e o Desenvolvimento Humano), a necessidade de tratamentos de fertilidade é tão premente que muitas mulheres decidem submeter-se a terapias que não foram ainda inteiramente testadas em ensaios clínicos. Cf. "NICHHD Network Identifies Most Effective of a Series of Infertility Treatments", National Institutes of Health, *NIH News Alert*, 21 de Janeiro de 1999.

[65] Entrevista com a autora, New Haven, CT, 10 de Dezembro de 2003.

[66] Citado em Gina Kolata, "Harrowing Choices Accompany Advancements in Fertility", *New York Times*, 10 de Março de 1998, F3.

[67] Citado em ibid.

[68] Para uma análise desta dinâmica e das suas implicações, cf. Ezekiel J. Emanuel, "Eight is Too Many", *New Republic*, 25 de Janeiro de 1999, 8-11.

[69] Uma importante excepção é Ellen Hopkins, "Tales from the Baby Factory", *New York Times Sunday Magazine*, 15 de Março de 1992.

[70] Entrevista com a autora, Dezembro de 2003.

[71] De uma entrevista na PBS Frontline. Acessível em http://www.pbs.org/wgbh/pages/frontline/shows/fertility/interviews/sauer.html.

[72] Os estados que têm "ordem para cobrir" ou "ordem para oferecer cobertura" incluem Arkansas, Califórnia, Connecticut, Havai, Illinois, Maryland, Massachusetts, Montana, Nova Jérsia, Nova Iorque, Ohio, Rhode Island, Texas e Virgínia do Oeste. Alguns destes estados cobrem apenas determinados tipos de infertilidade; outros isentam as organizações de defesa da saúde da obrigação de cobertura. Cf. *States Mandating Insurance Coverage for Infertility and Pregnancy Loss*, International Council on Infertility Information Dissemination, disponível em http://www.inciid.org/insurance.html. Cf. também Saul Spiegel, "Infertility – Causes, Treatment, Insurance and Disability Status", ORL Research Report, 3 de Fevereiro de 2005, disponível em http://www.cga.ct.gov/2005/rpt/2005-R-0145.htm.

[73] Na prática, porém, as mulheres mais velhas adquirem normalmente mais serviços, como a gestação assistida e o diagnóstico genético pré-implantação, para além de um maior número de testes adicionais. São-lhes também cobrados valores mais elevados se decidirem participar em programas de risco partilhado.

[74] Numa análise deste assunto, Hamilton e McManus concluíram que as imposições sobre as seguradoras tendem a aumentar a dimensão das clínicas de fertilidade no estado em causa. Cf. Barton H. Hamilton e Brian McManus, "Infertility Treatment Markets: The Effects of Competition and Policy", cópia, Universidade de Washington em St. Louis, Setembro de 2004.

[75] Para uma análise completa das implicações do seguro em Massachusetts, cf. Martha Griffen e William F. Panak, "The Economic Cost of Infertility-Related Services: An Examination of the Massachusetts Infertility Insurance Mandate", *Fertility and Sterility* 70, edição 1 (Julho de 1998): 22-29.

[76] Tanto a Califórnia como Nova Iorque obrigam a maioria das seguradoras a cobrir o tratamento da infertilidade. Mas *excluem* explicitamente a FIV dessa cobertura. Para as cláusulas específicas, cf. National Conference of State Legislatures, "50 State Summary of Laws Related to Insurance Coverage for Infertility Therapy", disponível em http://www.ncsl.org/programs/health/50infert.htm.

[77] Conversa com a autora, Maio de 2005.

[78] Bette Harrison, "Focus on In Vitro Fertilization: Frozen-Egg Birth Brings Fame to Doctor", *Atlanta Constitution*, 18 de Outubro de 1997, 5E; e Elizabeth Heathcote, "Stop the Clock", *Independent*, 31 de Maio de 1998, Features, 1.

[79] Cf. Aileen Balantyne, "Egg Timers", *The Times* (London), 1 de Dezembro de 2001.

[80] Citado em Sarah Boseley, "Frozen Egg Baby Hailed as Fertility Milestone", *Guardian*, 1 de Outubro de 2002,1.

[81] Citado em Harrison, "Frozen-Egg Birth Brings Fame to Doctor".

[82] Citado em Elizabeth Heathcote, "Stop the Clock". Cf. também Gina Kolata, "Fertility Advances Leave Trail of Ethical Questions", *New York Times*, 5 de Junho de 1992, A10.

[83] Amy Dockser Marcus, "Fertility Clinic Set to Open First Commercial Egg Bank", *Wall Street Journal*, 17 de Abril de 2002, D1.

[84] Entrevista com a autora, Janeiro de 2004.

[85] Entrevista com a autora, Janeiro de 2004.

[86] O óvulo contém sempre um cromossoma X, e o espermatozóide um X ou um Y. São, por conseguinte, os cromossomas dos espermatozóides que determinam o sexo de uma criança.

[87] Cf. Claudia Kalb, "Brave New Babies", *Newsweek*, 26 de Janeiro de 2004, 45--53; e Meredith Wadman, "So You Want a Girl?", *Fortune*, 19 de Fevereiro de 2001, 174-182.

[88] Centers for Disease Control, *2002 Assisted Reproductive Technology Success Rates*. Disponível em www.cdc.gov/reproductivehealth/art.htm.

[89] Matthew G. Retzloff e Mark D. Hornstein, "Is Intracytoplasmic Sperm Injection Safe?" *Fertility & Sterility* 80 (2003): 851-858; e "Infertility and Inheritance", *Economist*, 10 de Junho de 2000, 87-88.

[90] "Infertility and Inheritance", *Economist*.

[91] Melissa Healy, "Fertility's New Frontier: Advanced Genetic Screening Could Help Lead to the Birth of a Healthy Baby", *Los Angeles Times*, 21 de Julho de 2003, 1; e Cary Goldberg, "Screening of Embryos Helps Avert Miscarriage", *Boston Globe*, 13 de Junho de 2003, A1.

[92] Anjani Chandra e Elizabeth Hervey Stephen, "Infertility and Medical Care for Infertility: Trends and Differentials in National Self-Reported Data", apresentado na Conferência *On Health Disparities and Infertility*, NIH, 10-11 de Março de 2005, slide 23. Note-se que a percentagem total de mulheres casadas que sofrem de infertilidade e procuram alguma forma de tratamento é de 36%, superior, portanto, ao que estes números indicam. Todavia, em muitos destes casos, o tratamento inclui apenas uma consulta ou qualquer outro serviço básico.

[93] Chandra e Stephen, "Infertility and Medical Care for Infertility"; e Chandra et al., "Fertility, Family Planning and Reproductive Health: Data from the 2002 National Survey on Family Growth", *Vital Health Statistics* 23 (no prelo, 2005). Cf. também Suzanne Wymelenberg, *Science and Babies: Private Decisions, Public Dilemmas* (Washington, DC: National Academy Press, 1990), 14.

[94] Chandra e Stephen, "Infertility and Medical Care for Infertility", slide 23.

[95] Cf. Martha Griffen e William F. Panak, "The Economic Cost of Infertility-Related Services: An Examination of the Massachusetts Infertility Mandate", *Fertility and Sterility* 70, n.° 1 (Julho de 1998): 22-29; Tarun Jain et al., "Insurance Coverage and Outcomes of In Vitro Fertilization", *New England Journal of Medicine* 347, n.° 9 (29 de Agosto de 2002): 661-666; e John A. Collins, "An International Survey of the Health Economics of IVF and ICSI", *Human Reproduction Update* 8, n.° 3 (2002): 265-277.

[96] A. Nyboe Anderson et al., "Assisted Reproductive Technology in Europe, 2001: Results Generated from European Registers by ESHRE", *Human Reproduction* 20, n.° 5 (2005): 1160.

CAPÍTULO 3

[1] Citado em Martha A. Field, *Surrogate Motherhood* (Cambridge, MA: Harvard University Press, 1990), 3.

[2] Cf., por exemplo, a análise em Barbara Katz Rothman, *The Tentative Pregnancy* (New York: Viking, 1986).

[3] Como o capítulo 6 descreve em maior pormenor, em alguns destes contratos, as mães uterinas recebem, de facto, uma compensação pelas suas despesas. Em casos raros, são pagas para entregar as crianças. Estes últimos, porém, são quase sempre definidos como venda de bebés e, como tal, considerados ilegais.

[4] Para um exame da legislação em vigor, cf. Field, *Surrogate Motherhood*, 155--182; Amy Garrity, "A Comparative Analysis of Surrogacy Law in the United States and Great Britain: A Proposed Model Statute for Louisiana", *Louisiana Law Review* 60, n.° 3: 804; e Beverly Wunderlin, "The Regulation of Medically Assisted Procreation in Europe and Related Nations and the Influence of National Identity, Social Cultural and Demographic Differences" (Dissertação de doutoramento., Departamento de Sociologia, Universidade do Norte do Texas, Agosto de 2002). Para cláusulas específicas do Reino Unido, cf. Ruth Deech, "Legal and Ethical Responsabilities of Gamete Banks", *Human Reproduction* 12, suplemento 2 (1998): 80-89.

[5] Louisa Lee Moon, "Commercial Surrogacy: A Liberal, Feminist Analysis" (Dissertação de Doutoramento, Departamento de Filosofia da Universidade da Califórnia, Irvine, 1994), 1; cf. também I. Sharpera, *Married Life in an African Tribe* (London: Faber & Faber, 1946), 246.

[6] Margaret Marsh e Wanda Ronner, *The Empty Cradle: Infertility in America from Colonial Times to the Present* (Baltimore: Johns Hopkins University Press, 1996), 18-19.

[7] Pamela-Laufer-Ukeles, "Gestation: Work for Hire or the Essence of Motherhood? A Comparative Legal Analysis", *Duke Journal of Gender Law and Policy* 9, n.° 1 (2003): 120.

[8] Para mais informação sobre a história das amas de leite, cf. Janet Golden, *A Social History of Wet Nursing in America* (Columbus: Ohio State University Press, 2001); Avner Giladi, *Infants, Parents and Wet Nurses: Medieval Islamic Views on Breastfeeding and their Social Implications* (Leiden, Netherlands: E. J. Brill, 1999); George Sussman, *Selling Mother's Milk: The Wet-Nursing Business in France, 1715--1914* (Urbana, IL: University of Illinois Press, 1982); e Valerie A. Fildes, *Wet Nursing: A History from Antiquity to the Present* (New York: Basil Blackwell, 1988).

[9] As amas de leite também eram, frequentemente, mães solteiras que tinham, em muitos casos, abandonado os filhos à nascença.

[10] Carl Degler, *At Odds: Women and the Family in America from the Revolution to the Present* (Oxford: Oxford University Press, 1980), especialmente páginas 26-51.

[11] Para informação suplementar sobre as proibições da contracepção ao longo da História, cf. John M. Riddle, *Contraception and Abortion from the Ancient World to the Renaissance* (Cambridge, MA: Harvard University Press, 1992); Andrea Tone, *Devices and Desires: A History of Contraceptives in America* (New York: Hill and Wang, 2001) e Debora Spar e Briana Huntsberger, "Midwives, Witches, and Quacks: The Business of Birth Control in the Pre-Pill Era", ensaio 04-049, Harvard Business School, Boston, 2004.

[12] Para uma abordagem mais formal das funções da oferta e da procura neste mercado, cf. Gillian Hewitson, "The Market for Surrogate Mother Contracts", *The Economic Record*, 73, n.° 222 (Setembro de 1997) 212-224.

[13] Vd. Noel P. Keane com Dennis L. Breo, *The Surrogate Mother* (New York: Everest House, 1981).

[14] Para mais informação sobre a legislação do Michigan e suas implicações, cf. Carmel Shalev, *Birth Power: The Case for Surrogacy* (New Haven, CT: Yale University Press, 1989), 93-95.

[15] Cf. Robert Hanley, "Brokers Play Down Surrogacy Case", *New York Times*, 5 de Fevereiro de 1988, B5.

[16] Cf. Lori Andrews, *Between Strangers: Surrogate Mothers, Expectant Fathers, and Brave New Babies* (New York, Harper & Row, 1989), 86-87. Segundo consta, Levin também consolidava os seus acordos com ameaças, garantindo às mães-substitutas que "daria cabo delas" se voltassem atrás.

[17] Cf. Carol Krucoff, "The Surrogate Baby Boom", *Washington Post*, 25 de Janeiro de 1983, C5.

[18] Citado em Anne Taylor Fleming, "New Frontiers in Conception", *New York Times Magazine*, 20 de Julho de 1980, 24.

[19] Relativamente ao primeiro número, cf. Krucoff, "The Surrogate Baby Boom", C5. Para o segundo, cf. Field, *Surrogate Motherhood*, 5; Charles Krauthammer, "The Ethics of Human Manufacture", *New Republic*, 4 de Maio de 1987, 17-19; e Deborah L. Ibert, "Encouragement for Infertile Couples", *Bergen (New Jersey), Record*, 1 de Abril de 1987, A12.

[20] A bibliografia sobre esta questão é muito extensa. Cf., por exemplo, Elizabeth S. Anderson, "Is Women's Labor a Commodity?" *Philosophy & Public Affairs* 19, edição 1 (Inverno de 1990): 71-92.

[21] Ibid., 75-76.

[22] Gena Corea, "'Surrogate' Motherhood as Public Policy Issue", conferência de imprensa, Washington, DC, 31 de Agosto de 1987, reeditado em *Reconstructing Babylon: Essays on Women and Technology,* ed. H. Patricia Hynes (Bloomington, IN: Indiana University Press, 1991), 131.

[23] Entre os argumentos nesta linha incluem-se Anderson, "Is Women's Labor a Commodity?"; Christine Overall, *Ethics and Human Reproduction: A Feminist Analysis* (Boston: Allen and Unwin, 1987); Mary Warnock, *A Question of Life: The Warnock Report on Human Fertilisation and Embryology* (Oxford: Basil Blackwell, 1985); Martha Field, *Surrogate Motherhood: The Legal and Human Issues* (Cambridge: Harvard University Press, 1985); e Gena Corea, *The Mother Machine* (New York: Harper & Row, 1985).

[24] A perspectiva pragmática do mercado livre é apresentada da forma mais crua por Richard A. Posner. Cf. Posner, *Sex and Reason* (Cambridge, MA: Harvard University Press, 1992); e Posner e Elisabeth M. Landes, "The Economics of the Baby Shortage", *Journal of Legal Studies* 7, n.° 2 (1978): 323-348. Para argumentos que chegam a uma conclusão similar, ainda que não idêntica, cf. Carmel Shalev, *Birthpower* (New Haven, CT: Yale University Press, 1989); e Karen Marie Sly, "Baby-Sitting Consideration: Surrogate Mother's Right to 'Rent her Womb' for a Fee", *Gonzaga Law Review* 18, n.° 3 (1982-1983): 539-566.

[25] Office of Technology Assessment, *Infertility: Medical and Social Choices* (Washington, DC: U.S. Government Printing Office, 1988), 267-270.

[26] *In the matter of Baby M*, 537 A. 2d 1227 (N.J. 1988), 58.

[27] Descrito em Louisa Lee Moon, "Commercial Surrogacy: A Liberal, Feminist Analysis", 24.

[28] Andrew H. Malcolm, "Steps to Control Surrogate Births Rekindke Debate", *New York Times*, 26 de Junho de 1988, 1.

[29] Ibid., e Krucoff, "The Surrogate Baby Boom", C5.

[30] Jesse McKinley, "The Egg Woman", *New York Times*, 17 de Maio de 1998, secção 14, 1.

[31] Citado em Field, *Surrogate Motherhood: The Legal and Human Issues*, 5.

[32] Centers for Disease Control and Prevention, *2000 Assisted Reproductive Technology Success Rates* (Atlanta: U.S. Department of Health and Human Services, Dezembro de 2002).

[33] Helena Ragoné, "Of Likeness and Difference: How Race is Being Transfigured by Gestational Surrogacy", in *Ideologies and Technologies of Motherhood*, eds. Ragoné and France Winddance Twine (New York: Routledge, 2000), 65.

[34] Cf., por exemplo, a discussão em George J. Annas, "Fairy Tales Surrogate Mothers Tell", in *Surrogate Motherhood: Politics and Privacy*, ed. Larry Gostin (Bloomington, IN: Indiana University Press, 1988), 350.

[35] Mary Lyndon Shanley, "'Surrogate Mothering' and Women's Freedom: A Critique of Contracts for Human Reproduction", *Signs* 18 (1993): 618-639.

[36] Janice G. Raymond, *Women as Wombs: Reproductive Technologies and the Battle over Women's Freedom* (North Melbourne, Australia: Spinifex Press, 1995), xxii. Em itálico no original.

[37] Deborah R. Grayson, "Mediating Intimacy: Black Surrogate Mothers and the Law", *Critical Inquiry* 24 (Inverno de 1998): 540.

[38] Até mesmo Elizabeth Anderson, uma veemente crítica da maternidade de substituição tradicional, argumentou num artigo de 1990 que "se a maternidade de substituição comercial usasse as mulheres unicamente como mães gestantes e não mães genéticas, e se fosse considerado que só os pais genéticos, e não as mães gestantes, podem, com propriedade, reclamar uma criança como "sua", então a criança nascida de uma mãe-portadora começava por não lhe pertencer, não podendo, por isso, ser vendida por ela". Cf. Anderson, "Is Women's Labor a Commodity?" 79.

[39] Citado em Bernard M. Dickens, "Protecting the Human Body Against the Person: French Laws on the Uses of Bodily Materials", *International Journal of Bioethics* 7, n.° 1 (Março de 1996): 16.

[40] Cf. a discussão em Sharyn Roach Anleu, "Surrogacy: For Love but Not for Money?" *Gender and Society* 6, n.° 1 (Março de 1992): 35.

[41] Warnock, *A Question of Life*, 45.

[42] Cf. a análise em Gillian Douglas, *Law, Fertility and Reproduction* (London: Sweet and Maxwell, 1991), 151-154.

[43] Para uma análise das implicações constitucionais da maternidade de substituição, cf. Carol A. Crow, "The Surrogate Child: Legal Issues and Implications for the Future", *Journal of Juvenile Law* 7 (1983): 80-92.

[44] Andrews, *Between Strangers*, 30.

[45] Em 1986, o Supremo Tribunal do Kentucky declarou que a maternidade de substituição não constituía venda de bebé "devido às diferenças fundamentais entre o procedimento da parentalidade de substituição [e] a compra e venda de bebés nos termos em que é proibida pela lei do Kentucky". Cf. a discussão em Christine L. Kerian, "Surrogacy: A Last Resort Alternative for Infertile Women or a Commodification of Women's Bodies and Children?" *Winsconsin Women's Law Journal* 12 (Primavera de 1997): 124.

[46] *In the matter of Baby M*, 537 A, 2d 1227 (N.J. 1988), 53. Note-se, uma vez mais, que os direitos parentais da Sr.ª Whitehead não foram revogados e que lhe foi concedido direito de visita.

[47] *Johnson v. Calvert*, 5 Cal. 4th 84, 851 P.2d 776 (Cal. 1993). Cf. também Beverly Horsburgh, "Jewish Women, Black Women: Guarding Against the Opression of Surrogacy", *Berkeley Women's Law Journal* 8, n.° 29 (1993): 29-62; e Grayson, "Mediating Intimacy", 525-546.

[48] Angie Godwin McEwen, "So You're Having Another Woman's Baby: Economics and Exploitation in Gestacional Surrogacy", *Vanderbilt Journal of Transnational Law* (Janeiro de 1999): 281.

[49] Cf. Gilda Ferrando, "Artificial Insemination in Italy", in *Creating the Child: The Ethics, Law and Practice of Assisted Procreation*, ed. Donald Evans (Boston: M. Nijhoff Publishers, 1996). Note-se que as coisas mudaram depois de 2004, quando

a Itália promulgou legislação que proibia explicitamente muitas formas de reprodução assistida.

[50] O caso foi posteriormente a tribunal, quando Muñoz declarou que não compreendera os termos do contrato. Cf. Angie Godwin McEwen, "So You're Having Another Woman's Baby", 288-289.

[51] As histórias abundam. Cf. Lois Rogers e John Harlow, "Childless Britons Use U.S. 'Rent-a-Womb' ", *Sunday Times* (London), 28 de Janeiro de 2001.

[52] Margot Cohen, "Cash on Delivery", *Far Eastern Economic Review* (23 de Março de 1989): 42.

[53] Sandhya Srinivasan, "Surrogacy Comes out of the Closet", *Sunday Times of India*, 6 de Julho de 1997, 1.

[54] Abu Daruvalla, "Poles Hired as Surrogate Mums in Illegal Trade", *Independent*, 4 de Junho de 1995, 16, citado em McEwen, "So You're Having Another Woman's Baby", 287. Casos semelhantes são citados em Gena Corea, *The Mother Machine: Reproductive Technologies from Artificial Insemination to Artificial Wombs* (New York: Harper & Row, 1985), 214-215, 245.

[55] Philip Parker, "Motivation of Surrogate Mothers: Initial Findings", *American Journal of Psychiatry* 140 (1983): 117-119. Dados mais recentes são menos lineares, mas indicam ainda que o grosso das mães-substitutas vem das classes trabalhadoras e tem poucas oportunidades profissionais e educativas. Cf. Helena Ragoné, *Surrogate Motherhood: Conception in the Heart* (Boulder, CO: Westview Press, 1994); Isadore Schmukler e Betsy P. Aigen, "The Terror of Surrogate Motherhood", in *Beyond Infertility: New Paths to Parenthood*, eds. Susan Lewis Cooper e Ellen Sarasohn Glazer (New York: Lexington Books, 1994); e Melinda Hohman e Christine Hagan, "Satisfaction with Surrogate Mothering: A Relational Model", *Journal of Human Behaviour in the Social Environment* 4, n.° 1 (2001): 63.

[56] Em 2004, o salário mínimo na Califórnia era de 6,75 dólares à hora, ou 14,040 dólares ao ano por quarenta horas semanais de trabalho.

[57] Em 2004, o salário mínimo na cidade do México era de 46 pesos por dia, ou seja, cerca de 4,20 dólares. O rendimento de um salário mínimo anual equivaleria, por conseguinte, a pouco mais de 1.000 dólares.

[58] Janice G. Raymond, *Women as Wombs*, xxii.

[59] Gena Corea, *The Mother Machine*, 245.

[60] Citado em "Destruction of Embryos Begins at British Clinics", *USA Today*, 2 de Agosto de 1996, 13A.

[61] Entrevista com a autora, Janeiro de 2004.

[62] Twila Decker, "What About the Leftovers?" *St. Petersburg (Florida) Times*, 29 de Março de 2000, 1D.

[63] Charles Laurence, "Cara Adopted an Embryo but Gave Birth to a Son", *Sun Herald*, 6 de Abril de 2003, 80; Stuart Shepard, "Frozen Embryo Adoption on the Rise", *Family News in Focus*, 14 de Agosto de 2003.

[64] Stuart Shepard, "Frozen Embryo Adoption on the Rise"; Suzanne Smalley, "As Pro-Lifers Adopt Embryos, Critics Raise Questions", *Adoption News*, 24 de Março de 2003.

65 Vd. "Embryo Donation: A Family Building Option", RESOLVE Fact Sheet 61; e Deroy Murdock, "The Adoption Option: Frozen Embryo Adoption Offers Hope to Microscopic Americans", 27 de Agosto de 2001, www.nationalreviewonline.com.

66 David I. Hoffman et al., "Cryopreserved Embryos in the United States and Their Availability for Research", *Fertility and Sterility* 79, n.° 5 (Maio de 2003): 1063--1069.

67 Citado em Rita Rubin, "100 000 Frozen Embryos: One Couple's Surplus Can Fill Void of Another", *USA Today*, 8 de Dezembro de 1998, A1.

68 Entrevista com a autora, Janeiro de 2004.

69 Como Susan Crockin, uma eminente advogada da adopção, argumentou: "Se podemos adoptar embriões, como é que podemos usá-los para investigação em células estaminais ou eliminá-los?" Citado em Suzanne Smalley, "As Pro-Lifers Adopt Embryos, Critics Raise Questions".

70 Cf. *United States v. Lopez*, 514 U.S. 549.(1995), e *United States v. Morrison*, 529 U.S. 598 (2000).

71 Agradeço a Constance Bagley, David Han e a um revisor anónimo por me terem explicado as minudências do *substantive due process* ("devido processo legal em sentido substantivo"). Para uma descrição, cf. David Han, "Assessing the Viability of a Substantive Due Process Right to In Vitro Fertilization", *Harvard Law Review* 118 (2005): 2792-2813.

72 *Skinner v. Oklahoma*, 316 U.S. 535 (1942).

73 *Griswold v. Connecticut*, 381 U.S. 479 (1965); e *Roe v. Wade*, 410 U.S. 113 (1973).

CAPÍTULO 4

1 Noticiado em cbsnews.com, "Choose the Sex of your Baby", 14 de Abril de 2004.

2 Ibid.

3 Francis Fukuyama, *Our Posthuman Future: Consequences of the Biotechnology Revolution* (New York: Farrar, Straus and Giroux, 2002), 157. [Em tradução portuguesa, *O Nosso Futuro Pós-Humano: Consequências da Revolução Biotecnológica*", Lisboa, Quetzal, 2002]

4 Anver Kuliev e Yury Verlinsky, "Place of Preimplantation Diagnosis in Genetic Practice", *American Journal of Medical Genetics* 134A (2005): 105-110; Jess Buxton, "Embryo Screening", BioNews.org.uk, 9 de Julho de 2003; e Ben Harder, "Born to Heal: Screening Embryos to Treat Siblings Raises Hopes, Dilemmas", *Science News*, 13 de Março de 2004.

5 President's Council on Bioethics, "Thinking About Sex Selection: Working Paper 3a", 17 de Outubro de 2002. Disponível em www.bioethics.gov/background/background2html. Para conclusões semelhantes, cf. Dorothy C. Wertz, "Patients' and Professionals' Views on Autonomy, Disability and 'Discrimination' ", em *The Commercialization of Genetic Research: Ethical, Legal, and Policy Issues*, eds. Timothy A.

Caufield e Bryn Williams-Jones (New York: Kluwer Academic/ Plenum Publishers, 1999), 171-180.

6 Plato, *The Republic* (New York: Barnes & Noble Books, 1999), 151. [Em tradução portuguesa: Platão, *A República*, Fundação Calouste Gulbenkian, várias edições)

7 Ibid., 150.

8 Ibid., 150.

9 Francis Galton, *Hereditary Genius* (Gloucester, MA: Peter Smith, 1972), 41, 45.

10 Francis Galton, "Eugenics: Its Definition, Scope, and Aims", em Galton, *Essays in Eugenics* (London and New York: Garland Publishing Inc., 1985), 35.

11 Cf. Francis Galton, "Hereditary Talent and Character", *Macmillan's Magazine* 12 (1865), 165; Galton, *Hereditary Genius*, 405-415; e Daniel J. Kevles, *In the Name of Eugenics: Genetics and the Uses of Human Heredity* (Cambridge, MA: Harvard University Press, 1995), 4. Cf. Francis Galton, *"Probability, the Foundations of Eugenics", The Herbert Spencer Lecture Delivered on June 5, 1907* (Oxford: Clarendon Press, 1907), 29-30.

12 Karl Pearson, "On the Inheritance of the Mental and Moral Characters in Man, and Its Comparison with the Physical Characters", *Journal of the Royal Anthropological Institute of Great Britain and Ireland* 33 (1903): 207.

13 Theodore Roosevelt, "Adress before the National Congress of Mothers", Washington, DC, 13 de Março de 1905, reimpresso em *Presidential Adresses and State Papers of Theodore Roosevelt, Part III* (New York: P.F. Collier & Son, 1905), 282--291.

14 Jesse Spaulding Smith, "Marriage, Sterilization and Commitment Laws Aimed at Decreasing Mental Deficiency", *Journal of the American Institute of Criminal Law and Criminology* 5, n.° 3 (Setembro de 1914): 364-366.

15 Ibid., 367.

16 *Buck v. Bell*, 274 U.S. 200 (1927).

17 Para mais informação sobre este período, cf. Paul Weindling, "Weimar Eugenics: The Kaiser Wilhelm Institute for Anthropology, Human Heredity and Eugenics in Social Context", *Annals of Science* 42, n.° 3 (Maio de 1995): 303-318; e Weindling, *Health, Race and German Politics between National Unification and Nazism, 1870--1945* (New York: Cambridge University Press, 1989).

18 "Eugenical Sterilization in Germany", *Eugenical News* XVIII, n.° 5 (Setembro--Outubro de 1933): 90.

19 Cf., por exemplo, C. Thomalla, "The Sterilization Law in Germany", *Scientific American*, Setembro de 1934, 126; e Marie E. Kopp, "Legal and Medical Aspects of Eugenic Sterilization in Germany", *American Sociological Review* 1, n.° 5 (Outubro de 1936): 770.

20 C. G. Campbell, "The German Racial Policy", *Eugenical News* XXI, n.° 2 (Março-Abril de 1936): 29.

21 Citado em Benno Muller-Hill, *Murderous Science* (Plainview, NY: Cold Spring Harbor Laboratory Press, 1998), 44.

22 Cf. Robert Proctor, *Racial Hygiene* (Cambridge, MA: Harvard University Press, 1988), 195.

[23] Cf. *Skinner v. Oklahoma*, 316 U.S. 535 (1942). Alguns estados norte-americanos ainda têm leis que autorizam a esterilização involuntária, embora sejam raramente aplicadas. Cf. Michael G. Silver, "Eugenics and Compulsory Sterilization Laws: Providing Redress for the Victims of a Shameful Era in United States History", *George Washington Law Review* 72, n.° 4 (Abril de 2004): 862-891.

[24] Alguns dos primeiros geneticistas foram críticos severos do movimento eugenista; outros foram apoiantes enérgicos. Para uma análise mais pormenorizada, cf. Kevles, *In the Name of Eugenics*, especialmente págs. 113-128.

[25] A Hex-A (hexosaminidase A) previne a acumulação anormal de uma substância gordurosa chamada gangliosidose GM2. À medida que se acumula, esta substância vai progressivamente danificando o sistema nervoso, conduzindo inevitavelmente à morte. Para mais informação sobre o processo de transmissão da Tay-Sachs, consulte www.ntsad.org.

[26] Como em todas as estatísticas, pode haver excepções. Teoricamente, Joe e Alice poderiam contrariar as probabilidades, concebendo, por exemplo, oito filhos sem nunca produzirem a combinação fatal de dois genes recessivos.

[27] Cf. Kevles, *In the Name of Eugenics*, 217.

[28] Para informação adicional sobre esta descoberta e as suas implicações, cf. J. D. Watson e F. H. C. Crick, "Molecular Structure of Nucleic Acids: A Structure for Deoxyribose Nucleic Acid", *Nature* 171 (25 de Abril de 1953): 737-738; e James Watson, *The Double Helix: A Personal Account of the Discovery of the Structure of DNA* (New York: Touchstone, 2001) [Em tradução portuguesa: *A dupla hélice: um relato pessoal da descoberta da estrutura do ADN*, Lisboa, Gradiva, 2003]

[29] Relatado em Kevles, *In the Name of Eugenics*, 217.

[30] Ibid., 257.

[31] Cf. Anne Oakley, *The Captured Womb: A History of the Medical Care of Pregnant Women* (Oxford: Basil Blackwell, 1984), 161.

[32] Cf. Heidi Evans, "The Debate Over Who Needs a Sonogram", *Wall Street Journal*, 20 de Junho de 1995, B1. Para uma perspectiva feminista, cf. Rosalind Pollack Petschesky, "Foetal Images: The Power of Visual Culture in the Politics of Reproduction", in *Reproductive Technologies: Gender, Motherhood, and Medicine*, ed. Michelle Stanworth (Cambridge: Polity Press, 1987), 66.

[33] Caroline Mansfield et al., "Termination Rates after Prenatal Diagnosis of Down Syndrome, Spina Bifida, Anencephaly, and Turner and Klinefelter Syndromes: A Systematic Literature Review", *Prenatal Diagnosis*, 19 (1999): 808-812; e Ralph L.Kramer et al., "Determinants of Parental Decisions After the Prenatal Diagnosis of Down Syndrome", *American Journal of Medical Genetics* 79 (1998): 172-174. Para uma análise crítica do impacto destas tecnologias, cf. Rayna Rapp, "Refusing Prenatal Diagnosis: The Meanings of Bioscience in a Multicultural World", *Science, Technology & Human Values* 23, n.° 1 (1998): 45-70.

[34] A evidência desta prática, juntamente com os métodos de selecção do sexo na Europa e nos Estados Unidos, tem atraído fortes críticas, especialmente da parte daqueles que se preocupam com as suas implicações a longo prazo para a igualdade dos sexos. Cf., por exemplo, Jodi Danis, "Sexism and the 'Superfluous Female': Argu-

ments for Regulating Pre-Implantation Sex Selection", *Harvard Women's Law Journal* 18 (Primavera de 1995): 219-264; e Kelly M. Plummer, "Ending Parent's Unlimited Power to Choose", *Saint Louis University Law Journal* 47 (Primavera de 2003): 517-560.

[35] Cf. Heidi Evans, "Womb with a View: Unborn Babies Star in Fetal Film Fests", *Wall Street Journal*, 30 de Novembro de 1993, A1; e Marc Santora, "Fetal Photos: Keepsake or Health Risk?" *New York Times*, 17 de Maio de 2004, B3.

[36] Amy Harmon, "Burden of Knowledge: "Tracking Prenatal Health", *New York Times*, 20 de Junho de 2004, 19.

[37] Citado in ibid., 19.

[38] Entrevista com a autora, Julho de 2004.

[39] Cf. A. H. Handyside et al., Biopsy of Human Preimplantation Embryos and Sexing by DNA Amplification", *Lancet* (18 de Fevereiro de 1989): 347-349.

[40] A. H. Handyside et al., " Pregnancies from Biopsied Human Preimplantation Embryos Sexed by Y-Specific DNA Amplification", *Nature* (19 de Abril de 1990): 768-770.

[41] Entrevista com a autora, Julho de 2004.

[42] A. H. Handyside et al., "Pregnancies from Biopsied Human Preimplantation Embryos Sexed by Y-Specific DNA Amplification". Para outros trabalhos iniciais nesta área, cf. Yury Verlinsky et al., "Analysis of the First Polar Body: Preconception Genetic Diagnosis", *Human Reproduction* 5 (1990): 826-830.

[43] Mark Hughes, "Live Talk: A New Way of Making Babies", www.msnbc.com, 26 de Junho de 2003.

[44] Lisa Belkin, "The Made-to-Order Saviour", *New York Times Sunday Magazine*, 1 de Julho de 2001, 39. Esta secção é amplamente baseada na excelente exposição de Belkin. Para dados completos sobre índices de sobrevivência, cf. J. E. Wagner, S. M. Davies e A. D. Auerbach, "Hematopoietic Cell Transplantation in the Treatment of Fanconi Anemia", in *Hematopoietic Cell Transplantation*, eds. E. D. Thomas, K. G. Blume e S. J. Forman (Malden, MA: Blackwell Science, 1999), 1204-1219.

[45] Cf. A. D. Auerbach, "Umbilical Cord Transplants for Genetic Disease: Diagnostic and Ethical Issues in Fetal Studies", *Blood Cells* 20 (1994): 303-309.

[46] Kay Lazar, "Shopping for Genes", *Boston Herald*, 8 de Outubro de 2000, 1.

[47] Para o relato da equipa sobre este processo, cf. Yury Verlinsky et al., "Preimplantation Diagnosis for Fanconi Anemia Combined with HLA Matching", *Journal of the American Medical Association* 285, n.° 24 (27 de Junho de 2001): 3130-3133.

[48] Leon R. Kass, *Life, Liberty and the Defense of Dignity: The Challenge of Bioethics* (San Francisco: Encounter Books, 2002), 130-131.

[49] Cf. Michael J. Sandel, "The Case Against Perfection", *Atlantic*, Abril de 2004, 52; cf. também Sandel, "What's Wrong with Enhancement", disponível em www.bioethics.gov/background.sandelpaper.html; e Sandel, "The Anti-Cloning Conundrum", *New York Times*, 28 de Maio de 2002, A19. Outras críticas incluem Nicholas Agar, "Liberal Eugenics" in *Bioethics: An Anthology*, eds. Helga Kuhse e Peter Singer (Oxford: Blackwell Publishers, 1999), 171-181; e Edward O. Wilson, *Consilience: The Unity of Knowledge* (New York: Knopf, 1998), 273-277.

[50] Sandel, "The Case Against Perfection", 53.

[51] Thomas Barlow, "Body and Mind: I'll Have a Boy – A Clever One", *Financial Times,* 15 de Setembro de 2001, 2.

[52] Wagner em si mostrou, no entanto, grande relutância em avançar demasiado depressa com o método que tinha criado. Vd., por exemplo, a fascinante e equilibrada análise de Susan M. Wolf, Jeffrey P. Kahn e John E. Wagner, "Using Preimplantation Genetic Diagnosis to Create a Stem Cell Donor: Issues, Guidelines & Limits, *Journal of Law, Medicine & Ethics* 31 (Outono de 2003): 327-336.

[53] Citado em Roger Dobson, "Five More Designer Babies on Way in UK", *Independent on Sunday*, 24 de Fevereiro de 2002, 5.

[54] Anver Kuliev e Yury Verlinsky, "Thirteen Years' Experience of Preimplantation Diagnosis: Report of the Fifth International Symposium on Preimplantation Genetics", *Reproductive Biomedicine Online* 8, n.° 2 (22 de Dezembro de 2003): 232.

[55] Cf. Gena Kolata, "Fertility Ethics Authority Approves Sex Selection", *New York Times*, 28 de Setembro de 2001, A16.

[56] Referido em www.reproductivegenetics.com. DGPI efectivos foram apenas realizados nos Estados Unidos e em Chipre.

[57] Anthony Browne e Robin McKie, "Designer Babies: We'll Have That One – It's Perfect", *Observer*, 8 de Outubro de 2000, 20.

[58] Cf. "Sex Selection", Postnote Number 198, Julho de 2003 (London: Parliamentary Office of Science and Technology).

[59] Cf. Amy Dockser Marcus, "Ensuring Your Baby Will Be Healthy", *Wall Street Journal*, 25 de Julho de 2002, D1.

[60] Cf. Sylvia Pagan Westphal, "The Rush to Pick a Perfect Embryo", *New Scientist*, 12 de Junho de 2004, 6.

[61] Entrevista com o Dr. Yury Verlinsky, Chicago, Agosto de 2004.

[62] Citado em Westphal, "The Rush to Pick a Perfect Embryo", 7.

[63] Stéphane Viville e Deborah Pergament, "Results of a Survey of the Legal Status and Attitudes Towards Preimplantation Genetic Diagnosis Conducted in Thirteen Different Countries", *Prenatal Diagnosis* 18 (1998): 1374-1380.

[64] Cf. Catherine Madden, "Women Wait for Perfect Babies", *Sunday Times (Perth)*, 6 de Junho de 2004, 18; e Comité Consultatif National d'Éthique pour les Sciences de la Vie et de la Santé, « Reflections on an Extension of Pre-Implantation Genetic Diagnosis », 4 de Julho de 2002. Tecnicamente, a Alemanha apenas permite a intervenção se esta for necessária para salvar o próprio embrião.

[65] Referido em Rachel Shabi, "Baby Chase", *Guardian*, 26 de Junho de 2004, 14. A situação viria depois a mudar em Itália, onde uma legislação mais restritiva foi promulgada em 2004.

[66] Cf. Warren Hoge, "Britain: Baby Born to Couple Who Want Stem Cells", *New York Times*, 20 de Junho de 2003, A8.

[67] Kate O'Hanlon, "Parents Permitted to Screen Embryos to Match Sick Child's Tissue Type", *Independent*, 20 de Maio de 2003.

[68] Clare Dyer, "All We Wanted Was to Save our Son", *Guardian*, 14 de Janeiro de 2003, 16.

[69] Gerard Seenan, "Designer Baby'Parents Give Away Male Embryo", *Guardian*, 5 de Março de 2001, 12.

[70] Ruth Deech, citada em Michelle Nichols, "Baby Hope Couple Give Up Fight", *Scotsman*, 5 de Março de 2001, 3.

[71] A prática da selecção do sexo é categoricamente condenada pelos bioeticistas, pela maioria dos médicos especialistas em fertilidade e pelo público em geral. Cf., por exemplo, E. Scott Sills et al., "Preimplantation Genetic Diagnosis: Considerations for Use in Elective Embryo Sex Selection", *Journal of Assisted Reproduction and Genetics* 16, n.° 10 (1999): 509-511; Gina Kolata, "Fertility Society Opposes Choosing Embryos Just for Sex Selection", *New York Times*, 16 de Fevereiro de 2002, A16; e David Montgomery, "No Gender Choice in UK", *Scotsman*, 5 de Outubro de 2000, 2. Nos Estados Unidos, o Comité de Ética da Sociedade Americana de Medicina Reprodutiva deu inicialmente a sua aprovação abalizada para o uso da selecção de sexo no DGPI, mas reviu posteriormente a sua opinião. Cf. Ethics Committee of the American Society of Reproductive Medicine, "Sex Selection and Preimplantation Genetic Diagnosis", *Fertility and Sterility* 72, edição 4 (Outubro de 1999): 595-598.

[72] Robert L. Sinsheimer, "The Prospect of Designed Genetic Change", *Engineering and Science* 32 (Abril de 1969): 8, 13.

[73] Um fenómeno semelhante ocorreu já em consequência do exame pré-natal. Cf. Michael Kaback et al., "Tay-Sachs Disease: Carrier Screening, Prenatal Diagnosis, and the Molecular Era", *Journal of the American Medical Association* 270, n.° 19 (17 de Novembro de 1993): 2307-2315.

[74] Cf. Yury Verlinsky et al., "Preimplantation Diagnosis for Early-Onset Alzheimer Disease Caused by V7171 Mutation", *Journal of the American Medical Association* 287, n.° 8 (27 de Fevereiro de 2002): 1018-1021.

[75] Cf., por exemplo, a discussão acerca da doença de Huntington em Peter R. Braude et al., "Non-Disclosure Preimplantation Genetic Diagnosis for Huntington's Disease: Practical and Ethical Dilemmas", *Obstetrical & Gynecological Survey* 54, n.° 7 (Julho de 1999): 432-434; e J. D. Schulman et al., "Preimplantation Genetic Testing for Huntington Disease and Certain Other Dominantly Inherited Disorders", *Clinical Genetics* 49 (1996): 57-58.

[76] Celia W. Dugger, "Modern Asia's Anomaly: The Girls Who Don't Get Born", *New York Times*, 6 de Maio de 2001, secção 4, 4. Para uma análise minuciosa deste fenómeno, cf. Valerie M. Hudson e Andrea M. den Boer, *Bare Branches: Security Implications of Asia's Surplus Male Population* (Cambridge, MA: MIT Press, 2004), especialmente págs 171-172; Ansley J. Coale e Judith Banister, "Five Decades of Missing Females in China", *Demography* 31 (1994): 459-479; e Vicki G. Norton, "Unnatural Selection: Nontherapeutic Pre-Implantation Genetic Screening and Proposed Regulation", *UCLA Law Review* 41 (1994): 1600.

[77] Para um argumento no mesmo sentido, vd. Matt Ridley, "The New Eugenics", *National Review*, 52, ed. 14 (31 de Julho de 2000): 34-36.

[78] Sandel, "The Case Against Perfection", 57.

[79] Entrevista com a autora, Julho de 2004.

CAPÍTULO 5

[1] Segundo um inquérito de 2002, 10% dos directores de clínicas de fertilidade declararam-se a favor da clonagem reprodutiva de seres humanos. Cf. Judy E. Stern et al., "Attitudes on Access to Services at Assisted Reproductive Technology Clinics: Comparisons with Clinic Policy", *Fertility & Sterility* 77, n.° 3 (Março de 2002): 537-541.

[2] Na verdade, a ideia da clonagem teve precursores ainda mais remotos na mitologia grega e romana. A deusa Atena, por exemplo, emergiu, inteiramente formada, da cabeça de Zeus.

[3] Para uma descrição do trabalho de Spemann, vd. Ian Wilmut, Keith Campbell e Colin Tudge, *The Second Creation: Dolly and the Age of Biological Control* (Cambridge, MA: Harvard University Press, 2000), 66-73.; e Gina Kolata, *Clone: The Road to Dolly and the Path Ahead* (New York: William Morrow and Company, 1998), 57--61. Cf. também Hans Spemann, *Embryonic Development and Induction* (New Haven, CT: Yale University Press, 1938).

[4] Reproduzido em Kolata, *Clone*, 65.

[5] Cf. J. B. S. Haldane, "Biological Possibilities for the Human Species in the Next Ten Thousand Years", reimpresso em *Man and His Future*, ed. Gordon Wolstenholme (Boston: Little, Brown and Company, 1963). Para outros comentários da altura, cf. Joshua Lederberg, "Unpredictable Variety Still Rules Human Reproduction", *Washington Post*, 30 de Setembro de 1967, A16; Leon R. Kass, "Genetic Tampering", *Washington Post*, 3 de Novembro de 1967, A20; e Paul Ramsey, "Shall We Reproduce?", *Journal of the American Medical Association* (12 de Junho de 1972): 1480-1485.

[6] John A. Osmundsen, "Geneticist Asks More Emphasis on Inborn Diversity of Humans", *New York Times*, 9 de Setembro de 1963, 29; e "The Heretical Professor", *Wall Street Journal*, 2 de Outubro de 1963, 18.

[7] Harris Brotman, "Engineering the Birth of Cattle", *New York Times*, 15 de Maio de 1983, 339.

[8] Cf. a descrição em Wilmut e al., *The Second Creation*, 196.

[9] Cf. I. Wilmut et al., "Viable Offspring Derived from Fetal and Adult Mammalian Cells", *Nature* 385 (27 de Fevereiro de 1997): 810-813; e K. Campbell et al., "Sheep Cloned by Nuclear Transfer from a Cultured Cell Line", *Nature* 380 (7 de Março de 1996): 64-66. O avanço que conduziu a Dolly veio na sequência de uma série de experiências, algumas das quais levaram ao nascimento de duas outras ovelhas clonadas – Megan e Morag – antes de Dolly. Wilmut e Campbell consideram, aliás, que estes nascimentos foram mais importantes do ponto de vista científico. Vd. Wilmut et al., *The Second Creation*, 183-207.

[10] Cf. Wilmut et al., *The Second Creation*, 222.

[11] "Remarks by the President at Announcement of Cloning Legislation", 9 de Junho de 1997.

[12] Cf. Robin Herman, "European Bioethics Panel Denounces Human Cloning", *Washington Post*, 10 de Junho de 1997; e Kathy Lewis, "Leaders Wrap up Summit", *Dallas Morning News*, 23 de Junho de 1997, 1A.

[13] Em Leon R. Kass, "The Wisdom of Repugnance", *New Republic*, 2 de Junho de 1997, 17-26.

[14] Citado em Kolata, *Clone*, 221.

[15] Wilmut et al., *The Second Creation*, 5.

[16] Cf. Camillo Fracassini, "Dolly the Sheep's Creator Admits She May Have to Be Put Down", *Scotsman*, 6 de Janeiro de 2002, 1.

[17] David Firm e Geoff Dyer, "Disease Leads to Destruction of Dolly the Sheep", *Financial Times*, 14 de Fevereiro de 2003, 3, e Charles Arthur, "Early Death of Dolly the Sheep Sparks Warning on Cloning", *Independent*, 15 de Fevereiro de 2003, 10.

[18] Cf. "Giant Sheep Clones Worry Scientists", *Sunday Times* (Londres), 10 de Março de 1996, 1; e JoAnn Jacobsen-Wells, "Genetic Mapping Helps Breeders Locate Prime Cattle", *Salt Lake City Tribune*, 22 de Dezembro de 1991, B1,

[19] Cf. Stephen Strauss, "Hello Dolly: It's So Scary to See You", *Globe and Mail*, 1 de Março de 1997, A8; e Marj Charlier, "New Breed of Ranchers is Cloning Cows", *Wall Street Journal*, 22 de Fevereiro de 1989, Secção 2, 5.

[20] Gina Kolata, "On Cloning Humans: 'Never' Turns Swiftly into 'Why Not'" *New York Times*, 2 de Dezembro de 1997, A1; e Deborah Kades, "Infigen Introduces Its Golden Calf", *Wisconsin State Journal*, 6 de Outubro de 2001, F10. O bovino foi, aliás, vendido enquanto estava ainda na barriga da mãe. Nasceu em Setembro de 2001.

[21] Trebor Banstetter, "Ranchers Deal with Realities of Cloning", *Fort-Worth Star-Telegram*, 27 de Janeiro de 2002.

[22] Denise Gellen, "Biotech Companies Trying to Milk Cloning for Profit", *Los Angeles Times*, 16 de Deembro de 2001, parte 3, 1.

[23] Roger Highfield, "World's First Cloned Rabbits", *Vancouver Sun*, 30 de Março de 2002, A8.

[24] William Allen, "MU Scientists Alter Pig's Genetic Makeup to Aid in Organ Transplants for People", *S. Louis Post-Dispatch*, 5 de Janeiro de 2002, 15; e Jill Stevenson, "The Six Years Which Transformed Medicine", *Scotsman*, 5 de Janeiro de 2002, 3.

[25] O nome CC era também um acrónimo para "copy cat".

[26] Cf. a descrição em Charles Graeber, "How Much Is That Doggy in theVitro?", *Wired*, Março de 2000.

[27] Gina Kolata, "What is Warm and Fuzzy Forever? With Cloning, Kitty", *New York Times*, 15 de Fevereiro de 2002, A1; e Taeyoung Shin et al., "Cell Biology: A Cat Cloned by Nuclear Transplantation", *Nature.com*, 14 de Fevereiro de 2002.

[28] Palavras do porta-voz da empresa, Ben Carlson, citado em Joanna Weiss, "Cloned Cat Raises Prospect of Boutique Pet Creation", *Boston Globe*, 15 de Fevereiro de 2002, A3.

[29] Todd Ackerman, "Pet Lovers Think Cloning Is Cat's Meow", *Houston Chronicle*, 16 de Fevereiro de 2002, A33.

[30] Mary Vallis, "Double Your Cat's Nine Lives for $50,000". *National Post*, 15 de Maio de 2004, RB1.

[31] Euan Ferguson, "Just What the World Needs – Another Tiddles", *Observer*, 17 de Fevereiro de 2002, 28.

[32] Tal como referimos anteriormente, pequenos fragmentos de material genético permanecem no exterior do núcleo, no citoplasma da célula-ovo. Os cientistas não sabem exactamente como é que esta matéria interage com o núcleo.

[33] Cf. Jennifer Wolff, "Extreme Baby Making", *SELF*, Janeiro de 2004, 107-108.

[34] Análises de sangue a duas destas crianças confirmaram que elas transportavam em si ADN mitocondrial de duas fontes maternas diferentes. Cf. Jason A. Barritt et al., "Mitochondria in Human Offspring Derived from Ooplasmic Transplantation", *Human Reproduction* 16, n.° 3 (Março de 2001): 513-516. Cf. também S. E. Lanzendorf et al., "Pregnancy Following Transfer of Ooplasm from Cryopreserved Thawed Donor Oocytes into Recipient Oocytes", *Fertility & Sterility* 71, n.° 3 (Março de 1999): 575-577.

[35] Denise Grady, "Pregnancy Created Using Egg Nucleus of Infertile Woman", *New York Times*, 14 de Outubro de 2003, A1; e "Not Cloning", *Economist*, 18 de Outubro de 2003, 79. Inicialmente, havia três fetos, mas uma redução selectiva eliminou um deles.

[36] American Society for Reproductive Medicine, "Embryo Splitting for Infertility Treatment", *Fertility & Sterility* 67, ed. 5, suplemento 1 (Maio de 1997): 4s-5s. Para uma interessante discussão sobre o papel que a clonagem poderia desempenhar no tratamento da fertilidade, cf. John A. Robertson, "Liberty, Identity and Human Cloning", *Texas Law Review*, 76 (Maio de 1998): 1371-1456.

[37] Conversa com a autora, Setembro de 2004.

[38] Conversa com a autora, Julho de 2004. Seeds afirma, no entanto, que a maior procura provinha de casais inférteis.

[39] Wilmut et al., *The Second Creation*, 5.

[40] Conversa com a autora, Julho de 2004.

[41] "Profile: Dr. Severino Antinori", BBC News, 7 de Agosto de 2001. Acessível em http://news.bbc.co.uk/1/hi/sci/tech/1477689.stm.

[42] Raja Mishra, "A Try to Clone Human Being Is Set to Start", *Boston Globe*, 12 de Fevereiro de 2002, A1.

[43] Ibid.

[44] Brian Alexander, "(You)^2", *Wired*, Fevereiro de 2001.

[45] Professor Robert Winston, citado em Lois Rogers, "Send in the Clones", *Sunday Times*, (Londres), 29 de Dezembro de 2002, 11.

[46] Para saber mais sobre os raelianos, cf. Margaret Talbot, "A Desire to Duplicate", *New York Times Magazine*, 4 de Fevereiro de 2001, 40-45, 67-68.

[47] Citado em ibid., 40.

[48] Citado em Alexander, "(You)^2".

[49] Arlene Weintraub, "Repairing the Engines of Life", *BusinessWeek*, 24 de Maio de 2004, 101; American Diabetes Association, "Economic Costs of Diabetes in the U.S. in 2002", *Diabetes Care* 26, n.° 3 (Março de 2003): 917-932; e www.kingwoodcable.com/martone/parkinson.htm.

[50] Como termo de comparação, em 2003, as vendas mundiais de anti-depressivos como o Prozac foram de quase 20 000 milhões de dólares; as vendas do Viagra valeram cerca de 2000 milhões.

[51] James A. Thomson et al., "Embryonic Stem Cell Lines Derived from Human Blastocysts", *Science* 282, n.° 5391 (6 de Novembro de 1998): 1145-1147.

[52] Cf. Rick Weiss, "Crucial Human Cell Isolated, Multiplied", *Washington Post*, 6 de Novembro de 1998, A1. Uma destas equipas, pertencente à Universidade Johns Hopkins, produziu, na verdade, as suas linhas de células estaminais ao mesmo tempo que Thomson.

[53] Para aprofundar este argumento, cf. Debora L. Spar, "The Business of Embryonic Stem Cells", *New England Journal of Medicine*, 351, n.° 3 (15 de Julho de 2004): 211-213.

[54] "Remarks by the President at Announcement of Cloning Legislation", The White House, Office of the Press Secretary, 9 de Junho de 1997.

[55] Cf. Joan Stephenson, "Green Light for Federally Funded Research on Embryonic Stem Cells", *JAMA* 284, n.° 14 (11 de Outubro de 2000): 1773-1774.

[56] Cf. Heidi Forester e Emily Ramsey, "The Law Meets Reproductive Technology: The Prospect of Human Cloning", em *Cloning and the Future of Human Embryo Research*, ed. Paul Lauritzen (New York: Oxford University Press, 2001), 203.

[57] Citado em Rick Weiss e Ceci Connolly, "Experts Urge Ban on Cloned Babies", *Washington Post*, 19 de Janeiro de 2002, A1.

[58] Cf. Elias Zerhouni, "Stem Cell Programs", *Science* 300 (9 de Maio de 2003): 911; e Justin Gillis e Rick Weiss, "NIH: Few Stem Cell Colonies Likely Available for Research", *Washington Post*, 3 de Março de 2004, A3.

[59] Cf. National Institutes of Health, "Information on Eligibility Criteria for Federal Funding of Research on Embryonic Stem Cells", http://stemcells.nih.gov/research/registry/eligibilityCriteria.asp; e Gillis e Weiss, "Few Stem Cell Colonies Likely Available for Research".

[60] Cf. Jonathan Shaw, "Stem-Cell Science", *Harvard Magazine*, Julho-Agosto de 2004, 39. Durante este período, o Departamento de Saúde e Serviços Humanos defendeu que, dada a sua incapacidade para manter a vida, as células estaminais não estariam sujeitas a uma emenda de 1996 que proibia o financiamento federal da investigação em embriões.

[61] Citado em Rick Weiss, "An Uncertain Year for Cloning Laws; Ban on Embryo Research Seen as Unlikely", *Washington Post*, 26 de Dezembro de 2002, A1.

[62] Cf. Andrea L. Bonnicksen, "Crafting Cloning Policies", em *Human Cloning: Science, Ethics, and Public Policy*, ed. Barbara MacKinnon (Chicago: University of Illinois Press, 2000), 118-120; e Dan Verango, "States Dive into Stem Cell Debates", *USAToday*, 21 de Abril de 2004, D1.

[63] Shaw, "Stem-Cell Science", 39.

[64] James Q. Wilson, "The Paradox of Cloning", *Weekly Standard*, 26 de Maio de 1997, 23.

[65] Para uma discussão sobre a "fuga de cérebros" na área das células estaminais, cf. Charles C. Mann, "The First Cloning Superpower", *Wired*, Janeiro de 2003, 114--123, 142-143; e Peg Brickley, "Scientists Seek Passports to Freer Environments", *The Scientist*, 20 de Agosto de 2001, 36-39. Para uma breve descrição da actividade do sector privado, vd. President's Council on Bioethics, *Human Cloning and Human Dignity:*

An Ethical Inquiry (Washington, DC: The President's Council on Bioethics, 2002); e "The Future of Stem Cells", *Financial Times & Scientific American Special Report*, Julho de 2005, A28-A30.

[66] Cf. Rick Weiss, "Free to Be Me: Would-Be Cloners Pushing the Debate", *Washington Post*, 12 de Maio de 2001, A1; Steve Mitchell, "Most Americans Favor Therapeutic Cloning", *United Press International*, 19 de Março de 2003; e Lee M. Silver, *Remaking Eden* (New York: Perennial, 2002): 108.

[67] Mann, "First Cloning Superpower"; e Carina Dennis, "Stem Cells Rise in the East", *Nature*, 419 (26 de Setembro de 2002), 334.

[68] Andrew Pollack, "Medical and Ethical Issues Cloud Cloning for Therapy", *New York Times*, 13 de Fevereiro de 2004, A1.

[69] Clive Cookson, "Bright Hopes at Embryonic Stage: Scientists Believe Approval for Human Cloning Research Will Make Britain a Leader in Stem Cell Development", *Financial Times*, 12 de Agosto de 2004, 2, Gareth Cook, "U.S. Stem Cell Research Lagging Without Aid", *Boston Globe*, 23 de Maio de 2004, A1.

[70] Judy Siegel, "No to Human Cloning, Yes to Stem Cell Research", *Jerusalem Post*, 1 de Janeiro de 2003, 5; e Jane Burgermeister, "Some Success for Czech Biotech", *The Scientist*, 26 de Julho de 2004.

[71] "Dolly Was a Red Herring", *Economist*, 3 de Maio de 2003, 41.

[72] Cf. Mann, "The First Cloning Superpower", 114; Chang Ai-Lien, "Local Firm Ties Up with Aussie Center for Edge in Stem Cell Research", *Straits Times*, 21 de Julho de 2004; e "Send in the Clones", 66.

[73] Para uma análise da política e do negócio da contracepção, cf. Debora L. Spar e Briana Huntsberger, "Midwives, Witches and Quacks: "The Business of Birth Control in the Pre-Pill Era", dissertação 04-049, Harvard Business School, Boston, 2004; e Andrea Tone, *Devices and Desires*, (New York: Hill and Wang, 2001).

[74] Charles Krauthammer, "A Secular Argument Against Research Cloning", *The New Republic Online*, 29 de Abril de 2002.

[75] Como, por exemplo, o Reproductive Cloning Network (www.reproductivecloning.net), o Human Cloning Foundation (www.humancloning.org) e o Clone Rights United (www.clonerights.com).

[76] Cf. J. Tesarik, "Reproductive Semi-Cloning Respecting Biparental Embryo Origin", *Human Reproduction* 17, n.° 8 (Agosto de 2002): 1933-1937; e J. Tesarik e C. Mendoza, "Using the Male Gamete for Assisted Reproduction: Past, Present, and Future", *Journal of Andrology* 24, n.° 3 (1 de Maio de 2003): 317-328. Cf. também Rick Weiss, "In Laboratory, Ordinary Cells are Turned into Eggs", *Washington Post*, 2 de Maio de 2003, A1; William J. Cromie, "Sperm Cells Made in Laboratory Can Fertilize Eggs", *Harvard Gazette*, 11 de Dezembro de 2003.

[77] Citado em Rick Weiss, "Free to Be Me", A1. Para uma análise mais rigorosa desta posição, cf. John A. Robertson, "Liberty, Identity and Human Cloning", *Texas Law Review* 76 (Maio de 1998): 1371-1457. Robertson é um dos principais defensores de uma definição de "liberdade procriativa" que inclua a clonagem reprodutiva.

CAPÍTULO 6

[1] De um depoimento em www.frua.org, uma sala de conversação *online* para pais interessados em adoptar crianças da Rússia e da Ucrânia.

[2] Citado em "Internet Adoptions", *CNN: The Point with Greta Van Susteren*, 22 de Janeiro de 2001.

[3] Para críticas neste sentido, cf., por exemplo, Jacqueline Bhabha, "Globalization, Markets, and Transnational Adoption", *Fletcher Forum of World Affairs* 28 (Verão de 2004): 181-196; Anne L. Babb, *Ethics in American Adoption* (Westport, CT: Bergin & Garvey, 1999); e Christine Gailey, "Seeking 'Baby Right': Race, Class, and Gender in US International Adoption", em *Yours, Mine, Ours ... and Theirs: International Adoption*, eds. Anne-Lise Rigvold et al. (Oslo: University of Oslo, 2000).

[4] Cf. Drucilla Cornell, *At the Heart of Freedom: Feminism, Sex and Equality* (Princeton, NJ: Princeton University Press, 1998); e Emma Nicholson, "Red Light on Human Traffic", *Guardian Unlimited*, 1 de Julho de 2004, disponível em www.guardian.co.uk/child/story/0,7369,1250908,00.html. Para uma resposta crítica, vd. Carra E. Greenberg e Diane B. Kunz, "Enemies of Intercountry Adoption", cópia, Center for Adoption Policy, 2005.

[5] Os dados sobre a adopção nos Estados Unidos são surpreendentemente difíceis de encontrar, desde que deixaram de ser coligidos por uma única organização. Para estatísticas recentes, vd. National Adoption Information Clearinghouse, "How Many Children Were Adopted in 2000 and 2001?" (Washington, DC: National Adoption Information Clearing House, Agosto de 2004).

[6] Peter Selman, "Trends in Intercountry Adoption 1998-2003: A Review of Recent Statistics for Receiving States", Adoption Working Paper 1, School of Geography, Politics and Sociology, University of Newcastle upon Tyne, trabalho em curso, 22 de Março de 2005.

[7] Para descrições da longa história da adopção, cf. E. Wayne Carp, *Family Matters: Secrecy and Disclosure in the History of Adoption* (Cambridge, MA: Harvard University Press, 1998); Leo Albert Huard, "The Law of Adoption: Ancient and Modern", *Vanderbilt Law Review* 9 (1956): 743-763; e Stephen B. Presser, "The Historical Background of the American Law of Adoption", *Journal of Family Law* 11 (1971): 443-516.

[8] Para mais informação sobre o sistema dos aprendizes, cf. Phillipe Ariès, *Centuries of Childhood*, trad. de Robert Baldick (London: Pimlico, 1996).

[9] Arthur Wallace Calhoun, *A Social History of the American Family from Colonial Times to the Present* (New York: Arno Press, 1973), 306-307, 232.

[10] Cf. a descrição em John Demos, *A Little Commonwealth: Family Life in Plymouth County* (New York: Oxford University Press, 1970), 73-75; cf. também Margaret Marsh e Wanda Ronner, *The Empty Cradle: Infertility in America from Colonial Times to the Present* (Baltimore: Johns Hopkins University Press, 1996), 17-20.

[11] *Vidal v. Commagere*, 13 La. Ann. 516 (1858). Citado em Presser, "Historical Background of the American Law of Adoption", 461.

[12] Cf. a análise em Presser, "Historical Background of the American Law of Adoption", 463-464.

[13] "An Act to Provide for the Adoption of Children", Acts and Resolves Passed by the General Court of Massachusetts, Capítulo 324 (1851).

[14] Julie Berebitsky, *Like Our Very Own: Adoption and the Changing Culture of Motherhood, 1851-1950* (Lawrence, KS: University Press of Kansas, 2000), 23. Para outras leis estaduais deste período, cf. William H. Whitmore, *The Law of Adoption in the United States and Especially Massachusetts* (Albany, NY: Joel Munsell, 1876), 79-83; e Jamil S. Zainaldin, "The Emergence of a Modern American Family Law: Child Custody, Adoption, and the Courts, 1796-1851", *Northwestern University Law Review* 73, n.° 6 (1979): 1038-1089.

[15] Em 1849, por exemplo, Folks indica as seguintes estatísticas em relação a um asilo público de Nova Iorque: "514 crianças receberam assistência ... 280 morreram". Cf. Homer Folks, *The Care of Destitute, Neglected and Delinquent Children* (New York: Macmillan Co., 1902), 21; cf. também Peter C. English, "Pedriatics and the Unwanted Child in History: Foundling Homes, Disease and the Origins of Foster Care in New York City, 1860-1920", *Pediatrics* 73 (1984): 699-711.

[16] Para mais informação sobre o movimento de reforma dos orfanatos e a assistência às crianças abandonadas, cf. David M. Rothman, *The Discovery of the Asylum: Social Order and Disorder in the New Republic* (Boston: Little, Brown, 1971), especialmente págs. 206-236; e William I. Trattner, *From Poor Law to Welfare State: A History of Social Welfare in America,* 5.ª ed. (New York: Free Press, 1994), 112-127.

[17] O Asilo Feminino de Boston, por exemplo, um orfanato desta cidade, ao longo dos seus primeiros quarenta e cinco anos de funcionamento, colocou apenas 4,9% dos seus tutelados para adopção. Cf. Susan Lynne Porter, "The Benevolent Asylum – Image and Reality: The Care and Training of Female Orphans in Boston, 1800-1840" (Dissertação de doutoramento, Universidade de Boston, 1984). Cf. também E. Wayne Carp, "Orphanages vs. Adoption: The Triumph of Biological Kinship, 1800-1933", in *With Us Always: A History of Private Charity and Public Welfare*, eds. Donald T. Chritchlow e Charles H. Parker (New York: Rowman & Littlefield Publishers, Inc., 1998), 123-144; e Peter Romanofsky, "The Early History of Adoption Practices, 1870-1930" (Dissertação de doutoramento, Universidade do Missouri, Columbia, 1969). Algumas instituições de caridade promoviam a adopção, mas eram poucas e geralmente alvo de críticas. Cf. Marsh e Ronner, *The Empty Cradle*, 106-107.

[18] De Charles Loring Brace, *The Dangerous Classes of New York*, citado em Miriam Z. Langsam, *Children West: A History of the Placing-Out System of the New York Children's Aid Society, 1853-1890* (Madison: State Historical Society of Wisconsin, 1964) V.

[19] A maioria dos comboios de órfãos funcionou entre 1854 e 1904, embora alguns tenham chegado a viajar em 1929. Cf. Burton Z. Sokoloff, "Antecedents of American Adoption", *Adoption* 3, n.° 1 (Primavera de 1993): 20.

[20] Para mais informação sobre Brace e os comboios de órfãos, cf. também Marilyn Irvin Holt, *The Orphan Trains: Placing Out in America* (Lincoln: University of Nebraska Press, 1992); Langsam, *Children West*; e Henry Thurston, *The Dependent*

Child: A Story of Changing Aims and Methods in the Care of Dependent Children (New York: Columbia University Press, 1930).

[21] Sokoloff, "Antecedents of American Adoption", 20.

[22] O próprio Brace afirmava que "um grande número" dos seus menores eram adoptados. Os registos históricos, porém, dão-nos fortes indicações em contrário. Cf. Joan Heifetz Hollinger, "Introduction to Adoption Law and Practice", em *Adoption Law and Practice*, ed. Hollinger (New York, Matthew Bender & Co., Inc., 1991), 1-32. Para as declarações de Brace, cf. Charles L. Brace, "The 'Placing Out' Plan for Homeless and Vagrant Children", *Proceedings of the Conference of Charities and Correction* (Albany, NY: Joel Munsell, 1876), 140.

[23] Cf. a discussão em Carp, *Family Matters*, 10-11; Bruce Bellingham, "Institution and Family: An Alternative View of Nineteenth Century Child Saving", *Social Problems* 33 (Dezembro de 1986): S33-S57; e Langsam, *Children West*, 45-67.

[24] Para uma descrição desta proliferação, cf. Folks, *The Care of Destitute, Neglected and Delinquent Children*, 64-71, 179-197; LeRoy Ashby, *Saving the Waifs: Reformers and Dependent Children, 1890-1917* (Philadelphia: Temple University Press, 1984); e Holt, *The Orphan Trains*, 106-117.

[25] Cf., por exemplo, Katherine P. Hewins e L. Josephine Webster, "The Work of Child-Placing Agencies", Children's Bureau, publicação 171 (Washington, DC: Government Printing Office, 1927); W. H. Slingerland, *Child-Placing in Families: A Manual for Students and Social Workers* (New York: Russell Sage Foundation, 1919); e Romanofsky, "The Early History of Adoption Practices", 66-104. Para uma descrição do crescente papel dos sentimentos na colocação de crianças e da adesão, por fim, ao sistema de acolhimento, cf. Viviana Zelizer, *Pricing the Priceless Child: The Changing Social Value of Children* (Princeton, NJ: Princeton University Press, 1985), 177-184; e Susan Tiffin, *In Whose Best Interest? Child Welfare Reform in the Progressive Era* (Westport, CT: Greenwood Press, 1982), 61-109.

[26] Cf. Berebitsky, *Like Our Very Own*, 130; e Romanovsky, "The Early History of Adoption Practices", 117-123.

[27] Cf. a descrição em Carp, "Orphanages vs. Adoption", 134.

[28] De *Delineator*, Maio de 1908, 808, citado em Berebitsky, *Like Our Very Own*, 62.

[29] Ada Elliot Sheffield, citada em Carp, *Family Matters*, 18.

[30] Robert Grant, "Domestic Relations and the Child", *Scribner's Magazine* 65, Maio de 1919, 527; citado em Zelizer, *Pricing the Priceless Child.*

[31] Para uma descrição desta mudança, cf. Elizabeth S. Cole e Kathryn S. Donley, "History, Values and Placement Policy Issues in Adoption" em *The Psychology of Adoption*, eds. David M. Brodzinsky e Marshall D. Schecter (New York: Oxford University Press, 1990), 276-278; e E. Wayne Carp, ed. *Adoption in America: Historical Perspectives* (Ann Arbor: University of Michigan Press, 2002), 199.

[32] Um processo similar ocorreu na Grã-Bretanha, onde a adopção foi legalizada em 1926. Cf. Margaret Kornitzer, *Child Adoption in the Modern World* (New York: Philosophical Library, 1952), xi-xiii.

[33] Cf. Tiffin, *In Whose Best Interest?* 207-208.

[34] Barbara Melosh, *Strangers and Kin: The American Way of Adoption* (Cambridge, MA: Harvard University Press, 2002), 26.

[35] Para mais informação sobre a adesão, em termos mais gerais, à assistência social profissionalizada neste período, cf. Tiffin, *In Whose Best Interest?* 253-280.

[36] Durante a maior parte desta época, os assistentes sociais profissionalizados recusavam-se firmemente a separar os bebés das mães antes de terem decorrido, pelo menos, alguns meses. Cf. E. Wayne Carp, "Professional Social Workers, Adoption, and the Problem of Illegitimacy, 1915-1945", *Journal of Policy History* 6, n.° 3 (1994): 161-184. Para uma visão alternativa, cf. Regina Kunzel, "The Professionalization of Benevolence: Evangelicals and Social Workers in the Florence Crittenton Homes, 1915 to 1945", *Journal of Social History* 22 (1988): 21-43.

[37] Cf. Melosh, *Strangers and Kin*, 36-38; e Zelizer, *Pricing the Priceless Child*, 169-207.

[38] Zelizer, *Pricing the Priceless Child*, 199. Para uma descrição afim, mas com uma estimativa de preços inferior, cf. Frederick G. Brownell, "Why You Can't Adopt a Baby", *Reader's Digest*, Setembro de 1948, 55-59.

[39] Cf. *Hearing Before the Subcommittee to Investigate Juvenile Delinquency of the Committee on the Judiciary*, United States Senate, 84th Congress, 1st session, 15 e 16 de Julho de 1955 (daqui por diante citado como Kefauver Commission), 50-71.

[40] Kefauver Commission, 10, 110; e "Adoption Tale Told by Unwed Mother", *New York Times*, 17 de Julho de 1955, 32.

[41] Vera Connolly, "Bargain-Counter Babies", *Pictorial Review* 38 (Março de 1937), citado em Zelizer, *Pricing the Priceless Child*, 192-193.

[42] Citado em Carp, *Family Matters*, 26. Para estimativas semelhantes do final dos anos quarenta e início dos anos cinquenta, cf. Huard, "The Law of Adoption", 761, e Richard Perlman e Jack Wiener, "Adoption of Children, 1953: A Statistical Analysis", *Iowa Law Review* 40 (1955): 339-340.

[43] "Regarding Adoptions", Children's Welfare League of America, Special Bulletin (Março de 1937), 8, citado em Carp, *Family Matters*, 31.

[44] Cf., por exemplo, "Moppets on the Market: The Problem of Unregulated Adoption", 59 *Yale Law Review* (1950), 715-736. Embora não tenha sido escrito por um assistente social, este artigo expõe o argumento clássico invocado por muitos dos assistentes sociais e agências autorizadas.

[45] Esta mudança ter-se-á devido, em grande parte, ao embaraço do pós-guerra pelas atrocidades nazis, cometidas sob o estandarte da eugenia. Vd. análise no capítulo 4.

[46] E começaram também a cobrar-se pelos seus serviços. Cf. Zelizer, *Pricing the Priceless Child*, 201-207.

[47] Clark Vincent, Illegitimacy in the Next Decade: Trends and Implications", *Child Welfare* 43 (Dezembro de 1964): 515.

[48] Nos tempos em que ainda não havia produtos lácteos industrializados, separar um bebé da mãe significava muitas vezes condená-lo à morte.

[49] Cf, por exemplo, Alice Lake, "Babies for the Brave", *Saturday Evening Post*, 31 de Julho de 1954, 26-27, 65; e Michael Shapiro, *A Study of Adoption Practice:*

Adoption of Children with Special Needs (New York: Child Welfare League of America, 1957).

[50] Na medida em que os nascimentos fora do casamento são tradicionalmente mais elevados entre os afro-americanos, e que os casais afro-americanos tendem a interessar-se menos pela adopção do que os brancos, as agências de adopção nos Estados Unidos têm tido geralmente dificuldade em encontrar um número suficiente de famílias negras para adoptar todas as crianças negras disponíveis.

[51] Carp, *Family Matters*, 28.

[52] Para aprofundar a questão da mudança de atitudes face à inexistência de filhos neste período, cf. Elaine Tyler May, *Barren in the Promised Land: Childless Americans and the Pursuit of Hapiness* (Cambridge, MA: Harvard University Press, 1997), 127-179.

[53] Cf. Arthur D. Sorosky, Annette Baran e Reuben Pannor, *The Adoption Triangle: The Effects of the Sealed Record on Adoptees, Birth Parents and Adoptive Parents* (Garden City, NY: Anchor Books, 1979), 35.

[54] Cf. Kefauver Commission; e Linda Tollett Austin, *Babies for Sale: The Tennessee Children's Home Adoption Scandal* (Westport, CT: Praeger, 1993), 109-127.

[55] Lincoln Caplan, *An Open Adoption* (New York: Farrar, Straus & Giroux, 1990), 87; e Austin, *Babies for Sale*, 152-153.

[56] Em 1976, apenas quatro estados – Connecticut, Delaware, Massachusetts e Minnesota – proibiam explicitamente a adopção privada. Cf. Margaret V. Turano, "Black-Market Adoptions", *Catholic Lawyer* 22 (Inverno de 1976): 54.

[57] De uma maneira geral, as leis contra a venda de bebés traduzem-se na proibição de compensações pela renúncia aos direitos jurídicos da maternidade. Para uma panorâmica geral das leis relevantes nesta matéria, cf. Avi Katz, "Surrogate Motherhood and the Baby-Selling Laws", *Columbia Journal of Law and Social Problems* 20, n.° 1 (1986): 1-53; Turano, "Black-Market Adoptions"; e Daniel G. Grove, "Independent Adoption: The Case for the Gray Market", *Villanova Law Review* 13 (Outono de 1967): 116-136.

[58] Estas são estimativas muito imprecisas, baseadas em revelações voluntárias. Não existem dados relativos aos anos de 1945-1950, 1952-1954, ou 1956. Cf. Penepole L. Manza, "Adoption Trends: 1944-1975", *Child Welfare Research Notes* #9 (U.S. Children's Bureau, Agosto de 1984), 1-4.

[59] Berebitsky, *Like Our Very Own*, 173. Kathy S. Stolley, "Statistics on Adoption in the United States", *Future of Children* 3 (Primavera de 1993): 30-33.

[60] Entre 1973 e 1983, o número de abortos praticados em raparigas adolescentes aumentou de 244 000 para 412 000. Cf. Alfred Kadushin e Judith A. Martin, *Child Welfare Services* (New York: Macmillan Publishing Co., 1988), 471.

[61] Kadushin e Martin, *Child Welfare Services*, 495.

[62] Christine Bachrach, "Adoption Plans, Adopted Children and Adoptive Mothers", *Journal of Marriage and the Family*, 48 (Maio de 1986): 243-253.

[63] Kadushin e Martin, *Child Welfare Services*, 539.

[64] Este debate tornou-se uma das questões mais controversas na história da adopção nos Estados Unidos. Para uma análise, vd. Andrew Billingsly e Jeanne M. Gio-

vannoni, *Children of the Storm: Black Children and American Child Welfare* (New York: Harcourt Brace Jovanovich, 1972); Elizabeth Bartholet, *Nobody's Children: Abuse and Neglect, Foster Drift, and the Adoption Alternative* (Boston: Beacon, 1999); Randall Kennedy, "Orphans of Separatism: The Painful Politics of Transracial Adoption", *American Prospect* 17 (Primavera de 1994): 38-45; e Lucille J. Grow e Deborah Shapiro, *Black Children – White Parents: A Study of Transracial Adoption* (New York: Child Welfare League of America, 1974).

[65] Carp, *Family Matters*, 34; Howard Altstein e Rita J. Simon, *Intercountry Adoption: A Multinational Perspective* (New York: Praeger, 1990), 3.

[66] O processo não era necessariamente simples, uma vez que os pais adoptivos tinham de comprovar, em primeiro lugar, que satisfaziam os critérios federais de competência parental; em segundo, que tinham preenchido todos os requisitos do país de origem da criança; e, em terceiro, que o seu filho adoptivo se encaixava numa definição restrita de "órfão". Para uma análise e crítica destas exigências, cf. Elizabeth Bartholet, "International Adoption: Current Status and Future Prospects", *The Future of Children: Adoption*, 3, n.° 1 (Primavera de 1993): 89-103.

[67] Dados do INS, referidos em Adam Pertman, *Adoption Nation: How the Adoption Resolution is Transforming America* (New York: Basic Books, 2000), 23.

[68] Em 1979, a China instituiu a política draconiana do "filho único", que proibia os pais de terem mais que um filho. Embora houvesse algumas excepções, os casais eram geralmente obrigados a requerer uma licença de nascimento antes de tentarem conceber, e as mulheres tinham de ser esterilizadas ou usar um DIU depois o nascimento da criança. Para uma análise de como esta política afectou tanto a adopção como a própria demografia da China, cf. Valerie M. Hudson e Andrea M. den Boer, *Bare Branches: Security Implications of Asia's Surplus Male Population* (Cambridge, MA: MIT Press, 2004); e Karin Evans, *The Lost Daughters of China: Abandoned Girls, Their Journey to America and the Search for a Missing Past* (New York: J. P. Tarcher/Putnam, 2000).

[69] Cf. Carol Sisco, "Strict Romanian Birth Rules Bred Orphanages, Says Expert", *Salt Lake City Tribune*, 14 de Novembro de 1991, B1; e Bill Snead, "The Abandoned Children of Romania's Orphanages", *Washington Post*, 17 de Setembro de 1991, 6.

[70] Pertman, *Adoption Nation*, 73; e John Taylor, "Romania's Lost Children ... Omahans Challenge System, Bring Home Maria", *Omaha World-Herald*, 2 de Julho de 1991, 29.

[71] *Immigrant Visas Issued to Orphans Coming to the U.S.*, disponível em http://travel.state.gov/family/adoption/stat/stats_451.html.

[72] W. Tyree, "The Business of International Adoption", *Japan Times*, 9 de Junho de 1999, 1-2; e Madelyn Freundlich, *The Market Forces in Adoption* (New York: Child Welfare League of America, 2000), 43.

[73] É manifestamente difícil encontrar estatísticas sobre a adopção entre países. Uma vez que nenhuma instituição internacional as colige, os investigadores têm sido forçados a improvisar com estimativas dos países de saída e de acolhimento, muitos dos quais não dispõem também de nenhum mecanismo de centralização de dados. Para uma análise deste problema, cf. R. H. Weil, "International Adoptions: The Quiet Migra-

tion", *International Migration Review* 18, n.° 2 (1984): 276-293; e S. Kane, "The Movement of Children for International Adoption: An Epidemiological Perspective", *Social Science Journal* 30, n.° 4 (1993): 323-339. Para as estimativas recentes mais fidedignas, vd. Peter Selman, "The Movement of Children for Intercountry Adoption: A Demographic Perspective", Poster Presentation P275, at XXIVth IUSSP General Population Conference, Salvador, Baía, Brasil, 18-24 Agosto de 2001. Os dados relativos a 2003 provieram directamente de Selman em conversa pessoal com a autora, em 9 de Fevereiro de 2005. Cf. igualmente Selman, "Trends in Intercountry Adoption 1998-2003".

[74] Não há dados precisos disponíveis, uma vez que nenhuma agência norte-americana colige regularmente as estatísticas da adopção. Cf. *How Many Children Were Adopted in 2000 and 2001?* (Washington, DC: National Adoption Information Clearinghouse, 2004).

[75] Não é considerada aqui uma quarta categoria: adopção por um familiar, ou por um padrasto ou madrasta.

[76] Susan Freivalds, What's New in Adoption?" em "2005 Adoption Guide", edição especial, *Adoptive Families* (2005): 11.

[77] São muitas as queixas sobre o sistema de acolhimento nos Estados Unidos. Cf., por exemplo, Carole A. McKelvey e JoEllen Stevens, *Adoption Crisis: The Truth Behind Adoption and Foster Care* (Golden, CO: Fulcrum Publishing, 1994); e "Health Care of Young Children in Foster Care", *Pediatrics* 109, n.° 3 (Março de 2002): 536-541.

[78] Dados do Sistema de Informação e Análise sobre a Prática de Acolhimento e Adopção (Adoption and Foster Care Analysis and Reporting System – AFCARS), segundo estimativas de Agosto de 2004, disponíveis em http://www.acf.hhs.gov/programs/cb/publications/afcars/report9.htm.

[79] Para mais informação sobre as preferências dos pais, cf. Mark E. Courtney, "The Politics and Realities of Transracial Adoption", *Child Welfare* 76, n.° 6 (1997): 749-780.

[80] Freundlich, *Market Forces in Adoption*, 68-73.

[81] Adoption and Safe Families Act (ASFA) de 1997, P.L. 105-89, 19 de Novembro de 1997.

[82] Cf. Hollinger, "Introduction to Adoption Law and Practice", 1-56; e *How Many Children Were Adopted in 2000 and 2001?* (Washington, DC: National Adoption Information Clearing House, 2004).

[83] Hollinger, "Introduction to Adoption Law and Practice", 1-68.

[84] Estes custos variam imenso. Para estimativas, vd. http://costs.adoption.com.

[85] Para o desenvolvimento da adopção independente e uma defesa dos seus méritos, cf. Mark T. McDermott, "Agency Versus Independent Adoption: The Case for Independent Adoption", *Adoption* 3, n.° 1 (Primavera de 1993): 146-151.

[86] Cf. a descrição em Caplan, *An Open Adoption*, 14-15; e Laura Mansnerus, "Market Puts Price Tags on the Priceless", *New York Times*, 26 de Outubro de 1998, A1.

[87] Entrevista com Mark T. McDermott, Washington, DC, 7 de Janeiro de 2005. Os 350 dólares correspondem ao segmento de topo do mercado.

[88] Cf. Annette Baran e Reuben Pannor, "Open Adoption" em *The Psychology of Adoption*, eds. Brodzinsky e Schecter, 316-331; e Annette Baran, Reuben Pannor e Arthur D. Sorosky, "Open Adoption", *Social Work* 21 (1976): 97-105.

[89] *2005 Adoption Guide*, 40; *Costs of Adopting: A Factsheet for Families* (Washington, DC: National Adoption Information Clearinghouse, Junho de 2004).

[90] Mansnerus, "Market Puts Price Tags on the Priceless", A1.

[91] Cf. William L. Pierce, "Accreditation of Those Who Arrange Adoptions Under the Hague Convention on Intercountry Adoption as a Means of Protecting, Through Private International Law, the Rights of Children", *Journal of Contemporary Health Law and Policy* 12 (1996): 535-559.

[92] Formalmente designada como Convenção de Haia sobre a Protecção das Crianças e a Cooperação em Matéria de Adopção Internacional (*Hague Convention on the Protection of Children and Cooperation in Respect of Intercountry Adoption*). Cf. Ethan B. Kapstein, "The Baby Trade", *Foreign Affairs*, 1 de Novembro de 2003, 115-125; e Peter Selman "Intercountry Adoption in Europe after the Hague Convention", em *Developments in European Social Policy: Convergence and Diversity*, eds. Rob Sykes e Pete Alcock (Bristol: The Policy Press, 1998), 147-169.

[93] Os Estados Unidos aprovaram o tratado, mas ainda não o ratificaram formalmente.

[94] Estas taxas em concreto são da Wide Horizons for Children, acessível em www.whfc.org. As taxas das outras agências variam, mas seguem um padrão semelhante.

[95] Conversa com a autora, Abril de 2005.

[96] Em termos económicos, estes métodos reduzem as assimetrias de informação que, de outro modo, existiriam. Para uma análise crítica deste processo, cf. Lisa Cartwright, "Photographs of 'Waiting Children': The Transnational Adoption Market", *Social Text* 74, vol. 21, n.° 1 (Primavera de 2003): 83-109.

[97] Twila L. Perry, "Transracial and International Adoption: Mothers, Hierarchy, Race and Feminist Legal Theory", *Yale Journal of Law and Feminism* 10 (1998): 105.

[98] Janice G. Raymond, "The International Traffic in Women: Women Used in Systems of Surrogacy and Reproduction", em *Reconstructing Babylon: Essays on Women and Technology*, ed. H. Patricia Hynes (Bloomington, IN: Indiana University Press, 1991), 97. Em itálico no original. Para argumentos semelhantes, vd. Raymond, *Women as Wombs* (North Melbourne, Australia: Spinifex Press, 1995), 144-154; e Kenneth J. Herrmann Jr. e Barbara Kasper, "International Adoption: The Exploitation of Women and Children", *Affilia* 7, n.° 1 (Primavera de 1992): 45-58.

[99] Para um argumento equilibrado dentro da mesma linha, cf. Madelyn Freundlich, "Families without Borders – I", *UN Chronicle*, n.° 2 (1999): 88.

[100] Cf., por exemplo, Bartholet, "International Adoption".

[101] No que se refere a Tann, cf. Zelizer, *Pricing the Priceless Child*, 199; e Austin, *Babies for Sale*. Relativamente a Silverton e casos similares, cf. Lynne McTaggart, *The Baby Brokers: The Marketing of White Babies in America* (New York: The Dial Press, 1980); e Nancy C. Baker, *Baby-selling: The Scandal of Black Market Adoption* (New York: Vanguard Press, 1978).

[102] Cf., por exemplo, Holly C. Kennard, "Curtailing the Sale and Trafficking of Children: A Discussion of the Hague Conference Convention in Respect of Intercountry Adoption", *University of Pennsylvania Journal of International Business Law* 14, n.° 4 (1994): 623-649.

[103] Audiências perante a Subcomissão para a Infância e Juventude da Comissão para o Trabalho e a Saúde Pública, 94.° Congresso, 1.ª sessão (1975), 141-145.

[104] Entrevistas da autora com Mark T. McDermott, antigo presidente da Academia Americana dos Advogados da Adopção; e Thomas C. Atwood, presidente e director executivo do Conselho Nacional para a Adopção, Washington, DC, 7 de Janeiro de 2005.

[105] No que respeita ao Cambodja, cf. Sara Corbett, "Where Do Babies Come From?", *New York Times Sunday Magazine*, 16 de Junho de 2002, 42; em relação à Índia, cf. Raymond Bonner, "For Poor Families, Selling Baby Girls was Economic Boon", *New York Times*, 23 de Junho de 2003, A3; e Gregory Katz, "The £18 Babies", *FT Magazine*, 19 de Junho de 2004, 20-23.

[106] Mesmo os grupos que criticam a adopção internacional tendem a concordar que os casos de rapto declarado são extremamente raros. Cf., por exemplo, Marie-Françoise Lucker-Bubel, "Inter-Country Adoption and Trafficking in Children: An Initial Assessment of the Adequacy of the International Protection of Children and Their Rights" (Geneva: Defense for Children International, 1990), 2. Para uma análise de como as alegações de tráfico enviesam o debate sobre a adopção internacional, cf. Elizabeth Bartholet, *Family Bonds: Adoption and the Politics of Parenting* (Boston: Houghton Mifflin Company, 1993), 150-160.

[107] Cf. Corbett, "Where Do Babies Come From?" e Thomas Fields-Meyer et al., "Whose Kids Are They?" *People*, 19 de Janeiro de 2004, 74-78. Para alegações anteriores, vd. Marlise Simmons, "Abductions in Salvador Fill a Demand: Adoption", *New York Times*, 17 de Dezembro de 1985; e *International Children's Rights Monitor* 5, n.° 4 (1998).

[108] McTaggart, *The Baby Brokers*, 1. Vd. também a discussão em Daniel G. Grove, "Independent Adoption: The Case for the Gray Market", *Villanova Law Review* 13 (Primavera de 1967): 116-136.

[109] Para casos individuais, cf. McTaggart, *The Baby Brokers*; e Robert D. McFadden, "Adoption Lawyer Throws a Party", *New York Times*, 3 de Março de 1979, 26.

[110] Para uma discussão jurídica destas ambiguidades, cf. James B. Boskey e Joan Heifetz Hollinger, "Placing Children for Adoption" em *Adoption Law and Practice*, ed. Hollinger, 3-26, 3-39.

[111] Para um argumento clássico neste sentido, cf. Margaret Jane Radin, "Market Inalienability", *Harvard Law Review* 100 (Junho de 1987): 1849-1937. Para um argumento raro e extremamente controverso a favor do mercado, cf. Elisabeth M. Landes e Richard A. Posner, "The Economics of the Baby Shortage", *Journal of Legal Studies* 7, n.° 2 (Junho de 1978): 323-348.

[112] Para argumentos de que os mercados de bebés são intrinsecamente maus, cf. J. Robert S. Prichard, "A Market for Babies?" *University of Toronto Law Journal* 34 (1984): 341-357; Robin West, "Submission, Choice and Ethics: A Rejoinder to Judge

Posner", *Harvard Law Review* 99 (1986): 1449-1456; e Tamar Frankel e Francis H. Miller, "The Inapplicabilty of Market Theory to Adoptions", *Boston University Law Review* 67 (1987): 99-103.

[113] Cf., por exemplo, Perry, "Transracial and International Adoption", 147.

[114] É claro que seria teoricamente possível orientar fundos e esforços no sentido de ajudar parentes ou vizinhos a cuidarem da criança. É essa a opção proposta por muitos críticos da adopção internacional. Mas, nas circunstâncias presentes, afigura-se altamente improvável que dinheiro suficiente possa ser encaminhado nessa direcção.

[115] Para uma discussão, cf. E. Wayne Carp, "Two Cheers for Orphanages", *Review in American History* 24, n.° 2 (1996); e Deborah A. Frank et al., "Infants and Young Children in Orphanages: One View from Pediatrics and Child Psychiatry", *Pediatrics* 97 (Abril de 1996): 569-578.

[116] Como Posner retoricamente pergunta: "Deverão os inférteis arcar com a responsabilidade da superabundância de crianças indesejadas?". Cf. Richard A. Posner, "The Ethics and Economics of Enforcing Contracts of Surrogate Motherhood", *Journal of Contemporary Health Law and Policy* 21 (Abril de 1989): 21-31.

[117] Para um argumento convincente neste sentido, cf. Bartholet, *Family Bonds*.

[118] Existe uma extensa bibliografia onde se avalia o sucesso das adopções. Cf., por exemplo, Rita J. Simon e Howard Altstein, *Transracial Adoptees and Their Families: A Study of Identity and Commitement* (New York: Praeger, 1987); Barbara Tizard, "Intercountry Adoption: A Review of the Evidence", *Journal of Child Psychology and Psychiatry* 32, n.° 5 (1991): 743-756; William Feigelman e Arnold R. Silverman, *Chosen Children* (Westport, CT: Praeger Publishers, 1983); Janet L. Hoopes, "Adoption and Identity Formation" em *The Psychology of Adoption*, eds. Brodzinsky and Schecter, 144-166; e James A. Rosenthal, "Outcomes of Adoption of Children with Special Needs", *The Future of Children: Adoption* 3, n.° 1 (Primavera de 1993): 77-78.

[119] Para um argumento neste sentido, cf. *Hearings before the Subcommittee on Children and Youth* (1975): 579-581.

[120] Cf. Betty Jean Lifton, *Lost and Found: The Adoption Experience* (New York: Dial Press, 1979); e Arthur D. Sorosky, Annette Baran e Reuben Pannor, "Identity Conflicts in Adoptees", *American Journal of Orthopsychiatry* 45, n.° 1 (1975): 18-27.

[121] Para o argumento clássico a favor da adopção aberta, cf. Annette Baran e Reuben Pannor, "Open Adoption", em *The Psychology of Adoption*, eds. Brodzinsky e Schecter, 316-331; e Annette Baran, Reuben Pannor e Arthur D. Sorosky, "Open Adoption", *Social Work* 21 (1976): 97-105. Para uma discussão da política subjacente ao movimento a favor da adopção aberta, cf. E. Wayne Carp, *Adoption Politics: Bastard Nation and Ballot Initiative 58*: (Lawrence, KS: University Press of Kansas, 2004).

[122] Cf. Anne B. Brodzinsky, "Surrendering an Infant for Adoption: The Birthmother Experience", em *The Psychology of Adoption*, eds. Brodzinsky e Schecter, 295-315.

[123] Cf., por exemplo, os argumentos expostos em Bhabha, "Moving Babies"; e Perry, "Transracial and International Adoption", 101-164.

CAPÍTULO 7

[1] Para uma discussão interessante de como a oposição ao uso de uma linguagem de mercado pode comportar oposição ao mercado em si, cf. Ronald A. Cass, "Adoption and Market Theory: Coping with Life, Law and Markets", *Boston University Law Review* 67 (Janeiro de 1987): 73-96.

[2] Leon Kass, *Toward a More Natural Science: Biology and Human Affairs* (New York: Free Press, 1985), 31.

[3] Argumentos clássicos neste sentido incluem Douglass C. North, "Institutions", *Journal of Economic Perspectives* 5, n.° 1 (Inverno de 1991): 97-112; North e Robert Thomas, *The Rise of the Western World: A New Economic History* (Cambridge: Cambridge University Press, 1973); John A. James e Mark Thomas, eds. *Capitalism in Context* (Chicago: University of Chicago Press, 1994); John L. Campbell e Leon N. Lindberg, "Property Rights and the Organization of Economic Activity by the State", *American Sociological Review* 55, n.° 5 (1990): 634-647; e Harry N. Schreiber, "Regulation, Property Rights, and the Definition of 'The Market': Law and the American Economy", *Journal of Economic History* XLI, n.° 1 (Março de 1981): 103-109.

[4] Segundo estudiosos como North, em algumas sociedades, os laços de família ou as trocas directas de géneros podem ocupar o lugar de um sistema mais formal de direitos de propriedade. Mas, assim que a sociedade se torna suficientemente sofisticada para sustentar a troca impessoal, os direitos de propriedade tornam-se necessários. Cf. Douglas C. North, "Institutions, Transaction Costs and Economic Growth", *Economic Inquiry* XXV (Julho de 1987): 419-428.

[5] Cf. Warren Hoge, "British Judge Sends Infants Adopted on the Web Back to St. Louis", *New York Times*, 10 de Abril de 2001, A3; e Chris Gray, "Internet Twins Taken into US Foster Care", *Independent*, 20 de Abril de 2001, 11.

[6] Steve Patterson e Abdon M. Pallasch, "Embryo Mistakenly Destroyed by Lab Was a Human, Judge Rules", *Chicago Sun-Times*, 6 de Fevereiro de 2005, 9.

[7] O pai acabou por receber uma indemnização de 108 000 dólares: 98 000 pelo custo de criar a criança e 10 000 pelo prejuízo emocional. Cf. John Ellement e Thanassis Cambanis, "Ex-Husband Sues Clinic over Birth of Daughter", *Boston Globe*, 15 de Janeiro de 2004, B1; e Thanassis Cambanis, "Father Wins Case Against Fertility Clinic", *Boston Globe*, 31 de Janeiro de 2004, A1.

[8] À medida que o caso se desenrolava, levantaram-se sérias questões acerca da idoneidade de ambos os casais. O casal americano acabou por desistir da sua reivindicação quando vieram a lume alegações de que o pai teria molestado duas jovens amas.

[9] Kari L. Karsjens, "Boutique Egg Donation: A New Form of Racism and Patriarchy", *DePaul Journal of Health Care Law* 5 (Verão de 2002): 73.

[10] Cf. Michael Sandel, "The Baby Bazaar", *New Republic*, 20 de Outubro de 1997, 25; e Margaret Jane Radin, *Contested Commodities: the Trouble with Trade in Sex, Children, Body Parts and Other Things* (Cambridge, MA: Harvard University Press, 1996), 139. Para argumentos similares, cf. Tamar Frankel e Francis H. Miller, "The Inapplicability of Market Theory to Adoptions", *Boston University Law Review* 67 (1987): 99-103; Jane Maslow Cohen, "Adoption and Market Theory: Posnerism,

Pluralism, Pessimism", *Boston University Law Review* 67 (1987): 105-175; e J. Robert S. Prichard, "A Market for Babies?" *University of Toronto Law Review* 34 (1984): 341-357. Curiosamente, a Professora Cohen, autora de uma destas argumentações contra o mercado, é a mesma mulher, anteriormente referida, que concebeu gémeos usando óvulos de duas dadoras diferentes.

[11] Cf. Marrilyn Gardner, "Sperm Donors No Longer Bank on Anonymity", *Christian Science Monitor*, 30 de Março de 2005, 11.

[12] No que respeita às mães-portadoras, cf. Helena Ragoné, *Surrogate Motherhood: Conception in the Heart* (Boulder, CO: Westview Press, 1994): e Lori Andrews, "Beyond Doctrinal Boundaries: A Legal Framework for Surrogate Motherhood", *Virginia Law Review* 81 (1995): 2343-2375. Relativamente aos dadores de sémen, cf. David Plotz, "No Nobels, One 'Failure', a Few Regrets", *Slate*, 30 de Março de 2001, em http://slate.msn.com/is/103402/; Plotz, *The Genius Factory: The Curious History of the Nobel Prize Sperm Bank* (New York: Random House, 2005); e K. Daniels et al., "Previous Semen Donors and their Views Regarding the Sharing of Information with Their Offspring", *Human Reproduction* 20, n.° 6 (10 de Março de 2005): 1670-1675.

[13] Ertman acrescenta aqui mais um argumento: que o mercado da reprodução assistida permite que também os homossexuais e os solteiros tenham filhos. Cf. Martha M. Ertman, "What's Wrong with a Parenthood Market?" A New and Improved Theory of Commodification", *North Carolina Law Review* 82 (Dezembro de 2003): 1-59.

[14] Cf. Sheridan McCoid, "Donation: The Medical Facts", *Observer*, 6 de Julho de 2003, 4; Cherry Norton, "Top Specialist Wants Sperm and Egg Donors Paid", *Independent*, 24 de Março de 2000, 7; "Hopeful Parents go to U.S. as Sperm Payments Dry Up", *Ottawa Citizen*, 6 de Agosto de 2004, A2; e Charlie Fidelman, "Law Bans the Baby Business", *The Gazette* (Montreal), 28 de Junho de 2004, A8.

[15] Para um argumento análogo interessante, mas agora na área dos tecidos humanos, cf. Julia D. Mahoney, "The Market for Human Tissue", *Virginia Law Review* 86, n.° 2 (Março de 2000): 163-223.

[16] Cf. Constance Holden, "Two Fertilized Eggs Stir Global Furor", *Science* 225, n.° 4657 (Julho de 1984): 35; e Peter Coster, "State of the Orphans", *Sunday Tasmanian*, 28 de Abril de 1996. Para uma discussão mais desenvolvida sobre como as TRA afectam a questão das heranças, cf. Sharona Hoffman, "Birth After Death: Perpetuities and the New Reproductive Technologies", *Georgia Law Review* 38 (Inverno de 2004): 575-631; e Margaret Ward Scott, "A Look at the Rights and Entitlements of Posthumously Conceived Children", *Emory Law Journal* 52 (Primavera de 2003): 963-996.

[17] A bibliografia sobre esta questão, tanto na área da ética como do direito, é muito extensa. Para um exame e discussão das diversas abordagens, cf. John A. Robertson, "In the Beginning: The Legal Status of Early Embryos", *Virginia Law Review* 76 (Abril de 1990): 437-517; Jill R. Gorny, "The Fate of Surplus Cryopreserved Embryos: What is the Superior Alternative for their Disposition?" *Suffolk University Law Review* 37 (2004): 459-477; President's Council on Bioethics, "Human Cloning: Policy Considerations", Staff Working Paper, Janeiro de 2002, Apêndice A; e

Jens David Ohlin, "Is the Concept of the Person Necessary for Human Rights?" *Columbia Law Review* 105 (Janeiro de 2005): 209-249.

[18] Para uma discussão mais ampla sobre o papel dos direitos de propriedade em relação a todas as partes do corpo, cf. Michelle Bourianoff Bray, "Personalizing Personality: Toward a Property Right in Human Bodies", *Texas Law Review* 69 (1990): 209-244; Thomas H. Murray, "On the Human Body as Property: The Meaning of Embodiment, Markets, and the Meaning of Strangers", *Journal of Law Reform* 20, n.° 4 (Verão de 1987): 1055-1088; e Julia D. Mahoney, "The Market for Human Tissue", *Virginia Law Review* 86, n.° 2 (Março de 2000): 163-223.

[19] É esta, na verdade, a crítica levantada por diversos casos amplamente mediatizados de maternidade de substituição, em que a situação financeira do casal contratante terá, muito possivelmente, orientado a determinação do melhor interesse da criança.

[20] A lei judicial que começa agora a surgir nos Estados Unidos sugere que os indivíduos têm alguns direitos básicos de propriedade sobre o seu sémen ou óvulos, e que não estão proibidos de vender essa propriedade. Cf. Karsjens, "Boutique Egg Donation", 57-89; e Amy S. Pignatella Cain, "Property Rights in Human Biological Materials: Studies in Species Reproduction and Biomedical Technology", *Arizona Journal of International and Comparative Law* 17 (Primavera de 2000): 449-481.

[21] Para aprofundar a questão do papel que as regras desempenham na sociedade, cf. Frederick Schauer, *Playing by the Rules* (Oxford: Clarendon Press, 1991); H. L. A. Hart, "Definition and Theory in Jurisprudence", em *Essays in Jurisprudence and Philosophy* (Oxford: Clarendon Press, 1983); e Debora Spar, "Note on Rules", Case 799-013 (Boston: Harvard Business School, 1999).

[22] Cf., por exemplo, Gena Corea, *The Mother Machine* (London: The Women's Press, Ltd., 1977); Janice G. Raymond, *Women as Wombs* (San Francisco: Harper San Francisco, 1993); e S. Roach Anleu, "Surrogacy: For Love but Not for Money?" *Gender & Society* 6 (1992): 30-48.

[23] As análises clássicas desta divisão são a de Charles Lindblom, *Politics and Markets: The World's Political-Economic Systems* (New York: Basic Books, 1977); e a de Oliver E. Williamson, *Markets and Hierarchies* (New York: Free Press, 1975).

[24] Cf., por exemplo, R. H. Coase, "The Lighthouse in Economics", *Journal of Law and Economics*, 17, n.° 2 (Outubro de 1974): 357-376.

[25] Cf., por exemplo, a análise em Willis Emmons, *The Evolving Bargain: Strategic Implications of Deregulation and Privatization* (Boston: Harvard Business School Press, 2000).

[26] Recentemente, os economistas propuseram mercados inovadores que permitiriam a troca não comercial de rins. Cf. Alvin E. Roth, Tayfun Sönmez e M. Utku Ünver, "Kidney Exchange", *Quaterly Journal of Economics*, 119, edição 2 (1 de Maio de 2004): 457-488; e Alvin E. Roth, Tayfun Sönmez e M. Utku Ünver, "Pairwise Kidney Exchange", relatório 10698, National Bureau of Economic Research, Cambridge, MA, Agosto de 2004. Para argumentos a favor de um mercado comercial de rins e outros órgãos vitais, cf. Lloyd R. Cohen, "Increasing the Supply of Transplant Organs: The Virtues of a Future Market", *George Washington Law Review* 58, n.° 1 (Novembro de 1989): 1-51.

[27] No primeiro caso, temos um mercado legítimo, que proporciona crianças para os pais criarem; nos outros, tráfico de coisas que nós, enquanto sociedade, podemos claramente banir.

[28] Entrevista com a autora, Novembro de 2003.

[29] Se a mãe-substituta for simultaneamente gestante e tradicional, estará então mais próxima da mãe biológica numa adopção clássica. Mas mesmo assim há diferenças, na medida em que as mães biológicas tradicionais não planeiam antecipadamente engravidar.

[30] Cf., por exemplo, as discussões em http://infertility.adoption.com e www.siblingsadoption.com.

[31] Cf. Genetics & Public Policy Center, "The Regulatory Environment for Assisted Reproductive Technology", Abril de 2003. Disponível em www.dnapolicy.org/policy/art.jhtml.html.

[32] Chicago-Kent College of Law, "The Laws of Reproductive Technology", Institute for Science, Law and Technology. Acessível em www.kentlaw.edu/ilst/TABLEII.htm.

[33] Para uma panorâmica das diferenças estado a estado, cf. Dail Gutton, *A Matter of Trust: The Guide to Gestacional Surrogacy* (Irvine, CA: Clouds Publishing, 1997).

[34] Tecnicamente, a gravidez é tratada como uma incapacidade, e a exclusão das mulheres grávidas dos benefícios de saúde dos trabalhadores por conta de outrem é considerada, à luz da Lei da Discriminação da Gravidez de 1978, um acto de discriminação sexual. Cf. Brietta R. Clark, "Erickson v. Bartell Drug Co.: A Roadmap for Gender Equity in Reproductive Health Care or an Empty Promise?" *Law and Inequality* 23 (Verão de 2005): 304-311.

[35] Nos Estados Unidos, a Medicaid cobre os custos dos serviços relativos à gravidez e parto das mulheres cujo rendimento familiar seja inferior a 133% da linha de pobreza federal. Para aquelas cujos rendimentos ultrapassem o montante definido pela Medicaid, mas não possam, mesmo assim, comportar um seguro privado, existe o CHIP (State Children's Health Insurance Program), um programa federal administrado a nível estadual.

[36] A maior parte das pessoas tem dois rins em funcionamento, mas pode-se viver só com um.

[37] Para uma descrição da NOTA e das suas implicações, cf. Gregory S. Crespi, "Overcoming the Legal Obstacles to the Creation of a Future Market in Bodily Organs", *Ohio State Law Journal* 55 (Inverno de 1994): 1-77.

[38] Para dados sobre transplantes, cf. http://www.optn.org/latestData/rptData.asp.

[39] Cf. Michael Finkel, "Complications", *New York Times*, 27 de Maio de 2001, 26; e Larry Rohter, "Tracking the Sale of a Kidney on a Path of Poverty and Hope", *New York Times*, 23 de Maio de 2004, 1.

[40] Foi proposta legislação a nível federal que obrigaria as companhias de seguros a cobrir o tratamento da infertilidade. Mas, até agora, nenhuma lei federal foi aprovada. Vd. The Family Building Act of 2003 (HR 3014) e The Family Building Act of 2005 (HR 735). Para uma descrição da cobertura a nível estadual, cf. Lucie Schmidt,

"Effects of Infertility Insurance Mandates on Fertility", cópia, William College, Fevereiro de 2005.

[41] Segundo uma análise de 1995, o custo estimado de incluir a FIV na cobertura do seguro normal era de 3,14 dólares anuais por família. Cf. J. A. Collins et al., "An Estimate of the Cost of In Vitro Fertilization Services in the United States in 1995", *Fertility & Sterility* 64 (1995): 538-545. E também Tarun Jain et al., "Insurance Coverage and Outcomes of in Vitro Fertilization", *New England Journal of Medicine* 347, n.° 9 (29 de Agosto de 2002): 661-666.

[42] Conversa com a autora, Novembro de 2003.

[43] Entrevista com a autora, Fevereiro de 2004.

[44] Fukuyama está, na verdade, a tomar de empréstimo os termos, e a criticar as ideias, de Lee Silver. Cf. Francis Fukuyama, *Our Posthuman Future: Consequences of the Biotechnology Revolution* (New York: Farrar, Straus e Giroux, 2002), especialmente págs. 153-154; e Lee Silver, *Remaking Eden: How Genetic Engineering and Cloning will Transform the American Family* (New York: Perennial, 2002).

[45] A memorável frase "o puxar de um lado e doutro que é a política" provém de Graham Allison, *Essence of Decision: Explaining the Cuban Missile Crisis* (Boston: Little, Brown, 1971), 144.

[46] Para um argumento no mesmo sentido, cf. Lars Noah, "Assisted Reproductive Technologies and the Pitfalls of Unregulated Biomedical Innovation", *Florida Law Review* 55 (Abril de 2003): 603-665; e "Executive Summary of the Task Force on Life and the Law", New York State Task Force on Life and the Law, Outubro de 2001, disponível em http://www.health.state.ny.us/nysdoh/taskfce/execsum.htm.

[47] The President's Council on Bioethics, *Reproduction and Responsability: The Regulation of New Biotechnologies* (Washington, DC: 2004), 205-224.

[48] Neste contexto, a "equidade" refere-se ao princípio que atribui os rins em função do tempo de espera e da condição clínica do doente, e não da sua posição social ou capacidade económica.

[49] Teresa recusou-se, no fim, a receber qualquer pagamento, tendo em conta as enormes despesas que o casal ia enfrentar. Cf. Michelle Roberts, "Quintuplets are Born to Surrogate Mother", *Boston Globe*, 27 de Abril de 2005, A3.

[50] Esta é uma estimativa baseada em estudos globais. Neste caso particular, o custo total pode bem ter sido muito mais elevado. Cf. James M. Goldfarb et al., "Cost Effectiveness of In-Vitro Fertilization", *Obstetrics & Gynecology* 87 (Janeiro de 1996): 18-21.

[51] O âmbito deste estudo é determinado pelo número de ciclos de FIV a que a mulher se submete, bem como pela altura em que esses ciclos são feitos. Cf. Ben W. J. Mol et al., "Cost-effectiveness of In Vitro Fertilization and Embryo Transfer", *Fertility & Sterility* 73, n.° 4 (Abril de 2000): 748-754.

[52] Centers for Disease Control and Prevention, *2002 Assisted Reproductive Technology Success Rates: National Summary and Fertility Clinic Reports*, Dezembro de 2004.

[53] Cf. Laura Schieve et al., "Live-Birth Rates and Multiple-Birth Rates Using in Vitro Fertilization", *Journal of the American Medical Association* 282, n.° 19 (17 de

Novembro de 1999): 1832-1838; Nanette Elster, "Less is More: The Risks of Multiple Births", *Fertility & Sterility* 74 (2000): 617-618; e Ezekiel Emanuel, "Eight is Too Many", *New Republic*, 25 de Janeiro de 1999, 11.

[54] Para uma discussão sobre a forma de avaliar estes custos, cf. Peter J. Neumann et al., "The Cost of a Successful Delivery with in Vitro Fertilization", *New England Journal of Medicine* 331, n.° 4 (28 de Julho de 1994): 239-243.

[55] *Griswold v. Connecticut*, 381 U.S. 479 (1965). A excepção notória é evidentemente o aborto, em relação ao qual o governo federal impõe limites de prazo e, até certo ponto, de método: à luz do *Partial-Birth Abortion Ban Act* de 2003, qualquer médico que faça o parto de um feto vivo para praticar um aborto está sujeito a uma multa e a uma pena até dois anos de prisão. Cf. Alissa Schecter, "Choosing Balance: Congressional Powers and the Partial-Birth Abortion Ban Act of 2003", *Fordham Law Review* 73 (Março de 2005): 1991-1993.

[56] Não existe, presentemente, forma de identificar a componente genética da inteligência, uma vez que esta deriva de uma complexa interacção de características. Com o tempo, porém, é possível que esses marcadores se tornem mais discerníveis.

Índice Remissivo

Sobre a autora

DEBORA SPAR é Professora (do Centro Spangler Family) Decana Associada Sénior e Directora de Investigação na Harvard Business School. Lecciona cadeiras sobre a política do comércio internacional e é Presidente do *Making Markets Work*, um programa de formação empresarial dirigido a líderes do sector público e privado em África.

Entre os livros anteriores da Drª Spar incluem-se *Ruling the Waves: Cycles of Discovery, Chaos and Wealth from the Compass to the Internet* e *The Cooperative Edge: The Internal Politics of International Cartels*. É também co-autora, com Raymond Vernon, de *Beyond Globalism: Remaking American Foreign Economic Policy*. Vive nos arredores de Boston com o marido e três filhos.

